U0931412

风险社会的伦理责任

FENGXIAN SHEHUI DE LUNLI ZEREN

李 谧 著

中国社会科学出版社

图书在版编目（CIP）数据

风险社会的伦理责任/李谧著．—北京：中国社会科学出版社，2015.6

ISBN 978 – 7 – 5161 – 6405 – 1

Ⅰ.①风…　Ⅱ.①李…　Ⅲ.①社会公德—研究　Ⅳ.①B824

中国版本图书馆 CIP 数据核字(2015)第 143570 号

出版人　赵剑英
责任编辑　王　曦
责任校对　周晓东
责任印制　戴　宽

出　　版　中国社会科学出版社
社　　址　北京鼓楼西大街甲 158 号
邮　　编　100720
网　　址　http：//www. csspw. cn
发 行 部　010 – 84083685
门 市 部　010 – 84029450
经　　销　新华书店及其他书店

印　　刷　北京君升印刷有限公司
装　　订　廊坊市广阳区广增装订厂
版　　次　2015 年 6 月第 1 版
印　　次　2015 年 6 月第 1 次印刷

开　　本　710 × 1000　1/16
印　　张　16. 25
插　　页　2
字　　数　279 千字
定　　价　55. 00 元

凡购买中国社会科学出版社图书，如有质量问题请与本社发行部联系调换
电话：010 – 84083683

序

“风险”本来表达着一种与人有关的客观存在，是人类生活中的基本现象，但如果以一种不负责任的态度，人为地制造危及人类自身生存安全与生活幸福的各类险象，并使其危险程度不断加剧时，风险就预示着一种本不该有的“灾难”的来临。正是在这种意义上，西方风险社会理论的提出，受到社会各界的普遍关注，引起学界展开了广泛而深入的研究。

当代风险社会不是自然原因所致，而是不合理的人类实践文化使然。当资本主义所主导的现代性发展以来，便与风险结下了不解之缘。马克思早就批判过资本主义生产与异化劳动，这种批判正是从资本主义组织化不负责任的、以获取资本超额利润为目的的、无尽地追求物质利益、无穷地开发自然的视角出发的。从工业文明时代到后工业文明时代，尤其是20世纪70年代以来，科学技术的迅猛发展使人类社会发生了巨大的变迁，为人类带来了无穷的便利与福祉，但人们万万没有想到的是，在享受因发展而创造的幸福时，在陶醉人类意志获得的成功时，却同时遭遇到了科技所带来的副产品和产生的负面效应。不期而至的阴霾笼罩在人类的上方，直接威胁着人类自身的生存与发展，这便是人类自己制造出来的巨大风险。德国社会学家贝克将这种社会直接命名为“风险社会”，意在表达着一种现代性内部的断裂，它从古典工业社会的轮廓中脱颖而出，正在形成一种崭新的工业化的风险社会景象。现代风险社会以一种“脱域”的形式，影响到每个角落的每一个人，进而形成了世界风险社会。无论是富人还是穷人，都无一例外地被卷入这座“文明的火山”中。然而，这一切，竟无人站出来承担责任。责任感的缺失使风险制造者目中无人性，在物质独眼与资本逻辑中，肆无忌惮地行使着所谓的“自由意志”，毫无顾忌地推行着既定的非正义制度。当危险发生时，风险制造者还极力推卸责任。谁的责任？如何承担责任？成了防范与化解风险、保障人类健康生存与发展的首要问题。李谧的《风险社会的伦理责任》一书正是从这个问题出发，拷打着这个星球上的主体的灵魂，呼唤着伦理责任这崇高伟大的威名，体现出“风险伦理学”研究的鲜明特色。

与西方相比，由于中国所践行的现代化具有内因与外因的双重影响，致使前现代化、现代化和后现代化在中国同时存在，因而中国的风险便显得更加复杂和严峻，具有多层次、宽领域、交织性的特点。在从传统社会向现代社会乃至向后现代社会的高速发展和转型的过程中，由于全球化的动力，我们不仅正在际遇着西方风险社会理论中所界说的风险，而且还遭遇到本土性的风险，与此同时，还面临着许多在工业化国家中早已得到遏制的传统风险。多种风险的混同作用，共同制造着生活的麻烦。我们所遇到的经济结构失衡、收入差异、社会分化、腐败、群体事件、消费主义盛行、教育方面的失误等等，都表征着中国社会特有的风险问题。当下，我们正在实现中华民族伟大复兴的中国梦，那么针对这些风险问题，谁来负责、负什么责、如何负责的问题便提上日程。成功解决风险问题、化险为夷，不仅为实现国家富强、民族振兴、人民幸福铺就坚定的基石，而且本身也是中国特色社会主义建设的重要组成部分。然而，中国在转型时期，道德因滑坡而出现危机，自我责任意识日趋淡薄，责任制度尚不健全，传统责任观念面临丧失，再加上外来文化与价值观的强烈冲击，科技与网络对伦理责任的一定程度上的消解，共同构成了转型期中国伦理责任不可回避的现实问题。而这些责任问题本身又构成了发展中的另一重风险。旧的风险问题尚未得到合理解决，新增的风险又接踵而来，新旧风险叠加，严重威胁着中国社会发展和人的发展。中国期待负责任的社会，自觉承担起既发展经济又控制风险的双重使命。问题就是课题，解决这一课题既是理论的需要，同时又是实践的要求。《风险社会的伦理责任》一书正是为了解决这一现实问题而做出的有益尝试。

本书以历史唯物主义为指导，在国内外现有研究成果的基础上，对风险社会的构成、组织化不负责任问题的成因做出了科学的分析，进而论证了风险社会中伦理责任存在的哲学基础和实现进路，深入探讨了中国在现代化进程中需要培育的伦理责任意识等问题，既具有深刻的理论性，又显示出强烈的现实感。作者认为，进行风险文化批判的任务要落实到树立正确的自我观念与自我意识上来，建构立足心性的风险责任伦理，这种伦理构建主张全面提升人类整体的风险意识，它并不否定实践、发展与科学技术，但强调要重视实践的负面后果、重视发展的副产品、重视科学技术的副作用。面对普遍性的、全球性的和不可逆性的风险社会的到来，处于实践中的大量的行为人和机构都应当参与到分清责任，而不是相互推脱和扯皮的话语中，那样会增加另一重的风险。责任到位、承担责任已然成为一种新文化模式、规则或结构，它将深深地扎根于众多参与者以及作为观察者的意识之中。在现代社会中，无论是科学家，还是政治家，抑或是商人等等，都需要在一个新的视界上，获取新的认识结构。

作者既继承前人，又突破陈规，并力图创新，显示了一种负责任的学术态度和严谨的文风。在作者看来，正是由于风险的潜在性和不确定性，因而防范风险是为了明天更加安全，生活更加美好，因而对风险承担的伦理责任必然是未来责任。每一个人都既生活在当下，又同时生活在未来，而且应当为未来的人留下生存的美好空间，因而，一种未来责任命令应当被接受。不仅如此，为了人们整体上的生存安全与生活幸福，承担责任的主体应当是复合的，不仅要求组织尤其是作为制度制定者和执行者的政府，而且其他市场组织以及公民个体，都应当成为责任主体，共同担当起化解风险的责任。为了维护现代社会的伦理秩序，在确认责任主体、明确责任界限，保障责任履行等诸方面仍需要付出极大的努力。在中国社会改革进入深水区的今天，我们对经济与社会发展未来的筹划应当具有前瞻性责任，不仅要考虑到积极的发展效应，更重要的是要考虑到发展可能付出的代价，以一种高度责任感和对人民负责的精神，将代价或风险消除在萌芽状态。也就是说，行为主体在做出自己的行为选择、行使自己的意志时，要为自己的行为抉择负有相应的伦理责任，因为这些责任与中国的繁荣昌盛、社会安定和生态环境优化的可持续发展有着紧密的关联度。本书在这些方面所展现出来的创新性思考，不论是在理论上还是实践上，都必将产生相应的影响力。

《风险社会的伦理责任》一书将风险社会理论与伦理责任相结合，从责任入手深层挖掘风险社会的成因及其解决路径，是西方风险社会理论提出以来，力图解决世界性风险问题的一项新的专题性探索，是应用伦理学的一次有力推进，无疑必将为理论的深入和实践的发展做出独特的贡献。无论是问题意识，还是立意的构思，抑或结构的架设，这本专著都为学术界进一步研究提供了特有的参照与借鉴。作者在论文写作期间秉持不畏困难、不懈努力的学术精神，终于取得了可喜的成果，论文获得了北京师范大学哲学与社会学学院“优秀博士论文”殊荣。现在，在其博士学位论文的基础上进一步修改完善，新的专著即将问世，作为李谧的博士生导师，我感到由衷的高兴。当然，本书的研究只是一个开始，有许多重大问题有待于进一步更加深入的探究，我衷心期待李谧能够继续沿着既定的方向努力，不断推出更加厚重的优秀学术成果。

是为序。

唐 伟

2014 年 5 月 6 日于珠海

目　录

导论　谁之伦理责任？何种伦理责任？ …… 1

第一章　风险社会及其责任困境 …… 6

第一节　风险与风险社会 …… 6
一　“风险”概念的发展 …… 6
二　现代性“风险”的特质 …… 10
三　风险社会的来临 …… 14
第二节　责任视域中的风险社会 …… 20
一　风险社会界说 …… 20
二　资本逻辑与风险社会渊薮 …… 25
三　“有组织的不负责任”与风险定义 …… 29
第三节　组织化不负责任的形态 …… 32
一　资本主义制度与政治不负责任 …… 32
二　重商主义与经济责任缺场 …… 36
三　科学主义与科技责任困境 …… 38

第二章　风险社会伦理责任存在的哲学基础 …… 42

第一节　伦理责任考究 …… 42
一　伦理与责任 …… 43
二　传统伦理的责任场域 …… 45
三　应用伦理的责任之维 …… 51
第二节　人的存在与伦理责任 …… 56
一　存在与人的存在 …… 56
二　人的存在与责任存在 …… 59

三 “人的世界历史性存在”及其责任 …… 69
第三节 自由与伦理责任 …… 73
一 意志自由与伦理责任 …… 73
二 行为选择自由与伦理责任 …… 83
三 风险与责任的勾连 …… 92

第三章 风险社会的伦理责任新向度 …… 98

第一节 责任主体的复合性 …… 98
一 复合责任主体的必然 …… 99
二 个体：伦理责任主体的细胞 …… 102
三 科学抑或科技专家作为责任主体 …… 105
四 政府作为责任主体 …… 113
五 国际共同体作为责任的主体 …… 117
第二节 责任范域的未来指向性 …… 120
一 不确定的知识与未来风险 …… 120
二 未来责任的缺位与虚位 …… 125
三 关切未来的伦理责任 …… 128
第三节 责任对象的整体性 …… 136
一 对人的生命的责任 …… 137
二 对人之外生命的责任 …… 141
三 对自然无机界的责任 …… 145

第四章 风险社会伦理责任的实现进路 …… 154

第一节 伦理责任实现的原则 …… 154
一 个体责任与共同责任的统一 …… 155
二 后果责任与前瞻性责任的统一 …… 160
三 对称责任与非对称责任的统一 …… 165
第二节 责任的担当：从权利到至善 …… 169
一 权利：伦理责任实现的前提 …… 169
二 至善：伦理责任实现的目的 …… 179
第三节 伦理责任实现的内在保障机制 …… 186
一 主体的价值取向 …… 186

二　责任意识的复兴与提升…………………………………… 194
三　主体的道德培育…………………………………………… 200
第四节　伦理责任实现的制度保障……………………………… 205
一　政治制度：宏观的制度保障……………………………… 205
二　责任制度：微观的制度保障……………………………… 209

第五章　中国现代化之境与伦理责任实现 ……………………… 214

第一节　中国与风险社会的际遇………………………………… 214
一　"后发外生"的中国现代化 ………………………………… 214
二　风险社会际遇……………………………………………… 217
三　责任：治理社会风险的内在着力点……………………… 220
第二节　马克思主义伦理责任的建构…………………………… 223
一　以人为本的责任观………………………………………… 224
二　可持续发展的责任观……………………………………… 226
第三节　中国社会伦理责任担当………………………………… 231
一　公民伦理责任与人格培养………………………………… 231
二　责任政府建设与风险治理………………………………… 235
三　社会主义市场经济与伦理责任…………………………… 238
四　民生幸福：伦理责任的旨归……………………………… 242

参考文献 ……………………………………………………………… 246

后记 …………………………………………………………………… 250

导论　谁之伦理责任？何种伦理责任？

一　问题与人的存在

“问题意识”是以时代意识为前提的哲学范畴，是对现时代进行能动性的、前瞻性的、探索性的反思活动的思维视野，既是面向本体与前提的反思，也是面向现实生活世界的反思。马克思指出：“问题就是公开的、无畏的、左右一切个人的时代声音。问题就是时代的口号，是它表现自己精神状态的最实际的呼声，只要人存在于这个世界并想生活下去，就不可避免地会有问题与难题存在。”① 历史不过是问题的产生与解决的过程，现实也不过是问题的存在与发展。毛泽东指出：“问题就是事物的矛盾。哪里有没有解决的矛盾，哪里就有问题。”② “问题”与我们每个人都息息相关，我们存在于一个问题的世界里。事实上，人的存在本身就是问题性的，人的实践活动与生活总是不断地遇到问题，同时又不断地追问问题是什么，并力求解决问题的过程。一部人类史就是一部不断地发现问题、探求问题、解决问题的历史。正是不断出现的问题，使得人在探求问题与解决问题的过程中生成许多意义来，“人是创造意义、追求并体悟意义的存在物，一切幸福与痛苦的体验无不与拥有意义和缺乏意义相关。”③

二　时代问题与伦理责任问题

尽管每个时代都有其特定的问题，然而，没有哪个时代像今天面临的问题这样严峻。黑格尔早在1806年9月18日的一次演讲中指出，我们站在了一个十分重要的时代，这是一个骚动的时代，思想正在飞速地向前发展，已然超越了它过去的境界，从而形成了新的面貌；一切过去的形象概念以及把世界联结在一起的纽带正在分崩离析；一个崭新的思想阶段正在孕育着。今天看来，黑格尔的洞见是深刻的，他似乎早就预见到了人类社

---

① 《马克思恩格斯全集》第40卷，人民出版社1982年版，第289—290页。

② 《毛泽东选集》第3卷，人民出版社1991年版，第839页。

③ 晏辉：《应用伦理学：伦理致思范式的现代转换》，《自然辩证法研究》2004年第8期。

会将面临的问题。今天“我们正在从一个敌对的世界向一个危机和风险的世界迈进。”① 工业文明使得这个世界失控了，科技发展给人类带来的“副产品”威胁着人类的生存，生物技术的负面效应显露无遗，自然被“终结”了，文化与自然的边界消解了，个体化生涯使得人们饱含孤独感和不安全感：我们生活在风险社会中。“尽管我们的文明在‘发展’，人们仍视这些特点为失败或衰落。”② 总的看来，我们的文明的确在向前发展，只是在发展进程中，人类忽视了实践本身所包含的副作用，而正是这些副作用，威胁到了人类的安全。

在西方发达的现代性中，系统地制造出来的风险与威胁如何能够被避免、减弱、改造抑或疏导？这些风险将会以何种形式于何时以“迟延的副作用”形式在中国“闪亮”登场？中国如何限制与化解它们，使它们在生态上、心理上和社会上既不妨碍中国现代化进程，又不会超出“可以容忍”的限度？所有这些都成为人类社会发展与中国在现代化进程中亟待解决的重大课题。

问题产生后，随之而来的就是解决问题的途径构想。风险社会的到来，使得哲学家、社会学家及人类学家等试图从不同角度去探索如何避免种种风险，进而跨越风险社会，从而产生了诸多独到的可行的见解。综合起来，主要体现为以下几个方面的见解：第一，从批判现代性、工业文明、科技理性视角揭示风险的来源和本质特点，进而提出反思现代化，走各级冒险和再造政治之路；第二，从风险文化、虚拟风险视角剖析社会风险问题，试图从文化及道德方面化解风险；第三，从批判现代化的科技理性视角出发，揭示风险社会的伦理困境，进而提出建立以责任伦理和实践伦理为核心内容的应用伦理学，以挽救风险社会；第四，立足历史唯物主义，从资本关系考察风险社会根源，认为风险社会是可以超越的。

然而，如果脱离了伦理责任，再精辟的设想都可能成为乌托邦而无法实现。因为失去了责任感的社会，一切有益的方式都无济于事。从根本上讲，风险问题的产生正是起源于对责任的蔑视。但引人关注的是，有关风险社会的既有成果均忽视了风险与责任之间的强关联性，即使他们在研究中涉及此问题，但终究没有系统地专题研究风险社会的伦理责任，或者其

① ［德］乌尔里希·贝克：《世界风险社会》，吴英姿等译，南京大学出版社2004年版，第4页。

② ［加］泰勒：《现代性之隐忧》，程炼译，中央编译出版社2001年版，第1页。

研究存在不尽合理之处。国外后现代伦理学和应用伦理学对现代性的伦理困境，以及科技理性、生态环境等方面的伦理问题颇有研究，但风险与责任问题只是他们成果中的一个组成部分，仍然有待于进一步挖掘。更为重要的是，中国现代化进程中的风险与伦理责任问题鞭策着我们关切现实，迫切需要解决这个问题，才能改写“风险社会”为“和谐社会”。于是，拯救社会，我们不得不向时代发出呼喊：谁之伦理责任？何种伦理责任？只有解决了伦理责任问题，风险问题才会随之破解。

风险社会就是组织化不负责任的社会状态。在这个社会中，“责任”已成为过时的概念。有一种趋势认为，责任后文化是价值观的“零点”，同时也被看作现代“虚无主义”的顶点。20世纪60年代，法国哲学家卡斯托利亚迪斯（Castoriadis）认为，那种非好即坏的共识已不复存在了，随之形成的普遍看法为，你可以做或不做任何事，只要于己有利就没有什么是不对的。[①] 从一定意义上讲，风险社会又是“后道德”社会、“后责任”社会。伦理与责任问题以一定的方式被引入到生活方式的选择中，让我们看到了风险社会的伦理困境。这些困境涉及如何驾驭生存矛盾与限度问题、知识与科技发展与限度问题、权利与义务（责任）问题、整体的人的生存受到冲击问题，等等。

风险社会的伦理责任问题之所以应当被关注，不仅因为它们都来自于人类实践活动本身，是人自己制造的而非外生的冲突，更重要的是，它关切到人类的安全生存与幸福生活。

风险社会就是问题社会，更是责任社会！

三　让伦理责任的猫头鹰在黄昏前起飞

尽管我们这个时代问题重重，也不能因启蒙以来的主体中心理性的缺陷而对现代性的发展抱一种埋怨的态度，或者一种悲观主义态度，或者一种虚无主义态度，而应当从主体中心理性走向伦理责任自觉，应当把现代性看作是有待于进一步推进与完善的事业。“研究不总是滞后的，它也可以与责任的讨论同步，甚至可以前瞻性地进行：既然雅典娜的猫头鹰只在傍晚才起飞，那为什么不在傍晚之前起飞呢？”[②] 在今天看来，当所有的

---

① 参见［法］吉尔·利波维茨基《责任的落寞：新民主时期的无痛伦理观》，倪复生等译，中国人民大学出版社2007年版，第153—154页。

② ［德］奥特弗利德·赫费：《作为现代化之代价的道德》，刘安庆等译，上海世纪出版集团2005年版，第261页。

威胁只是具有未来的可能性时，从伦理责任层面挽救风险社会，无疑是一条可行的路径。倘若等到这种风险转化为灾难时，我们的研究就不只是滞后的，而是绝对无意义的了。

本质上讲，风险是人的存在本身遭遇到了自己所建立起来的文明世界的威胁。因而，如果人要真正成为人自身，那么他就需要一个积极实现的世界。对每一个人来讲，因为我能，才能成为我自己。人要么求得自己的真实性，要么放弃它，这完全依赖于他对自己存在的意识。面临风险社会，似乎要求人们接受广泛的然而又是不可能实现的要求。被这种风险夺去了自己的世界的人，必须尽其所能从头再造属于自己的世界。自由的最高可能性在人们面前敞开着，人们只能把握这种可能性，即使可能性极小，否则，人们就会被抛入空无之中。一味地抱怨没有意义，不改变环境条件将没有任何前途。对环境条件的影响不仅来自于自我个体，更重要地来自于由自我所组成的共同体。我们不能等待环境的变化，也不能对自己的可能性不忠，而是要主动而为。

面临风险，我们的生活不能成为单纯否定性的诅咒，我们的全部愿望并不在于躲避一切现实，而是要负起正视它们的责任，并承担起削减与化解风险的重托。尽管因人类受到了威胁而对时代进行批判有一定道理，但这种批判不能成为否定一切的怀疑论调，不能成为消极观点和言论的装饰品。有组织地不负责问题得不到有效的解决，那么这个社会便无任何正义与安全可言，相应地，人为制造的不确定性风险将会不断地增强，随之而来的是责任契约的破产，无处不在的责任问题将呈泛滥之势，这又会平添一层新的责任风险。

“现代性的一个典型的、可能是决定性的特征是：先天性被贬低为一种还没有解决，但在原则上可以解决的冲突，一种暂时的麻烦，一种通向完善之途的暂时的不完美状态，一种通向理性统治之路的非理性的遗留物，一种不久将得到修复的理性的瞬间堕落，一种对个人利益和共同体利益之间的‘最佳配置’无知的，还没有完全克服的症候。”① 现代性了解到自己所受的伤害及其严重后果副作用，这种创伤是可以得到治愈的，解决现代性的冲突是有希望的，我们还需要进一步的努力，这个努力的方向

① ［英］齐格蒙特·鲍曼：《后现代伦理学》，张成岗译，江苏人民出版社 2003 年版，第 9 页。

必然是复兴与提升伦理责任，进一步发挥理性的作用，才能达致和谐。这个责任不只是你的，也不只是我的，而是“我们”的，是全人类的。如果一方主体将本属于自己的责任强加于另一主体，就表明他在逃避责任。逃避责任就是通过对它的否定而承认它的真实存在。对风险的责任是不可回避的。只有每一个主体都能成为自己所能为的一切，这个人类共同体才可能蓬勃发展。在风险社会中，我们应当充当一个承担责任的主动角色，等到风险变成了现实就悔之晚矣。

“作为解决风险和责任问题的方式，预防原则并不总是有用的甚或是可应用的。‘接近自然’或者限制创新而不是促进创新这个原则并不总是可行的。原因就在于科技进步或者其他形式的社会变化的作用和反作用之间的平衡是非常重要的。”① 不仅如此，还要在物质进步和伦理进步之间寻求平衡。寻求这种作用力与反作用力之间的平衡本身就是一种责任，如果在这一点没有责任感，那么这个平衡点将永远也难以找到。被物质所包围的世界表现出了彻底的非精神化状态，人们将陷入自我幻灭之中。生活似乎变成了一个企业，我们都被包裹到机器中去了，每个人的选择要么在这个企业中努力地工作，否则就会消亡。只有每一个人对这个自为的世界承担责任，在一切现实面前认识到自己面临的灾难，才可能真正弃绝它。逃避风险就是逃避责任，只能使自己变得更加被动。在风险面前扮演责任担负者的角色，是人自我存在的必要前提。我们必须努力与这个世界和谐相处，才不会被那威胁的力量所吞噬。绝不能让责任意识瘫痪。

人类不仅仅是作为“利益”主体而存在，更是作为“责任”主体而存在，这是人类未来的“忧患求索”趋势所决定的。要真正摆脱风险的阴霾，唯有责任感和积极性的吁求，此外，别无他途。因为，伦理责任是治理各类社会风险的内在着力点，其他一切制度建构与生产实践行为，皆出自于这伦理责任。我们的行为是由我们的思想支配的，因而只有改变人们错误的观念，并形成正确的善性观念，从而在主体心中升腾起一种高度责任感，我们的社会制度、人们的生产实践活动，才会在正确的发展轨道上“行驶”，才会可持续发展，才会达到幸福的明天！中国才能够实现伟大复兴！

---

① ［英］安东尼·吉登斯：《失控的世界》，周红云译，江西人民出版社 2001 年版，第 29 页。

第一章　风险社会及其责任困境

西方理论中的“风险社会”这一概念是由德国社会学家、哲学家贝克正式提出来的，之后有许多哲学家应和了这一理论。从历史唯物主义和伦理责任视域省察这一理论，不难发现，它与人类生存、生活与实践活动密不可分，也与人类“集体无意识”境况和责任感缺失紧紧勾连在一起，充分暴露出了风险与责任的交织。

第一节　风险与风险社会

按照风险社会理论的揭示，人类社会发展到今天，社会结构经历了重大的变迁，遭遇到太多的潜在性威胁，直接挑战着人类的安全生存与幸福生活。全球化的演进，使这个世界充满了诸多的不确定性与风险。各类社会风险的凸显，引起了人们广泛的关注，同时也带来了风险问题研究范式的转变。无论是对“现实的关注”还是研究的“理论自觉”，众多的社会理论思潮均不约而同地触及了人类发展所带来的副作用与负面效应问题，已经成为风险理论建构与问题析出的重要铺垫和必要基础。因此，我们很有必要厘清风险概念及其发展，并将其纳入历史唯物主义范畴，细加省察。

一　“风险”概念的发展

“风险”（risk）无处不在，自古有之，无论传统社会还是现代社会，“风险”都客观地存在着。吉登斯甚至指出“活着就是一件冒风险的事”①。在当代科学语境和公众话语中，风险是一个十分常见的概念。然

① ［英］安东尼·吉登斯：《失控的世界》，周红云译，江西人民出版社 2001 年版，第 19 页。

而，有关风险概念的本真内涵，一直充满着争议，正如卢曼所言，风险这个词的含义至今仍不甚明了。① 因而，有必要厘清这一概念，以澄明其所指的真正界域。

《说文解字》解释道："风，八风也。"意即来自四面八方的风。"险，阻难也。"意即前进道路上的障碍。由此，风险可以理解为四面八方的阻难，引申为阻挡前进的方方面面的困难与障碍。根据《汉语大辞典》的解释，"风险"意指"可能发生的危险"。因此，从中文语境看，风险表征的是危险发生的未来可能性。

在西方较早时期，"风险"（risk）这个词有勇敢和冒险之意，并不意味着地球上一切生命面临自我毁灭的威胁。艾瓦德（Ewald）考证说，"风险"来源于意大利的 risqué，出现于早期的航海贸易与保险业中。据吉登斯考证，中世纪没有真正的风险概念，而且在其他传统文化中也没有这个概念。在以前的文化和文明中，使用的是"运气"、"命运"、"上帝的意志"等概念，只是到了现在，才用"风险"来代替这些概念。② 我们由此推断，在前风险社会中，对风险的研究甚少也大概是由于这样一些原因。风险概念诞生于 16、17 世纪，由西班牙或葡萄牙人传入英语中，最早创始于西方探险家的航海活动中，在他们穿越世界的旅行中，进入新的陌生的水域时使用的。早期"风险"一词有空间方面的含义，后来转向了时间方面，用来指各式各样的不确定的情况，因而，它与"可能性"以及"不确定性"概念紧密相连。从时间与空间位置看，探险家们进入了真正有风险的时期，"风险"一词特指被纳入了既有探险，又要寻求正常化和控制的世界。

在前风险社会里，风险具有可预测性与可计算性特征。传统的风险情境中，人们可以对潜在的风险进行有效的评估，并据此做出相应的决策和行为选择，这个特定的风险总是与个人、家庭、企业、国家（国际经济与政治交往）相关联，推断他们在物质上、精神上以及经济上受益与损失的可能性。比如在贸易、保险与体育运动中，人们可以预测到得与失以及是否冒生命危险。因此，人们对风险的感知与未来建立着一种必然的联系，其未来尽管在本质上是不确定的和未知的，但可以通过过去的知识来

① See Luhmann. N. Risk, *A Sociological Theory*, Berlin: de Gruyter, 1993, p. 9.

② ［英］安东尼·吉登斯：《失控的世界》，周红云译，江西人民出版社 2001 年版，第 18—19 页。

加以推断与测量。这种意义上的风险世界中，其计算与评估以理性与科学的确定性为基础，人们只要具备相应的知识，理性地分析与科学地计算，就可以预测出未来的安全与危险。那是一个理性与知识的确定性王国，在这个王国中，真理与谬误、崇高与卑下、过去与未来具有明确的界限。

到了现代，风险已不再是最初的“遇到危险”之意，而是一种可能会遇到破坏或损失的危险机会。经过两个多世纪的演变，“风险”一词已与人类自身的决策和行动所产生的后果紧密相连，成为影响个人及群体事件的特定形式，因而引起众多学者的重视，同时也引发了对其内涵的不同视角解释，于是大致产生了主观性、客观性与建构性三大类型。此三种关于风险的类型，均与现代性密不可分。

今天人们所面临的各类风险，更多的是资本主义工业化片面发展的后果，因而是人为性风险，其内涵至少应包含以下几个方面：

第一，风险是主客观的统一。

从历史唯物主义的观点考察，已经认识到的风险是主观与客观的统一。一方面，由于现代性所产生的风险是客观存在的，不以人的意志为转移；而另一方面，只有通过主观性的认识，风险才能被感知到，客观存在的风险要通过主观性的意识反映，才能成为关于风险的知识。“存在决定意识”不可颠倒，因为对风险的感知、风险意识依然是对现实的客观存在的风险的主观反映，而非主体的主观臆断。同时，也只有认识到了风险的客观存在，才会唤起人们的风险意识，从而引起人们的高度重视与警觉，进而为避免、化解、消除风险提供必要的条件。但不能过分夸大人的主观意识，阿兰·斯科特（Alan Scott）就犯了这一错误，他指出：“由于对风险的排斥将导致人们采取措施来避开高风险情境，我们甚至可以认为在风险意识与‘社会风险定位’之间常常会有一种反向的关系。”① 这容易让人们产生过度的焦虑。只有辩证地将被认识的风险的主观性与客观性统一起来，才能全面认识风险的特性并达到有效避免的效果。

第二，风险不等于危险。

在风险的研究中，免不了要与危险概念发生混淆。人们一谈到风险，立刻就会想到危险一词。事实上，它们有着本质的区别，风险与危险在内

① ［德］阿兰·斯科特：《风险社会还是焦虑社会？有关风险、意识与共同体的两种观点》，载［英］芭芭拉·亚当、［德］乌尔里希·贝克、［英］约斯特·房·龙《风险社会及其超越：社会理论的关键议题》，赵延东等译，北京大学出版社2005年版，第58页。

涵与外延上都属于两个概念。（1）危险是被明确意识到的、确定的不利后果；风险包含着不确定的危险。（2）人们对危险的态度不是欢迎而是尽力避免；而风险是与人们的控制激情相关，尤其是出于对未来控制的理念，因而风险是一个与未来相关联的概念。（3）危险只具有消极方面的内涵，不存在积极的危险，也不可能说危险是一种机遇；而风险不仅内含着消极的含义，而且经常包含有积极的因素，比如在不确定的未来面前大胆探试。以至于在今天，无论是在探险中，还是在商业中抑或在登山运动中，一种挑战风险的胜利者总是令人钦佩的。现代性所导致的是风险社会而不是危险社会，尽管其中具有危险的一面，但不可忽视的另一面依然十分重要，那就是机遇。

第三，风险是一个历史性概念。

风险是一个历史性的客观存在，是人类生活中的基本现象，它随着人类实践的发展而发展。从古代社会到现代社会，从农业社会到工业社会，风险都存在着。但是，每种社会中，风险的来源、威胁性、危险性程度是大不一样的，其表现形态也是各异的。“周围的感性世界决不是某种开天辟地以来就直接存在的、始终如一的东西，而是工业和社会状况的产物，是历史的产物，是世世代代活动的结果，其中每一代都立足于前一代所达到的基础上，继续发展前一代的工业和交往，并随着需要的改变而改变它的社会制度。”① 现代性风险也不是从来就有的，而是随着工业化的发展而不断增长的，随着时间的推移，有些风险变成了现实，而另一部分风险尚未达到爆发的程度。现代性初期与现代性中后期，或者说第一次现代化与第二次现代化，其风险的性质与形态是前后相继的，后工业社会的风险是由工业社会的风险演化而来的。总之，风险是现代化实践过程中，由于政治、经济、社会、文化等各个领域的不确定性因素而导致的具有危险性的状态，轻则表现为社会动荡、冲突、损失的潜在可能性，重则表现为威胁到人类的生存与发展。然而，现代性风险并非不可消灭的顽症，随着社会的向前发展、人类风险意识的增强、伦理责任感培育的加强，各类社会风险一定会得到化解。换言之，风险具有一个产生、发展与消亡的历史过程，只不过这个过程是曲折式发展、螺旋式上升的，人类的进步将必然解决威胁自身的各类风险问题。当然，这个解决过程本身正彰显着人的主观

① 《马克思恩格斯选集》第一卷，人民出版社1995年版，第76页。

能动性。面对今天人类际遇到的，作为现代性尤其是盛期现代性后果的风险，首要的是要求我们探究其自身特有的本质。

二 现代性“风险”的特质

现代性为人类带来福祉的同时，其自身不自觉地附带产生了大量的副产品，它们作为现代性引致的后果具有高度的危险性，严重威胁着人类的安全。按照吉登斯的揭示，“现代性是一种风险文化”。[①] 借助时空分离、“脱域机制”以及知识性反思的动力机制，激进现代性创造了资本主义、工业主义、监督和军事权力四个内在性的制度体系，它们动摇了对我们安居的世界的控制力。综观西方风险社会理论，结合发展中的现实问题进行省察，不难发现，作为现代性后果的“风险”具有多种内在性特质。

第一，人为性与非自然先在性。

人一时一刻也离不开与客观对象发生关系，由于人对客观对象认识能力与事态发展结果的预测能力的局限，使得风险与人类历史相伴相随。然而，不同历史时期，风险存在的样态各异，农业时代的风险与工业时代的风险表现出不同的质态。现代风险是现代性所引发的后果，是作为现代化的一部分而被系统地产生的危险与威胁，是现代工业文明的产物。因此，与前风险社会的自然风险不同，风险社会的风险是人为的，即人类自己制造的。自然之后与传统之后的世界就是由外部的风险转变为被制造的风险的世界。所谓被制造的风险就是因人类社会的发展，通过人的实践而引发的，是一种新的风险环境，历史上人类未曾经体验过的境况。由于只关注物质财富的增长，使得我们根本不知道具体风险会如何发生，更不用说去精确地计算它的程度了。但人为制造的风险以不同的形式渗透进了人类生活的各个领域，它以实践的副作用形式呈现在我们面前，并使人们为之战栗。

第二，未来的不确定性。

风险的概念并非指现实的东西，相对现在而言，风险处于未来的不确定性状态之中。吉登斯指出：“风险指的是在与将来可能性关系中被评价的危险程度。它只是在将来的社会中被广泛使用——这个社会正好把将来看作是被征服或者被殖民的范围。风险暗示着一个企图主动与它的过去亦

① ［英］安东尼·吉登斯：《现代性与自我认同》，赵旭东等译，生活·读书·新知三联书店 1998 年版，第 4 页。

即现代工业文明的主要特征进行决裂的社会。”① 人们对未来的认识与定义，决定着现在的行动，不确定的可怕的未来对现在所留下的具有威胁性的阴影越明显，风险就会被渲染，从而会激发人们对于风险的心理震撼，人们现在的行动就会更加谨慎。在全球化与生态危机的语境下，人们对这一点颇为熟知。处于风险社会中的人们，可能会一边享受着自己的生活，一边感知到未来的生活受到威胁。

第三，全球普遍性。

当历史走向世界历史时，全球化便开始崭露头角。全球化是一种催化剂，有了它，风险便跨越时间与空间的界限，由一个地方发生后迅速蔓延到全球的各个角落，居留在这个星球上的每一个人都成了风险袭击的对象，这已不是骇人听闻或危言耸听了。比如在华尔街爆发的金融危机就几乎迅速波及全世界。这就是现代社会的“脱域”现象。由于资本是无孔不入的，它把爪牙伸向了世界的各个角落，财富分配在全球中进行，这种脱域现象会随着资本的全球性扩张而极度发展，风险也随之加剧。我们生活在一个迈向风险与危机的世界里，“每个社会都经历过危险，但风险社会制度是一种新秩序的功能：它不是一国的，而是全球性的。”②

今天，地域性风险就是全球性风险，全球性风险也就是地域性风险。在风险面前，全球性与本土性也不再有对立的格局，借用罗博斯顿（Roberston）的话，就是形成了“全球本土化”（glocal）的态势。比如，生态危机、食品安全、各种流感等传染性疾病，都是“没有边界的”，致使全球风险成了人们热烈讨论的话题。“时空延伸”使得全球性的风险与本土性的风险混合在一起，可计算的风险不存在了，留下来的只是难以控制的危险。没有人愿意接受这位“不速之客”，每个民族国家都在禁止它的到来。然而，民族国家精心构筑起来的藩篱显得力不从心，它必须依靠各民族国家联手行动，才能达到预期的效果。这也鲜明地突出了风险社会的风险与前风险社会的风险具有本质的不同，前者在一国内即可得到圆满的解决，而后者突破了民族国家的界限，延伸至世界人民的共同努力。

第四，高度的复杂性。

---

① ［英］安东尼·吉登斯：《失控的世界》，周红云译，江西人民出版社 2001 年版，第 18—19 页。

② ［德］乌尔里希·贝克：《世界风险社会》，吴英姿等译，南京大学出版社 2004 年版，第 4 页。

风险的高度复杂性主要表现为：风险影响的多领域、风险的隐蔽性、因果关系的非线性、风险生产的系统性、不可计算性。

风险影响涉及众多领域。由于财富分配逻辑向风险分配逻辑转换，风险一开始体现在经济领域，然而，事物都是相互联系的，因而，政治领域、经济领域、生态领域、社会领域、文化领域都受到了风险的威胁，如金融危机、大气变暖、生态破坏、新的疾病等，既表现出各自独立的险情，又都相互影响着。不仅如此，风险不仅关涉到社会，还关涉到个人，如个人就业危机、食品安全、信任、焦虑等。风险所关涉的领域逐渐升级，诸多领域的风险相互交织，具有极强的破坏力。当代社会风险越来越复杂化，其险情类型越来越多样化，跨行业跨领域的特征暴露无遗，关系着人类的生存与发展，引起了生活在这个星球上的每一个人的深度关切。

由技术所引发的风险带有极强的隐蔽性，超出了人类通过自然感官去感知的范围，是一种不可视的存在，只有到真正爆发的那一刻才为人们所觉知。比如化学污染、核危机等。这种风险的不可见性需要大量的专家来对其知识进行解释。然而，所有的解释都莫衷一是，不能起到积极的作用。正如亚当所言："所有的解释从本质上说都是一视角的问题，因此也是一个政治的问题。"① 风险社会中，风险是极端复杂的。尽管加强技术创新和对风险的认知在一定程度上可以缓解威胁，但它在另一方面又开启了一种新的可能性，进而会产生出难以想象的风险链。

风险是被系统地生产出来的。作为现代性后果的风险，使知识的确定性发生动摇，使过去与未来的边界变得模糊，不可预测性与神秘性充斥其间，超越了传统风险概念及其隐含的二元预设范畴。在贝克看来，风险社会不是我们可以在政治论争中进行选择和拒绝的项目，与之相反，它是一种结构情境，发达的工业化使之无法逃避，由此系统所产生的危险与威胁使国家通过深思熟虑而建构起来的安全系统受到了挑战，甚至侵蚀且破坏着这个系统。这的确是工业社会通过自身系统给人类带来的副产品，它并非工业社会本身所愿，这个系统的发展使自身失去了平衡，而再度恢复平衡的寻求将无法通过现有的保险制度来获得。不仅工业社会如此，甚至后工业社会也没能摆脱这样的恶性。"后工业社会也遇到了一系列社会再生

---

① ［英］芭芭拉·亚当、［德］乌尔里希·贝克、［英］约斯特·房·龙：《风险社会及其超越：社会理论的关键议题》，北京大学出版社 2005 年版，第 5 页。

产的负面后果，比如由系统带来的风险，而且，这些风险也无法转嫁出去。”① 因而，必须对系统机制进行“自我运用”或“自我反思”，才能找到根本症结所在。

风险不可计算。专家在考察风险时，需要利用科学的概率计算方式来裁定风险的有无和威胁性的大小，即韦伯所称的“对概率的判断”。然而，用事件乘以概率的公式在“人为性风险”的计算中已然失去了昔日的功效而显得无能为力了。芭芭拉指出：“风险社会已经把我们带出了数学计算的安全范围；我们必须承认，在这种构成一种新型现代性的意义上，风险已不再能简化为潜在危害的密度和范围乘以其发生概率的乘积。”② 统计学、经济学等不同学科在计算风险概率时，因各自关注的焦点不一样，常常出现不同的计算结果。这样，不同学科得出的风险概率不尽一致，便使得人们无所适从。不仅如此，各种风险的大量存在，对人们的生活产生了极为广泛的影响，但风险计算、风险的保险与概率统计经常受到来自第三方的力量的干预，不仅未能有效地反映风险的险情，反而遮掩了风险所产生的根源以及爆发的可能性，从而加大了准确判断风险的难度，也无法确定有关风险的“可接受值”。在这里，谁来定义风险、如何定义风险便成了问题。由现代性所引发的风险是难以准确计算的，其难度超乎人们的常规想象。由于这种不可计算性，直接导致了风险的不同定义，由此而产生了大量的社会冲突，新一层的风险开始得以酝酿并不断累积，使得这个不堪重负的社会雪上加霜。

第五，正反二重性。

正如一枚硬币的两面，一路高歌的工业文明及后工业文明为人类带来了无穷的利益和便利，但与此同时，一种不确定的具有破坏力的“副作用”也紧随其后，工业社会有可能会“毁于自身的成功”。换一个视角看，风险具有破坏性和不确定性的同时，也具有挑战性与创新性，风险与机会同时存在。道格拉斯和威尔德韦斯强调制造风险，而拉什则强调规避

---

① ［德］尤尔根·哈贝马斯：《后民族结构》，曹卫东译，上海人民出版社 2002 年版，第 202 页。

② ［英］芭芭拉·亚当、［德］乌尔里希·贝克、［英］约斯特·房·龙：《重新定位风险：对社会理论的挑战》，载［英］芭芭拉·亚当、［德］乌尔里希·贝克、［英］约斯特·房·龙《风险社会及其超越：社会理论的关键议题》，赵延东等译，北京大学出版社 2005 年版，第 11 页。

风险，一个是站在抓住机遇迎接挑战的视角来认识风险的，而另一个则是更多地认为风险具有极大的破坏性。无论哪种观点，都无非隐含出消极风险与积极风险的因素。一方面，风险也的确使人类的生存面临着不可预期的威胁，会对人类造成灾难性的伤害，甚至毁灭性的打击。另一方面，当代社会风险并非自然原因所致，而是人为因素的结果，是文化原因导致的，正体现了人与文化之间的矛盾，因此，解决这种矛盾正是应对风险的策略，从这种意义上讲，风险便意味着创新、意味着变革。

风险二重性还表现在理性与非理性的悖谬过程上。风险社会中，风险由理性主义生发，却走向了它的对立面——非理性。理性的科学只能通过非理性的欲望，才能继续前进，科学的理性最终导向了身体化的、物化的非理性欲望，欲望形成信念，并在现代性的发展中得到培养，同时被理念化并被激发起来。物化的欲望超越了逻辑的、理性认识的界限。要使物质化的欲望得到满足，就必须大规模地发展由知识与理性支配的技术。这恰恰反射出现代性发展过程中的悖谬。

正是由于现代性后果的风险特质，使得今天的人类社会成为即将喷发的“文明火山”，无论我们爱它抑或恨它，都不可避免地要面对风险社会的到来。

三 风险社会的来临

我们今天所际遇的风险社会，是西方启蒙以来科技理性支配下的高度现代性人为制造的负面影响所带来的社会效果，它与传统社会甚至传统工业社会有着质的区别。

20世纪后期，西方著名学者贝克（Ulrick Beck）、卢曼（N. Luhmann）、吉登斯（Anthony Giddens）、道格拉斯（Mary Douglass）、拉什（Scott Lash）、哈贝马斯（Habermas，J.）从不同视角考察，均揭示出一个共同的事实：世界性的社会风险已经来临。核技术、化工技术、基因研究、生态恶化、过度的军事化、西方工业社会之外国家与地区的日益贫困化、英国的疯牛病、SARS疾病蔓延、世界金融危机、甲型H1N1的无情传播，等等，均证实了他们的断言。总的看来，风险社会的到来从人与自然、人与社会、人与自身方面暴露无遗。

（一）人与自然

在科学主义和技术理性的驱动下，资本主义社会发展沿着单向度的路径运动着，过度的物欲引致了人与自然的诸多危险与不安。

启蒙以神人同形论为基础，用主体来折射作为客体的自然。人们在臣服自然与支配自然之间选择了后者，似乎不征服自然就意味着精神的不存在。然而，征服自然的活动终究伤害到人类自身。霍克海默指出："每一种彻底粉碎自然奴役的尝试都只会在打破自然的过程中，更深地陷入到自然的束缚之中。这就是欧洲文明的发展途径。"① 启蒙思想本质上是一种主体性思维，倡导的是一种工具理性，人成为主宰一切的主体，每一种自然事物都成为人的客体，"主客二分"的界限越来越分明。于是，我们从启蒙中看到了辩证运动：每一种事物均是其所是，但同时又向其所非转化。工业文明以来，以科技为主导的生产力得到了大力的提升。到了20世纪，科技更是获得了巨大的发展，人类活动在规模、对象等诸方面均发生了惊人的变化。这是启蒙的胜利。然而，与之相伴的是，人与自然的关系也发生了相应的重大改变，在人类向自然发起猛烈进攻时，自然不但不欣然接受，反而以反击的姿态回应着人类。人与自然已不再和谐。

现代社会，人类似乎已不再是"偶然性力量"，而变成了自然的巨大征服力了。由于唯科学主义的不断推进，在追求物欲满足的意识下，人们加大了对自然开发的力度，生态危机开始出现，自然与社会的对立格局已出现问题。贝克指出："我们称之为自然的东西，长期以来被归纳进工业化进程中去了，它变得危机重重，这些危机在社会化进程中被提出来讨论，展示出一种独立的政治活力。我称这一进程为风险社会或世界风险社会。"② 在此意义上，风险社会的进程就是人与自然的关系变得危机重重的过程。自然与社会不再对立了，那种自行其是、自己按照本身的规律运动的自然"终结"了——自然被社会化了。人类驯服了自然，自然成了社会，而社会成了自然，自然与社会的价值二分崩溃了。

人类向自然界无尽地扩张，自然已成为人工领域，自然与文化的界限变得模糊不清。前现代社会中文化与自然具有明确的区分，在那里，自然是无尽的资源，是工业化进程的前提，是纯粹陌生之物的概念，是与文化相对立的范畴。然而，今天的自然不再是19世纪人们要去征服的和可归因的东西了，因为它们在20世纪被工业文明证伪了，变成了一种文化的

① ［德］马克斯·霍克海默、西奥多·阿道尔诺：《启蒙辩证法——哲学断片》，渠敬东等译，上海世纪出版集团2006年版，第9页。

② ［德］乌尔里希·贝克、约翰内斯·威尔姆斯：《自由与资本主义》，路国林译，浙江人民出版社2001年版，第21页。

产物、历史的产物，自然与文化之间的界限正在逐渐消失。“今天，当我们说到自然时，我们却说的是文化；同样，当我们谈论文化时，我们也在谈论自然。”① 自然与文化交融在一起了。换言之，自然已不再是前风险社会意义上的自然，并非“稻花香里说丰年，听取蛙声一片”的宁静与纯粹的自然，而是打上了工业文明印记的自然。这当然看上去有些夸张的色彩，但它至少阐明了自然被工业社会破坏与污染的严重后果。

原本纯洁与羞涩的自然被人的力量无情地蹂躏着，原本是自然一部分的人类现已成为自然的施害者，都是人的贪欲惹的祸，这不仅对自然是祸，更是对人类自身的祸。贝克从认识论原则出发，得出了风险社会始于自然的终结的结论。这个观点与吉登斯的观点不谋而合，那就是人们焦虑的焦点发生了转变，由一种对“自然可以为我们做什么”的焦虑转变为“我们对自然做了什么”的焦虑。的确如此，自然的终结是由政策与选择、科学与政治、工业、市场与资本等不同的制度内生的风险，而并非人类以外的自然力量所产生的风险。因此，风险社会出现了一种悖谬：这些内生的风险由现代性所引致，尔后进行的现代化又极力控制与解决此问题。因为环境问题与政治、经济、社会发展有着不可割舍的连带关系。正如雅斯贝斯所言：“环境问题不再是我们周围的问题，而是——在它们的起源和它们的所有影响上——彻底的社会问题、人的问题：他们的历史，他们的生活条件，他们与世界和现实的关系，他们的社会、文化和政治状况。”② 传统上的自然环境问题，如今并非单纯地表现在环境自身上，它已经与社会的政治、经济与文化连在一起，与人的生存与发展连在一起，形成人与自然“一损俱损、一荣俱荣”的格局。比如，环境的污染并非只关涉对自然的破坏，而且关涉到社会的经济发展，进而关涉到一个民族国家的政治，关涉到人自身的健康，关涉到人们的理念与德性。因此，自然终结的背后潜藏着极大的风险，威胁着人类的生存与发展。

（二）人与社会

我们生活的社会没有按照当初设想的那样顺利地满足人们的各种欲望；相反，等待人们的将是难以确定的危机与不安全感。工业社会的体制使自己变得不再稳定，它并未达到自己预期的目的，而是走向了自己的反

① ［德］乌尔里希·贝克：《风险社会再思考》，《马克思主义与现实》2002年第4期。

② ［德］乌尔里希·贝克：《风险社会》，何傅闻译，译林出版社2003年版，第98页。

面。在工业社会里，其连续性构成了非连续性的根据。正如从封建束缚和宗教的束缚之中解放出来一样，人们从工业时代具有确定性的生活模式的约束中“解放”出来，却面临着另一种束缚——风险社会。随着工业社会的推进，财富的积累越来越丰富，工业社会就像一个“储水池”，在积蓄财富的同时，问题与冲突也大量地被积蓄起来，短缺社会的分配与科技发展所产生的风险叠加在这个蓄水池中。到了晚期现代性，短缺社会的财富分配逻辑转变为风险分配的逻辑。这种转变正是由于单纯的物质需要所引发的。不合理发展，使人与社会的关系充满了危险与潜在性的威胁，并达到了史无前例的程度。

首先，理性使得传统走向了终结。现代性是与传统对立、与中世纪决裂的一种生活方式和存在形式：在制度、观念、生活、技术和文化方面与过去决裂。在由传统走向现代的过程中，理性是祛魅的道具，它驱散了圣性社会的光环，点亮了追求世俗幸福的火种：高扬人的丰满性与完整性，高歌人的高贵理想与伟大力量，崇尚人的主体性。于是，理性成为现代性的关键词，现代化的过程就是理性化的过程，政治、经济、文化，一切都呼应着这种理性。进一步讲，理性成为万能经济机器的辅助性工具。“理性成了用于制造一切其他工具的工具一般，它目标专一，与可精确计算的物质生产活动一样后果严重。而物质生产活动的结果对人类而言，却超出了一切计算所能达到的范围。”① 理性也成为社会解体的动力，一种完整的生活方式的德性受到了侵犯，个人自由主义的自然本性开始在世俗中泛滥，各种私欲与利益被赋予了正当权利，由此，权利凌驾于传统社会的善与正义之上，个人价值凌驾于整体价值之上。而这样发展的后果，最终导致了一盘散沙式的虚无主义，由此产生了现代性动荡不安的风险。

其次，世界历史进程使得民族国家社会与集体组织社会摇摇欲坠。由于极度膨胀的欲望和工业生产的利益最大化追求，民族国家范围内的剥削已无法满足资本家的需要，于是他们将魔爪伸向力所能及的地方，跨越民族国家的界限，将世界连成一片，历史开始走向世界历史，社会“集装箱”的想法也由于内部与外部的全球化进程而成了问题。集体的力量既已遭到削弱，在社会上贯彻某些决定变得越来越困难了。社会权利以及参

---

① ［德］马克斯·霍克海默、西奥多·阿道尔诺：《启蒙辩证法——哲学断片》，渠敬东等译，上海世纪出版集团2006年版，第23页。

与劳动市场的条件、市场的流动过程都以个人为取向，而不是以组织或家庭为取向了。正如吉登斯所讲，传统为人们提供了“本体性安全”，社会关系“群”对人们是一个相对稳定的秩序模式，亲缘关系是人们依赖的普遍性纽带，人们的地域性色彩强烈，但在现代性条件下，这种地域化的“本体性安全”被消解了，人与社会的关系变得不稳定，人们变得焦虑与精神忧郁。在世界风险社会中，传统社会里建构起来的支配社会思想与政治行动的控制与安全形式逐渐在失去其应有的功能。我们似乎离传统控制系统的恩泽越来越远。

最后，传统的终结直接导致了信任的缺失。人们出于对经济利益的考虑，才依然依靠着法律的规范，服从着权力，恪守着各种严格的信条，但这种并非来自于真正信心的考虑，会使整体性的具有实质内容的意识不攻自破。雅斯贝斯指出，在今天，“没有任何事业、任何公职、任何职业被看做是值得信任的，除非在每一具体的场合都揭示令人满意的信任基础。”① 人们似乎被这种不信任训练得麻木了，他们对各领域的欺骗与不可靠现象见怪不怪了。如果尚有信任存在的话，那只是局限在狭小的范围，并未扩展到整体，而这又将使整体责任感消失得无影无踪。人们失去的是他人的信赖和身处集体的温馨感，换来的却是挥之不去的孤独和对未来的黯然神伤。

（三）人与自身

现代性消解了人与社会的传统关系的同时，也驱使着人走向个体化。个体化的进程成为这个社会的内在活力，成为重塑与调和社会的一种强制性的需要与冒险。互联网等便捷媒体使个人对国家监督获得了更多的权力，这种进步，加上市场作用，一种“个人主义无政府状态”正在形成。“选择、决定、成为个人所渴望成为的自己生活的主宰和自己‘身份’的创造者的个体，是我们这个时代的核心特征。”② 然而个人却被越来越多的“选择”所困扰而不知所措。人们追求着个体的权利和利益，要求着平等的地位，但悖谬的是，平等的增加带来了意识中的不平等的持续与加剧。个体化集富裕与贫困于一身。

---

① ［德］卡尔·雅斯贝斯：《时代的精神状况》，王德峰译，上海译文出版社 2008 年版，第 51 页。

② ［德］乌尔里希·贝克：《世界风险社会》，吴英姿等译，南京大学出版社 2004 年版，第 11 页。

悖谬的生活样式使个体化的人处于一种无根基的流动状态。“个体化意味着每一个人的生涯都从预定的命数中解脱出来，并为人们自己所掌握，容许并依赖于决定。根本不受决定影响的生活机会的几率正在减少，而开放的并必须个人化地构建的生涯几率正在增加。”① 个体化的生涯一方面追求着自我形成，而另一方面又向无限的世界社会的可能性开放着，家庭、职业劳动、教育、就业、管理、交通、消费等个体生涯的组成部分，都表现为分离的东西。固定的职业没有了，取而代之的是不断变换自己的工作，过着无根基的流动生活。“那种确定性和安全性——尤其是这种‘肯定知道会发生什么事情’的给人以保证的感觉——都没有像在这个新的世界主义者栖息的界线不明、制度化不足、管制不足而且太频繁地失范的超国家性的领土上一样，崩溃得那样引人注目。”② 个体既不相信传统，也不相信他人，只相信专家与知识，然而，专家又将矛盾与冲突丢给了个体，并意图让他们自己去寻找解决的方案。个体已落入了“无意义”的泥潭，然而又充当着世界塑造者的角色，自我生产并将持续生产的生涯潜伏着极大的不确定性与不安全感。换言之，个体化生涯蕴藏着极大的威胁与风险，相应地，会引发社会秩序的动荡与不安。

上述可见，我们正在体验着世界风险社会的到来。风险社会使前现代建立起来的民族、阶级、人类与自然之间的界限变得模糊了，文化的创造者与具有本能的动物之间的界限也接近于不存在了。因此，风险社会成了一个混合物，一个超越了旧的理论特征的混合的世界。风险社会里，现代社会成了反思性社会，现代性自己成了自身的问题。福柯、阿多诺和霍克海默等法兰克福学派的社会批判理论家们把现代性比喻为技术知识的牢房，贝克在此基础上向前迈了一步，他说：“我们都是技术和官僚政治的巨大机器上的小齿轮。”③ 在贝克那里，人们是受技术与官僚政治摆布的工具，我们成了技术与官僚政治的奴婢。但贝克忽视了一个重要的问题：技术与官僚政治的操作者是人，没有人，技术与官僚政治将失去其应有的意义。因此，我们应将视线定格在技术与官僚政治的巨大机器的操作者身

---

① ［德］乌尔里希·贝克：《风险社会》，何傅闻译，译林出版社2003年版，第165页。

② ［英］齐格蒙特·鲍曼：《流动的现代性》，欧阳景根译，上海三联书店2002年版，第72页。

③ ［德］贝克：《风险社会政治学》，刘宁宁等译，载《马克思主义与现实》2005年版，第3页。

上，而不是只看到大机器与大机器上的小齿轮。质言之，我们应当站在人道主义的立场，去评价技术与官僚政治的操作者的道德，去检验他们的伦理责任何在。

第二节　责任视域中的风险社会

从省察人类自身的实践行为出发，不难发现风险社会与前风险社会的差异所在，以及风险社会本身所具有的诸种特征、本质内涵、深层渊薮。风险社会就是问题社会。由于风险社会的人为性特征，使得在这些众多的问题中，责任问题尤其关键，由于这个问题的存在，为其他问题的滋生与蔓延铺就了坦荡的大道。责任感可为其他问题提供价值观与伦理观的指向和判断理路。没有了内心约束和勇于担当的意识，狂热的非理性就会占据并左右人们行为的核心空间，成为人们行动的根本动力。因而，我们需要看清问题中的问题，即最根本性的问题——责任，才能准确地认识风险社会，才会为我们解决人的安全生存与幸福生活问题指引正确的方向。

一　风险社会界说

如今社会被人们贴上了各种各样的标签，如“后工业社会”、“后现代社会”、“知识社会”、“信息社会”、“网络社会”、“风险社会”等不一而足，它意味着今天人类的生产方式与生活方式较传统社会有了天翻地覆的变化。

按照历史唯物主义的方法分析，风险社会并非一种社会形态，而是历史发展阶段性的一个显著特征。根据风险的特点，我们尚且可以这样概括风险社会：由于现代性发展所产生的负面效果，使得自然与传统得以消解，人们对它的体验更多的是恐惧和焦虑，它正在以一种文明的后果形式深入到我们每个人的生活中去，对未来构成直接或间接的威胁。风险社会并非单纯地表述着某一情态，而是具有多种复杂形态相互综合而形成的复合体。这样，便可对风险社会作如此界说：

第一，风险社会是现代性的后果。

风险与现代性有着必然的内在关联度。从一定意义上讲，风险就是现代性控制逻辑的“未预料后果”。贝克指出：“作为一种社会理论和文化诊断，风险社会的概念指现代性的一个阶段：在这个阶段，工业化社会道路上所产生的威胁开始占主导地位。”① 风险社会的产生，正是由工业社会片面的经济利益最大化追求，以及对自然资源无节制开发的行为所导致的。因此，风险社会是现代性的自反阶段（reflective stage）。

现代性的主导者是资本主义生产方式和思维逻辑。现代性不仅是组织的种类，它本身也是组织过程，它通过跨越时空的局限，以此构建对社会关系进行规则化与组织化控制的过程。这个现代性过程产生了极大的推动力，社会变迁的步伐极度加快，不断地改变着先前存在的社会实践与行为模式。吉登斯认为现代性是一种行为制度与模式，“现代性”这个概念大致相当于“工业化世界”。“现代性是一种后传统的秩序，在其中，‘我将如何生活’的问题，必须在有关日常生活的琐事如吃穿行的决策中得到回答，并且必须在自我认同的暂时呈现中得到解释。”② 工业主义并非只是表现在制度维度上，还表现在由物质力和机械应用所产生的社会关系上，这正是资本主义生产关系的表现。正是这种关系构成了各种社会风险的渊源。

第二，风险社会是真实的虚拟社会。

风险是“真实的虚拟”。这是由风险的意味所决定的。贝克将风险的意味归纳为以下八点：“第一，既非毁灭亦非信任/安全，而是一种真实的虚拟；第二，是一种有威胁性的未来，（仍然）与事实相反，成为影响当前行动的参数；第三，既是事实陈述，也是价值陈述，它在数字化道德中得以结合；第四，控制与失控，正如在人为制造的不确定性中所表现的那样；第五，在认识（再认识）冲突中所意识到的知识与无意识；第六，全球和本土被同时重组为风险的‘全球性’；第七，知识、潜在影响和症候后果之间的区别；第八，一个人造的，失去了自然与文化二元论的混合世界。”③ 贝克的界说是令人信服的。我们循着贝克的思路，可以整理出风险社会的本质所在。风险并非毁灭，毁灭指已经发生的损害，而风险则暗示着未来存在着毁灭性的威胁。如果说毁灭具有现实性的话，那么风险

① ［德］贝克、［英］吉登斯、［英］拉什：《自反性现代化：现代社会秩序中的政治、传统与美学》，赵文书译，商务印书馆2001年版，第10页。

② ［英］安东尼·吉登斯：《现代性与自我认同》，赵旭东等译，生活·读书·新知三联书店1998年版，第15页。

③ ［德］贝克：《再谈风险社会：理论、政治与研究计划》，载［英］芭芭拉·亚当、［德］乌尔里希·贝克、［英］约斯特·房·龙《风险社会及其超越：社会理论的关键议题》，赵延东等译，北京大学出版社2005年版，第337—338页。

则具有未来性。因而，风险介于安全与毁灭之间的“中间地带”，而人们是否行动或采取何种行动，则取决于人们对风险的感知。因此，对风险的含义可表达为：“不再——但还没有”，人们感知到未来不再安全，但那种毁灭性的威胁还没有变成现实。相对现在而言，未来的风险是虚拟的，用房龙的话说，风险就是“逐渐形成的现实”，是尚未被社会具体化的虚拟。

不仅如此，机械复制时代也体现了虚拟风险。在房龙看来，机械复制时代的风险是个悖论，它一方面迫使人们接受一些不太正常的事，这些事尽管不能确切地称作风险，但它的确符合于风险的表述机制而存在；而另一方面，那种对现实的表现工具将现实转变成一个可以由我们将其作为风险来认识、理解并加以分析解释的符号形式。这样，机械复制时代的电子媒介也是一种风险。这种对风险的诠释是对贝克风险理论的一个补充，因为房龙说贝克并未对相互包含的现实/表现予以说明，而这种现实/表现正是虚拟风险的表述。

在此意义上，我们说风险社会是个真实的虚拟社会。

第三，风险社会是恐惧社会。

贝克这样界定风险社会：“把生活和思考紧紧地系缚于工业现代性之上的坐标体系——性别之轴、家庭之轴和职业之轴，对科学和进步的信念——开始动摇，同时机会和危险的新的黎明正在形成之中——这就是风险社会的轮廓。”① 贝克以工业社会的逻辑为基础，把后工业社会定义为“风险社会”。风险社会是一个时代，在这个时代里，社会和政治被越来越多的社会阴暗面所支配着。人类制造了大量的风险，而风险的制造者却为了保护其自身的利益而以社会后果为代价。人类面临着威胁自身生存的各类人工风险。工业社会中，人们关心的是物质财富的积累，自第二次世界大战后，人们开始关心起生产过程中产生的风险了，这种关心越来越强烈，以至于这个时代的主要烦恼是风险而不是物质的匮乏。工业社会时，人们的需要已经得到了相对的满足，而后工业时代中，避免风险成了政治议题的中心。人们关切的焦点由物质的富裕转移到高质量的生活。“拥有”让人不觉珍惜，“缺乏”使人产生希望。这种关注焦点的转移，正表明了人们对风险的恐惧和对美好生活的向往。贝克认为，在工业社会中，

① ［德］乌尔里希·贝克：《风险社会》，何傅闻译，译林出版社 2003 年版，第 9 页。

存在因不同阶级中财富分配的不同而导致的贫困的风险，而在风险社会中，富人与穷人同样被暴露于风险之下，都被制造出来的风险所困扰。在后工业社会的今天，核辐射及各种生物技术让各个阶层处于风险的威胁之中。正如贝维斯所言：“风险社会的主题是面对社会、技术和精神暴力，即辩证暴力而产生的典型的后现代恐慌。”① 这是一个让人会产生毛骨悚然的感觉的恐惧社会。

第四，风险社会是实验性社会。

今天人们仿佛生活在一个巨大的实验室里，人与各种生物都成了实验品，人既是实验的主体，又是实验的客体。鉴于此，我们称它为“实验性社会”，其中包含着“生物社会”内涵。这种观点在贝克、吉登斯、哈贝马斯那里都有体现，但在斯崔德姆那里表现得尤甚。斯崔德姆认为，我们面临的社会不仅是一个风险社会，而且是一个实验性社会，它充满了风险的生产与建构。风险的生产牵涉到科技的发展、工业主义、资本主义与国家构建等内容。与此同时，风险的社会建构强烈地利用了文化以及民主的逻辑。风险的生产与建构和经济全球化的进程密切相关，致使风险可能在一个重要范围内继续。在斯崔德姆看来，核辐射、全球变暖、气候变迁、臭氧减少的风险不会消失，尽管如此，它们都不是当代社会的重点风险，重点在于基因工程、生物技术及生物伦理上，这些都是生产活动的领域。他预测到，今后10年或更长时间里，数量最多和最重要的风险在于“生物公害”。② 的确，我们今天的社会正在被生物技术改变着，尤其是基因和计算机技术为基础的新技术革命，使得这个社会被生物技术包裹着。诸如试管婴儿胚胎移植、生物产业、代孕、转基因体、转基因物种、基因解读、基因数据银行、生物信息技术，等等，它们似乎使整个社会进行了根本上的重组，社会的信息基础被改变了。斯崔德姆甚至认为个人的能力不是由社会决定的而是由基因所决定，社会变得完全依据基因工程和生物技术及其伦理来进行再意识形态化。哈贝马斯称这种社会为拥有自身内容的“生物社会”。无疑，他们都是从生物技术或基因技术视角来揭示各类社会风险的。由此，我们看到，生物技术与基因技术在伦理上蕴藏着巨大

---

① ［英］提摩太·贝维斯：《犬儒主义与后现代性》，胡继华译，上海人民出版社2008年版，第170页。

② ［英］派特·斯崔德姆：《风险社会中的认同和冲突》，丁开杰编译，《马克思主义与现实》2004年第4期。

的风险，这是科技研发必须予以重视的内容。

第五，风险社会是后自然社会和后传统社会。

西方科学主义与技术理性导致的风险与危险是不可计算、不可预料的，因此，为风险定义的科学专家们被视为风险的制造者、分析者与获利者，相应地，那些试图限制风险的努力，反而产生了更大的不确定性与危险。鲍曼认为风险社会是“技术的最后舞台”。英国学者吉登斯认为：“风险社会可以追溯到今天正在影响我们生活的两个根本转变。每个转变都与科学和技术不断增长的影响力相关，尽管不能完全被它们所决定。第一个转变可以称为‘自然的终结’，另一个转变可称为‘传统的终结’。”① 自然的终结并不是指自然环境消失了，而是指我们生活的物质世界都渗透着人文因素，从而引起一系列新的担忧。从这种意义上讲，风险社会就是“后自然”的社会。与此同时，风险社会也是一个“后传统”的社会。生活在后传统社会中的我们，感到缺乏确定性。

第六，风险社会是风险文化社会。

“风险社会”与“风险文化”在西方学者那里是两个不同的概念，言说着两种不同的形式。作为提出风险社会概念的首位学者，贝克所指的风险社会是一种情境，内含着特定的社会、经济、政治与文化，在这种情境中，社会结构与制度发生了一种形态转变，转变后的形态包含更多的偶然性、复杂性与断裂性，反映的是将技术运用于实践后，世界所面临的挑战。在拉什看来，我们所处的时代正在经历着变革，但并非显现的是制度上的重构，而更多的是对制度性和规范性结构的解构。他认为这是一种社会发展潮流的标志，从这个标志中我们可以洞察出：我们这个时代正处在由风险文化逐渐替代风险社会的过渡阶段。在芭芭拉与约斯特·房·龙看来，澄清风险社会与风险文化概念的混乱，关键在于区分“风险排斥社会”（risk - reversion society）和“风险排斥文化”（risk - reversion culture)，它们是当前西方世界中占统治地位的制度形式与感性，更多地表征为对不确定性、或然性、复杂性与混乱性的散漫建构所强加的约束而非其内在物质统治性。事实上，更确切地说，风险社会是人类价值理念驱动人们行为所产生的结果，它非自然生成，而是人类实践的后果，深深打上了人类智慧与行为的烙印，充满了人类文明和文化的痕迹，在此意义上

① Anthony Giddens, Risk and Responsibility, *The Modern Law Review*, 1999 (62).

看，它必然是文化社会。

无论我们将风险社会界说为何种社会，都只能表现出它的一个侧面，只有将其综合起来，才能表达风险社会的本真面目，那就是工业资本主义所主导的现代性给人们带来的副产品，使得居住在这个星球上的每一个人都生活在“文明的火山”上。质言之，风险社会是资本主义工业文明的后果，它充分暴露了资本逻辑的价值导向。

二　资本逻辑与风险社会渊薮

资本逻辑就是以一种经济人理性来指引社会发展，以资本增值为根本目的和方向，建立相关的制度，进而形成相应的文化，以规范人们的生产与生活的逻辑。它必然诞生于资本主义生产方式。

从西方宗教与资本主义精神发展的情况看，17 世纪和 18 世纪的英格兰和新英格兰，新教徒摒弃了以上帝基督为名的旧秩序，取而代之的是中产阶级的新经济秩序。在这一过程中，经济人的羽翼不断丰满，“人类本性是天赋的”理念贯穿始终，人类之需求和不断满足各类需求的东西被视为是行动的唯一准则。以至于有人这样看待资本主义：“我认为当代世界—体系是个资本主义世界—经济，资本主义只能存在于这种世界—经济的框架内，世界—经济只能按照资本主义基本原则运行。”① 功利与利益成为不证自明的观念，“口袋有钱，四海为家”成为时尚的流行语。资本逻辑渐渐显现，它引导着现代社会阔步前行。享乐与利益均服从于资本，资本积累的个人决定享乐的个人。“有用”才是最大的快乐，而且被视为最正确、最高尚的人格和最大的善。

在传统社会向现代社会生活转轨的过程中，资本逻辑通过资本主义企业来实现其运行规律。因此，资本主义企业在现代化进程中扮演着重要的角色，它们将竞争性的经济与商品化的普遍过程联系在一起，为资本主义发展注入了内在的强劲动力。“按照马克思所诊断的原因，资本主义经济，无论是外部的还是内部的（即无论是在民族国家范围的内部还是在其外部），就其本性来说都是不稳定、永不安宁的。”② 资本主义的“扩大再生产”使其经济秩序不可能像传统体系中那样，大致的静态的平衡能够得到维系。根据马克思的断言，资本主义是先于工业主义而出现的，并

---

① ［美］沃勒斯坦：《知识的不确定性》，王昺等译，山东大学出版社 2006 年版，第 54 页。

② ［英］安东尼·吉登斯：《现代性的后果》，田禾译，译林出版社 2000 年版，第 54 页。

为工业主义提供了原动力。也就是说，工业主义在沿着资本主义所指方向前进，并最终导致了现代性的后果。

由此可见，作为现代性后果的风险社会，其渊薮在于资本逻辑。资本主义制度关注的焦点在于物质利益的最大化追求。“资本主义生产在破坏这种物质变换的纯粹自发形成的状况的同时，又强制地把这种物质变换作为调节社会生产的规律，并在一种同人的充分发展相适合的形式上系统地建立起来。”① 随着资本主义制度的确立，一切社会关系都遵循资本的逻辑运动着。资本逻辑的本性就是不断追逐利润最大化，而利润最大化的驱动必然使资产阶级不断地追求变革与创新，不断地推动着工业社会的“物化”与人的“异化”，从而给人类带来了不确定的威胁与风险。正是资本逻辑的内在驱动力，刺激和推进了风险社会的生成。

首先，资本逻辑驱使着科技理性。启蒙以来，人类依赖科技推动了社会的发展，为人们带来无尽的物质财富的同时，也产生了巨大的“副作用”——风险，而隐藏在其背后起驱动作用的东西就是资本逻辑。资本逻辑把一切关系都“变成了纯粹的金钱关系”②，强化了物质主义的风险问题。技术发展的决定和有关投资决定紧密联系在一起，共同推动着工业社会的进程。为了追求资本的增值，人们对科技的依赖性与日俱增，欲望日渐强烈，致使科技理性经济化、政治化与意识形态化了。经济的增长、社会的进步都以对科技的发展为尺度，对技术进步的信仰，表现了现代性对创造性技术的自信。没有科技的进步，经济就会停滞不前，社会就不会向前发展。科技成为人们谋取利益的理性工具，也成了社会意识中占主导地位的观念，以至于其他东西都被技术发展的步伐所决定。不仅如此，科技理性还成了左右民众对风险认识的思维向标，成为应对风险的唯一手段，这种对科技的依赖性致使人在科技面前也显得软弱无力。更进一步讲，科技已成了资产阶级的意识形态，而这种意识形态比阶级意识形态更具隐蔽性，它掩藏了资本主义本质，让资本主义生产方式的种种合法性不会受到怀疑，“当今的那种占主导地位的，并把科学变成偶像，因而变得更加脆弱的隐形意识形态，比之旧式的意识形态更加难以抗拒，范围更为广泛，因为它在掩盖实践问题的同时，不仅为既定阶级的局部统治利益作

① 《马克思恩格斯全集》第 23 卷，人民出版社 1972 年版，第 552 页。

② 《马克思恩格斯选集》第一卷，人民出版社 1995 年版，第 275 页。

辩解，而且站在另一阶级一边，压制局部的解放的需求，而且损害人类要求解放的利益本身。”① 风险的性质与科技统治原则的契合度，使我们看到了风险社会与科技理性之间的因果关系。资产阶级通过对科技，进而对生产工具，进而对生产关系，进而对全部社会关系进行的革命，亵渎了一切神圣的东西，人为地制造了大量的风险，对人类的生存具有极大的威胁性。

其次，资本逻辑推动了生产关系的物化。马克思主义认为，现代社会以资本逻辑为其存在基础，以物质财富的追求为其根本宗旨。近代以来，西方主导生产关系是一个商品生产的关系，它以对资本的增值和占有以及对劳动的剥削为主轴线，依赖于市场的竞争而展开。在这里，货币是投资者和消费者最敏感的信号。在资本逻辑的驱使下，一切社会关系被“物化”了，“政治与经济的‘隔离’是建立在生产方式中私人财产重要性的基础之上的。资本的所有权直接与阶级体系中的‘无产’现象即雇佣劳动的商品化有关。”② 被物化了的生产关系集中体现为一种对财产的占有关系，体现为一种劳动的异化、生命的异化与人的异化的关系。在此前提下，人们的需要往往是外在的和偶然的，而不是内在的和必然的。马克思在《1844 年经济学哲学手稿》中指出：“私有制使我们变得如此愚蠢而片面，以致一个对象，只有当它为我们拥有的时候，也就是说，当它对我们来说作为资本而存在，或者它被我们使用的时候，才是我们的，尽管私有制本身也把占有的这一切直接实现仅仅看作生活手段，而它们作为手段为之服务的那种生活是私有制的生活——劳动和资本化。”③ 不仅如此，资本逻辑还向全球扩张，致使传统中的具有地方性和民族性的生产关系瓦解了，取而代之的是资本主义的全球化。资本主义生产方式使越来越多的破坏力逐渐释放出来，即使人类具有极丰富的想象力也为之不知所措，越来越多的“副作用”威胁着人类，财富分配的问题与冲突开始和风险分配的相应因素结合在一起，共同生产着资本主义文明的异化。

最后，资本逻辑推演了文明的异化。资本逻辑主导下的现代化生产，是追求着纯粹物质需要和财富的社会生产。在这种生产模式下，科技发展

---

① ［德］哈贝马斯：《作为“意识形态”的技术与科学》，李黎等译，学林出版社 2002 年版，第 69 页。

② ［英］安东尼·吉登斯：《现代性的后果》，田禾译，译林出版社 2000 年版，第 50 页。

③ 《马克思恩格斯全集》第 42 卷，人民出版社 1979 年版，第 42 页。

突飞猛进，生产力得到长足发展，物质财富越来越丰富。但是，令他们始料未及的是，极大的威胁与危险与之相伴而行，人们享受着物质丰收的同时，承受着精神上的焦虑与恐慌，“本体性安全”正在丧失。这是一种有组织地扩大性再生产，是对人的存在不负责的生产模式。比如，前一次席卷全球的经济危机，迫使世界上大批人员失业，但没有任何一个组织声称为此事负责。更有甚者，风险的社会生产与财富生产和分配中所引起的问题与冲突形成重叠之势。贫困问题尚未解决，“不安全”问题又渐渐滋生，“我饿”与“我怕”的双重焦虑交织在一起，共同威胁着人类的生存。“它们的出现是与生产力、市场整合以及财产和权力关系的发展的确切阶段相联系的。”① 只要在国家与社会中资本逻辑还统治着人们的思想和行为，这种威胁与风险——以工业的过度生产为基础的现代化风险——就会占据历史的舞台，形成“过度生产—过度消费—过度增长”的发展悖论。资本主义国家财富的增长是以人的异化为代价的，资本主义文明是一种整体异化的文明，这种文明体现了资本主义的一切罪恶，它造成了人的“本质的颠倒”，使物的世界的增值同人的世界的贬值同步前进。大量的虚假产业文化与消费文化，造成了现代化人的道德沦丧和精神生活的贫乏，使世界上大多数人陷入贫困与灾难的同时，也使富人和穷人同时产生不安全感。在第三世界，阶级地位和风险地位相互重叠并得以强化，同样的情况也适用于富裕工业国家。在工业过度发展和“商品拜物教”问题以及风险社会问题相重叠和竞争的格局中，财富生产和风险生产都成为最后的赢家。然而，发达的文明中存在着风险命运——我们“生活在文明的火山上”，“在风险文明中，日常生活在文化上是盲目的；感觉一切正常的地方——很可能——有威胁潜伏着。”②

当理性与资本逻辑联姻后，理性就蜕变为工具理性，进而转化为经济理性，最后则逆变为反理性。片面追求资本增值的逻辑，最终只会使人类痛苦不堪，地球以及依靠地球安全生存与幸福生活的人与生物，都将毁于这种逻辑。这是一种有组织的社会运动过程，是存在伦理责任困境的社会变迁过程。

---

① ［德］乌尔里希·贝克：《风险社会》，何傅闻译，译林出版社2003年版，第58页。

② ［德］贝克、［英］吉登斯、［英］拉什：《自反性现代化：现代社会秩序中的政治、传统与美学》，赵文书译，商务印书馆2001年版，第39页。

三 “有组织的不负责任”与风险定义

资本逻辑所滋生的风险，本来应当与资产者的责任紧密相连，但不知何时，二者分道扬镳了。风险社会的到来，正表明了现代性的发展缺省了资产者与制度制定者的责任理念，以及组织化责任的践行。由此，现代性风险和风险社会的定义，均与贝克所揭示的“有组织的不负责任”的发展状况紧密相连。

贝克指出，风险概念是规范意义上的概念，他用“有组织的不负责任”（organized irresponsibility）这一概括性的论断，对当代社会进行了批评性的剖析，确立了风险与责任缺失之间的必然联系，并使风险与责任规范之间的关系变得越来越明朗。他因此奠定了风险定义的基础，为我们认识现代风险的本源具有极大的启迪作用。在他看来，社会变成了一个完全没有人承担责任的实验室。各种工业实验未经人们同意地、强行地在人类身上进行着。冒险实验的人与接受这种冒险所带来的风险的受害人最终都将受到危险的威胁，只是其所受到的威胁程度不同而已。在这个风险时代，没有人对实验的原因、范围、后果和程序负责。正如斯崔德姆所言：“风险社会的一个特征是产生危险、威胁和风险，以及将它们的责任从一个系统转移到另一个系统。”①

在贝克看来，“‘有组织的不负责任’的概念有助于解释现代社会制度怎样和为什么必须不可避免地承认灾难的真实存在，同时又否认其存在，掩藏其起源并排除补偿或控制。”② 他多处运用“有组织的不负责任”这个术语，揭示了现代社会的制度不但不承认潜在性灾难的原因，还否认那些可能性灾难的存在。“有组织的不负责任”不仅成为现代性风险的重要根源，还成为一种文化体制与制度体制的联合体，它们共同催生着风险的发展。

贝克将他重视的与责任相联结的风险定义关系分成了四组问题：“（1）谁将定义和决定产品的无危险性、危险、风险？责任由谁决定——由制造了风险的人，由从中受益的人，由它们潜在地影响的人还是由公共机构决定？（2）包括关于原因、范围、行动者等的哪种知识或无知？证

① ［英］派特·斯崔德姆：《风险社会中的认同和冲突》，丁开杰编译，《马克思主义与现实》2004 年第 4 期。

② ［德］乌尔里希·贝克：《世界风险社会》，吴英姿等译，南京大学出版社 2004 年版，第 191 页。

明和‘证据’必须呈送于谁?（3）在一个关于环境风险的知识必定遭到抗辩和充满盖然主义的世界里，什么才是充分的证据?（4）谁将决定对受害者的赔偿?对未来损害的限制进行控制和管制的适当方式是什么?”①

综合起来，这种定义关系主要涉及责任与风险的界定问题、责任主体问题、责任裁决问题、追究责任的证据问题、责任方式问题、责任保障问题、责任实现问题。我们知道，对于这些问题，到现在一个也没有解决，人们的争论也只是使风险陷入一个词汇当中，然而，这种似语言游戏的词汇对现代灾难无济于事，更不能迎接风险社会中那些人为的不安全性所带来的挑战。威胁与危险变得越来越紧迫，但我们仍面临着问题：试图借科学的、合法的政治手段来获取证据与补偿，结果遭到了失败。比如，谁来决定某种产品是否有害，其副作用达到什么程度，多大的风险属于可承受范围之列，由谁来决定赔偿的主体与赔偿的额度，同时对潜在的危险进行控制并制定出相应的规则?这些问题意在表明因人类的行为而制造了各种风险，作为风险制造主体的个体与组织应当对其负责，但没有任何人愿意接纳这个烫手的山芋。它反映着现代治理形态在风险社会中所面临的困境：一方面西方现代社会制度尽管高度发达，紧密的关系几乎涵盖了人类活动的所有领域，但在风险社会来临之时，它们却显得无能为力，事前预防与事后处理的责任都难以承担；另一方面，就人类生存的环境来说，对其破坏的主体责任难以准确界定，“谁来负责”依然停留在问题上。

风险制造者为了推卸责任，只有重新定义风险。他们不在责任范域内定义风险，而是利用知识与专家的权威，主观地定义风险，并人为设定风险的险级，制造出一种让人们身处风险而不知觉，反而备感安全的幻觉之中。质言之，风险制造者欺骗着无辜的人们，甘愿接受风险侵袭而浑然不觉。在本质上，这是一种非责任化风险定义方式。在这种方式下，各方制造主体与治理主体反而凭借法律与科学来界定风险的手段，为其应当承担的责任进行开脱，有组织地不承担真正的责任的境况暴露无遗。于是，我们处在这样的矛盾之中：一方面，威胁和危险变得越来越多，越来越明显，影响面越来越广，风险的险级越来越高；而另一方面，科学的法律的和政治的手段将无法确定风险的证据、原因及赔偿。进一步讲，由于风险

① ［德］乌尔里希·贝克：《世界风险社会》，吴英姿等译，南京大学出版社2004年版，第192页。

定义的专家化、政治化、情境化而非责任化，使得组织化行为的责任难以追究。这种非责任化风险定义方式本身就是一种“有组织的不责任”行为。

风险定义的非责任化模式主要依赖于知识，在他们那里，掌握知识的程度决定了风险的险级及危险的程度与可能性。知识决定风险的存在，知识是界定风险的唯一工具。在风险状态中，那些有害的和充满敌意的东西在所有地方等待他们，甚至日常生活中友善的东西可能一夜之间就变得充满了恶意，但人们却分辨不出哪些是有敌意的和哪些是友善的，因为这些都已超出了他们的判断力，必然依靠专家的判断与定义。然而，贝克指出，风险专家们却相互争论，即使他们宣告了什么可怕或什么不可怕，也并不显得十分自信。况且，是否征求专家的意见也并非由受害影响的群体所决定的。的确，问题由风险不断地产生，而受害者从专家那儿得不到任何有效的答案。这进一步说明了处于知识生产范围内的有关文明风险的判断，不仅是知识实质的方法与程序问题，而且是有关谁受害、危险的程度及范围、威胁的因素、谁将受到牵连、迟来的影响、尚需要的测量、负责的人以及补偿性的要求的判断。这就为风险定义造假打开了方便之门。如果说以一种确定的方式宣布日常产品中有毒物质的浓度，那么我们一天也生活不下去，因为处处是这些产品。

为了能够继续生活下去，也为了能够制造风险以便从生产中获利，一些组织利用知识与专家的权威，主观地界定风险及其级别，这不仅未能防范风险，反而将加重风险的扩展与蔓延。然而对此所引发的责任问题却无人问津。在资产阶级欲壑难填的利益追求的“国家利益”的掩盖下，风险的定义被政治化和组织化了。这样，风险定义就并非以科学、伦理与实证逻辑为基础，而是与商业和政治建立联姻。风险评估的旧制度显得过于陈腐，它们利用自己的影响和各种知识之间的差异，将关键数据掩蔽，从而对危险进行否认或扭曲，从心理上给人们以宽慰，以扩大人们可容许的接受水平与接纳态度。这样，不再有真正的专家和科学家，危险总是在表面上被遮蔽着，但其本质也总是向每一个人展现着。这种风险定义关系所产生的后果，必然是人们对制度与专家控制的努力丧失信任感。那些掩蔽行为不仅解决不了危险的问题，反而会带来新的危险，这就构成了风险的叠加。责任由谁来承担，更无从谈起，因为那些证据、原因与知识被一推再推，到危险爆发时，便无人也无任何组织可以担负赔偿责任。这是一种丧失了伦理责任的制度。这一切的发生都暗含着因果解释。然而，无论其解释的观点有多么可靠，都难以掩饰各学科在解释时所持有的偏爱，于是解释的多样性使问题变得更加复杂，对风险的非科学定义难以让公众信服，人们开始质疑科学的合法性与合理性。

在资本主义工业化甚至后工业化进程中，无论如何定义现代性风险，也无论定义现代性风险的权力掌握在谁手中，都毫无疑问地映射出贝克所指出的“有组织的不负责任”的现实。风险由集体产生，尔后被“丢入”将个人作为牺牲品的私人化世界中，在现实中将会由个人面对并与之抗争。危险由这样一种集体制度的方式提前准备、选择与加工着。风险的产生已然超出了大量牺牲品的有效控制范围，但在人们的实际生活中，风险的真实信息被隐匿了，人们陷入无辜的不安之中。从资本主义主导的现代性视角观之，风险社会伦理责任缺场问题可见端倪。它超越了贝克所揭露的借用知识而做出的虚假定义的范畴，进入了一个更加宽泛的制度建构和伦理责任领域。“现代世界是这样一个世界——或者至少有变成这样一个世界的趋势——在其中，品行、风尚和道德变得多余。”① 伦理责任的淡出，正通过资本逻辑所主导的组织化不负责任形态暴露出来。

第三节　组织化不负责任的形态

现代性是资本主义主导下的工业文明制度的特性，组织化是其运行的范式，它所引发的价值观把这个社会引向了具有毁灭性危险的境地。从资本主义制度的深层挖掘，我们发现责任在工业文明的发展过程中被遗失了。一种彻底合目的的生活秩序被其内部的各种对立所撕碎，这是由于那种不可避免的不完善性的运动所驱使着的，以至于无法调整自身。组织化的力量在毁灭其原本要保护的东西——人。工业文明发展进程中的责任遗失，通过资本主义制度、重商主义、科学主义与科技理性等形态得以显露。

一　资本主义制度与政治不负责任

风险的社会性认知包含着一种特殊的政治因素，因此对这些风险的避

① ［匈］赫勒：《现代性理论》，李瑞华译，商务印书馆 2005 年版，第 284 页。

免、化解与治理必然关涉对权力与权威的再认识。风险所及不仅成为自然与人类健康的问题，而且其副作用产生了社会的、经济的和政治的后果随着环境的污染与生态失衡，在风险社会中一种具有灾难的政治可能性正在孕育。世界公众对风险问题的讨论缺乏一种社会的、文化的和政治的意义，他们展开了对技术和工业的批判，其把持的形式仍然是技术专家主义和自然主义的，一味地指责人口增长、能源消耗等，并以此为依据来确定空气与水被污染的数据，然而，他们却忘记了马克斯·韦伯曾说过的话，排除了社会权力和分配结构以及科层制的普遍模式的理性化，那么其讨论将失去一切意义或陷入荒谬。显然，他们的讨论遮蔽了现代化风险的政治方向，他们的研究忽视了政治的指涉，甚至抛却了这种思考方法。

作为社会风险根源的现代性是工业资本主义制度使然。由此，我们可以说，风险社会在政治方面的组织化不负责任就表现在资本主义制度上，是资本主义精神的反映。它主要通过风险制造的组织化、风险掩蔽的组织化以及治理方面的组织化不作为表现出来。

首先，风险社会组织化不负责任形态表现为风险制造的组织化。

工业资本主义发端于人类中心主义和人的主体性的张扬。这是启蒙给予的力量。“启蒙则把一致、意义和生活统统归结为主体性，而主体性也恰恰只有在上述过程中才开始构成。”① 对主体而言，理性成了化学剂，主体性在理性的自律中充分发挥出来了。自由理论支撑着西方社会发展与运动的理论。人们认识到了自由的益处，便开始不断完善和拓展自由的领域，并开始探究自由社会能尽情发挥功能的一切方式，以达至他们的一切目的。自由成为个体化的根本发源地。在启蒙运动下，一切自然力量都被视为对主体力量的单纯抵抗，资产阶级的哲学的目的就在于把人类从上帝那里解救出来，而这种做法又大大超出了其人文创始人原本设想的范畴。因此，在资本主义制度下，启蒙毁于自身。在霍克海默和阿道尔诺看来，启蒙思想的概念本身就包含着今天我们随处可见的倒退的萌芽，如果启蒙未对这种倒退进行反思，那么它也就无法逃脱自身的命运。事实上，启蒙给人类带来的进步与倒退同时存在。

资产阶级哲学倡导着自由、文明与进步，实质上是在有组织地毁灭文

① ［德］马克斯·霍克海默、西奥多·阿道尔诺：《启蒙辩证法——哲学断片》，渠敬东等译，上海世纪出版集团 2006 年版，第 78 页。

明、制造退步。马克思早就批判过资本主义文明，他曾指出：在资本逻辑主导下，“生产的不断变革，一切社会状况不停的动荡，永远的不安定和变动，这就是资产阶级时代不同于过去一切时代的地方。一切固定的僵化的关系以及与之相适应的素被尊崇的观念和见解都被消除了，一切新形成的关系等不到固定下来就陈旧了。一切等级的和固定的东西都烟消云散了，一切神圣的东西都被亵渎了。”① 这是西方现代文明的成果，是西方资本主义制度追求工业化文明的后果。我们追根溯源地查找这种“文明进步”的原因，可归于一点：“制度毁于其自身的成功”（孟德斯鸠语）。善的制度使人变好，恶的制度使人变坏。在资本主义制度下，现代化的成果中每个毛孔都流淌着血和肮脏的东西。吉登斯把这种现代化文明称为“自反性现代化”（reflective modernization），贝克对其做了进一步的发挥：“‘自反性现代化’指创造性地（自我）毁灭整整一个时代——工业社会时代——的可能性。”② 资产阶级主导下的工业文明的进步创造性地完成了和正在完成自我毁灭的过程，因而，它又是一处退步，一种非人道的退步，一种失去了责任感的退步。

其次，风险社会组织化不负责任形态表现为风险掩蔽的组织化。

工业资本主义制造了大量风险后，为了逃避责任，便在定义风险和解释风险上大做文章，实施着掩蔽风险存在的行为。在西方社会里，当政府征召的知识专家不能计算出风险的确切概率时，科学与政治便实现了一定程度的结合：联手遮蔽着风险的存在，或给出风险的“可接受值”，以维护其利益的继续增值。政治与科学的怪诞组合，将风险的可能性做出了虚假或掩饰的表述，利用了人们相信科学与知识的心理，使风险的类型不断转变，但始终没有真正地解决风险的问题。不仅如此，他们还利用虚拟技术使风险隐性化，利用大众传媒宣扬风险“无害化”。然而，这种组织化的行为丝毫无法避免其所做风险界定的错误本性：风险不存在或不再存在，或确切地说，风险正处于尚不可知却又在可控范围之内的假定存在之中。

由于定义风险的政治化，实现了风险由人文主义向技术统治论的转变。比如，人文主义者认为因食物链的平衡被打破，因而会导致某种食物

① 《马克思恩格斯选集》第一卷，人民出版社 1995 年版，第 275 页。

② ［德］贝克、［英］吉登斯、［英］拉什：《自反性现代化：现代社会秩序中的政治、传统与美学》，赵文书译，商务印书馆 2001 年版，第 5 页。

疾病的产生，从而影响到人的生命健康，但技术统治论者持相反的观点，他们从政治与经济视角看，认为这样的疾病只是达到另一更高利益的中介。在人的健康风险与某种食品产量以及“国家利益”之间发生矛盾时，政府并未站在人们的健康利益的一方，而是不断地掩饰某种食品对人体有害的风险，其目的正是在于避免生产性浪费。这样，就实现了技术统治意志与权力的奇怪联合，从而将他人的利益弃之而不顾。从这种意义上讲，我们不能完全从科学霸权的视角去看待风险，实质上，在西方社会，风险是政治斗争的后果。换言之，风险并未脱离西方资产阶级本身所固有的资本逻辑：不断追求资本增值的逻辑。因而，这种关涉资产阶级利益的政治斗争，不只是关系到风险在内涵以及概率等方面的定义，而且关涉到可感知的风险、现实的风险以及“我们正处于风险状态之中”意味着什么等核心问题。

最后，风险社会组织化不负责任形态还表现为风险治理的组织化不作为。

工业资本主义不仅制造着风险，而且怠于治理风险。在风险社会中，那些组织化不作为的政治系统置治理灾难问题于不顾，几乎忘记了自己的职责。现代风险是由过时的政治系统引发的，而这些法律和政治系统又不能征服那些威胁与危险，这真是一个极大的讽刺。政治责任问题似于阿伦特（Hannah Arendt）所说的“无人规则”（nobody's rule）一样，政治家没有担负起相应的伦理责任，而其权力又是所有权力中最专横的。“他的无责任心，又会使他缺乏实质性的目标，仅仅为了权力本身而享受权力。”① 专横的权力运作就有可能导致毁灭性的灾难。但是，面对风险与冲突，官僚们撕下假面具，公众开始意识到其“庐山真面目”：有组织的不予治理。政治家们没有对工业社会的责任归属、法律保障以及赔偿制度等落实到风险治理的过程中。

由于风险是有组织地制造的，因此制造者理应成为责任主体。正如道格拉斯和威尔德韦斯所认为的：“需要为风险担当责任的应当是那些不负责任的群体和组织。”② 然而，制造风险的组织不但不积极化解与治理，

---

① ［德］马克斯·韦伯：《学术与政治》，冯克利译，生活·读书·新知三联书店2005年版，第102页。

② 转引自［英］拉什《风险社会与风险文化》，王武龙编译，《马克思主义与现实》2002年第4期。

还将此种责任全盘而系统地推托给了广大的社会公众，这样，谁的责任、何种责任等问题就被悬搁起来，最终非但不能防范、化解与治理风险，反而会使风险翻新翻多。因为，不信任本身就孕育着风险，一种不正义制度制造的风险，将会导致更严重程度上的不安宁和危险。事实上，资本主义制度本身就是在不断地积累风险，在积累资产阶级与无产阶级之间的矛盾——最大的风险，这个矛盾的最终结果就是马克思所说的资本主义的灭亡。

当然，政治要通过经济基础来巩固，无疑，经济的重商主义便直接忽视了责任担当的德性。

二　重商主义与经济责任缺场

风险社会“有组织的不负责任”问题，归根结底产生于资本主义“生产关系”。在资本主义制度下，这种关系不仅表现为政治关系，还表现为重商主义的经济关系。当资本主义从那寿终正寝的封建主义萌芽之时起，自私自利的概念便受到社会瞩目。资本来到人间，其片面追求增值的逻辑就主导着人类社会的实践行为。“马克思说资本不是一件具有不可思议的生产力的东西，而是人类社会中的一种社会关系，一种权利关系。”①在吉登斯看来，“资本主义指的是一个商品生产的关系，它以对资本的私人占有和无产者的雇佣劳动之间的关系为中心。”② 在资本逻辑支配下，对丰厚利润获取的希望以及因此而产生的竞争力，鼓励着社会的主动性，使企业家精神自由地发挥，在探求与转化新产品与技术观念的过程中，不遗余力地刺激着经济的创新性增长。由此观之，资本主义是决定整个现代社会向前发展的唯一力量。如果说工业主义与现代性同是塑造现代世界的决定力量的话，那么，这个决定力量背后的驱动力无疑将是重商主义。

从本质上讲，这种重商主义主张一切服从于商业利润的价值观，它切断了经济与社会、伦理之间的联系，沿着资本增值的道路勇猛前进，将一切不良后果与风险抛于脑后。这种价值观主要体现在生产与消费方面的不负责任境况。

马克思指出：“商品形式的奥秘不过在于：商品形式在人们面前把人们本身劳动的社会性质反映成劳动产品本身的物的性质，反映成这些物的

---

① ［美］戴维·施韦卡特：《反对资本主义》，李智等译，中国人民大学出版社 2008 年版，第 1 页。

② ［英］安东尼·吉登斯：《现代性的后果》，田禾译，译林出版社 2000 年版，第 49 页。

天然的社会属性，从而把生产者同总劳动的社会关系反映成存在于生产者之外的物与物之间的社会关系。”① 一旦以商品形式生产着劳动产品，商品就带上拜物教性质，重商主义就把一切社会关系物化了。重商主义成了生产人与自然的毁灭关系、人与社会的物化关系与人与人的异化关系的理性形式，“汹涌澎湃的市场经济既成了理性的现实形式，又成了破坏这种理性的力量。”② 商品生产只是为了资本的增值，增值成为生产的起点和终点，是生产的最根本动机和最终目的，生产也只是为了资本而生产，而不是相反。因而，商品关系成为社会关系物化的决定力量，商业化使资本主义生产关系进一步恶化，大量的社会风险不断地生产着并四处扩散。

重商主义生产是一种“无政府”体制，本质上是一种无限度扩张体制，在对利润的无止境追求的动力下，生产方面不受任何特定机构的调节。“重商主义者似乎把生产而不是消费当作所有工商业的最终目的。”③ 生产成为消费的必要条件时，生产者才加以关注，消费者的利益总是在生产者的利益驱使下做出牺牲。同时，生产的目的又是消费。由此看来，不是消费者而是生产者设计了重商主义。在生产中，商人与制造商是主要的设计者，他们的利益受到特殊的关注。遵循重商主义的逻辑，大量商品得以生产，最后积压下来，这就形成了经济危机。马克思揭示的资本主义社会里，经济危机周期性地爆发，正是因为生产、分配、交换、消费四个环节无法正常循环的后果。经济危机可谓是现代性以来资本主义世界中破坏力最强的经济风险的实现，受害的不仅是无产阶级，资产阶级同样难以摆脱风险的“飞去来器”效应，可是没有哪个组织愿意承担因此而造成损失的责任，这实在让人感到悲哀。

哈维指出：“马克思主义的观点是：过度积累的趋势在资本主义之下不可能被消除。”④ 这样，有关财富增长的源泉被有增无减的“有害副作用”所玷污，它在我们努力促进发展、征服贫困的努力斗争中被忽视了，这一越来越令人难以容忍的阴暗面仍在被容忍着，它借生产力的过度发展

---

① 《马克思恩格斯全集》第23卷，人民出版社1972年版，第88—89页。

② ［德］马克斯·霍克海默、西奥多·阿道尔诺：《启蒙辩证法——哲学断片》，渠敬东等译，上海世纪出版集团2006年版，第78页。

③ ［英］亚当·斯密：《国富论》，唐日松译，华夏出版社2005年版，第476页。

④ ［美］哈维：《后现代的状况：对文化变迁之缘起的探究》，阎嘉译，商务印书馆2003年版，第228页。

而获得了大家的认可。对财富的生产和对风险的生产均不遵循边际效益递减的规律，它们被永无止境地生产着，就像在填充一个永远也无法满足的无底洞。“决定着增长率的那些人，他们既无动机也无手段去保障他们的决策在很大程度上包含着对总体幸福的考虑。”① 这种放任的单向度的增长，在很大程度上是独立于大众的需求、欲望与希冀的。伴随着经济成为“自我参照的”体系，风险作为其副产品也有增无减，厄运与灾难也将降临到人类的头上。这些风险单凭个人是无法生产出来的，它是由严密的系统组织进行生产与界定的。这无疑是一种不负责任的恶。

在重商主义经济支配下，为了促进生产，不得不刺激消费。由此，现代幸福的伦理被扭曲成了消费性伦理和行为主义的创造性伦理。消费主义鼓噪着及时行乐，这种享乐主义强化了个体主义对“即时即刻”的无限信仰，在他们那里，劳动价值论已失去了昔日的合理性，使得大都市的少数族群以及社会上的弱势群体面临着严重的非社会化、解构化与边缘化态势。今天的社会成为享乐型社会，人们毫无顾忌地寻欢作乐，与此同时，消沉、空虚与无尽的压力也相伴而生。当人们价值观得到深度改变的时候，并未注意责任是否在场。责任信仰失去其本真的合理性，责任只是用来作为个体的选择，组织化的行动成为一种既无约束又无惩罚的无言的结局。责任感被组织化的商业行为侵蚀了，它们假意地呼唤着爱心之际，同时制造出毫无爱心的行径，使得它们的良知不再有罪责感，并悄无声息地让自己摆脱那永恒的帮助他人和行善的约束。

上述情况表明，工业现代性以来，集体重商主义遮蔽了集体组织的责任。这似乎是一个“集体无意识”现象，但细究起来，对私利的追求是其“无意识”背后的意识。为了填满欲壑，制造风险的主体只有依靠于科技，去不断推动生产与消费的车轮，因而必然导致另一重困境。

三 科学主义与科技责任困境

《圣经》里讲的“原罪”可以被看作知识产生的后果。亚当与夏娃是由上帝造的，由于上帝是善的，从而亚当与夏娃也是善的。但是，用黑格尔的话来讲就是非善非恶的，因为他们还没有意志，尚未成为“人”，不具有相应的知识与智慧。然而，当他们吃了智慧之树的果子后，他们有了

---

① ［美］戴维·施韦卡特：《反对资本主义》，李智等译，中国人民大学出版社 2008 年版，第 144 页。

智慧，于是他们堕落了，这就是“原罪”。如果我们对基督教的故事作这样的解读，就会得出知识与智慧会使人堕落，会使灾难降临到人间。然而，这只是宗教的唯心主义的说法而已，人没有知识与智慧，就会成为上帝的奴婢，人也就不能成其为人，而是与动物别无二致了。我们或许不能将今天的风险社会的根源追溯到所谓人类的“原罪”，认为是违背上帝的意旨的后果，但我们的确可以看到，风险社会与科学主义的知识政策有着割舍不断的亲缘关系。

在苏格拉底那里，“知识本身就足以使人行善，并因此带来幸福。”① 在他那里，知识就是德性，否则它就不可教。到了启蒙时代，知识便远离了德性，成为征服自然的工具，显示出了其狰狞的面目，最终走向了恶。汉斯·约纳斯认为，当代的问题是以培根、洛克和笛卡尔为代表的自文艺复兴以降的“现代知识”所造成的副产品和负面影响。在他看来，科学使普罗米修斯具有了前所未有的巨大力量，经济赋予了它用之不竭的推动力，普罗米修斯获得了解放，于是，它正在呼唤一种可以通过自愿节制而使其权力不会为人类带来灾难的伦理。这一隐喻自然含有打击面过宽的嫌疑，但它的确表达了欧洲启蒙以来对培根等人的理想进行的批判，述说了现代技术为人类所带来的福音已经走向了其自身的反面的事实。自从“德性就是知识”被“知识就是力量”所取替后，如今，“知识就是金钱”已然取代了“知识就是力量”，知识与金钱可以互换，甚至知识成为金钱的奴婢了。

当理性蜕变为“力量”和工具理性，就意味着理性走向了“异化”。本来，知识与技术是作为人类认识自然并把握自然规律，由此改善人类自己的命运而开创的一种工具，它在人类发展历史上所发挥的作用是不可低估的。对今天的人类而言，技术仍起着重要的作用，尤其是对发展中国家为了摆脱贫困、战胜饥饿、疾病以及自然灾害方面表现得十分突出。可见，知识与技术对人类的文明与进步做出了不可磨灭的贡献。然而，工业文明开始以来，科技逐渐成了一种“独立的力量”，它跨越了作为工具的边界，自身成了发展目的，科学主义与科技理性扮演了一个推动社会无限前进的动力的角色，甚至支配着人类的行为。

---

①［德］文德尔班：《哲学史教程》（上卷），罗达仁译，商务印书馆 1997 年版，第 112 页。

科技理性被现代哲学奉为至上的权威，是启蒙主义以后的事情。康德、黑格尔、马尔库塞等西方哲学家为了捍卫人文理性，都对启蒙理性进行过深度的怀疑和大力的批判：康德反对启蒙理性，认为人的认知能力是有局限性的；黑格尔批判科技理性是“对知识的异化”，即知识对人进行的控制与奴役；马尔库塞将矛头直指工业社会与科技理性。科学技术是第一生产力，其发展本身是人类进步的标志，但当科学成了一种“主义”，把科技作为一种工具理性去推动社会发展，就蕴含着一些问题。因为人对自身、社会以及自然的认识是无法穷尽的，科技要坚持“以人为本”，就必须寻求科学与人文的平等对话与交融。如果在“科学”后面加上“主义”，就变得绝对化和片面化了，用这种观点去命令一切就显得十分的霸道，往往会以科学的名义做出许多“不科学”的事情来。西方工业文明以来产生的现代性风险就是典型的“非科学”的糟粕。

在科学主义方法论的指引下，现代人的奋斗目标就是不断地超越着自己并向新的更高一层的伟大工程迈进，这一过程就意味着人在实现自我的道路上，要不断地最大限度地支配与统治包括自然在内的人的外部世界。这样，不仅是科技方面得到了不断的改进，更重要的是人的理念发生了变化，人对自然的理解与生存目的的意识发生了根本性的变化。正如约纳斯所说的“智慧人”变成了不断追求技术发展的“技术人”。无论在中国哲学还是西方古典哲学中，都不乏有“人是自然有机体中的一个重要因素”而与自然融为一体的表达，然而，今天，人却成了这个有机体的统治者与驾驭者，甚至成了“侵略者”。这不能不说是科学主义带来的灾难。

当代社会被称为风险社会、知识社会、信息社会。这些称谓都是当代社会的真实写照。“知识社会”与“风险社会”看似是一对矛盾的概念，“知识社会”里，决策者通过知识可以知道他们应当获取的确定性目标，而“风险社会”中，不确定性、不可预见性挑战了其确定性目标。然则它们之间又有着内在的关联性：科学知识及其在技术上的运用，已不再是单纯的人类文明的标志，不单纯表征着人类的幸福与进步，亦是对自然、对人类的生命构成了威胁，在此意义上，知识与技术的联姻，可能导致人类的毁灭与世界末日的到来，这正是“知识社会”与“风险社会”的因果性所在。当知识所引申的科学与技术成为人类解决问题的一切方法，工具理性与科技理性相互映衬而发展的结果，必然引发现代性的风险。人类拥有了知识，只关注力量的迸发而不关切人的自由、自然的生命，并未显得更加仁慈、宽容、善良和更具责任感，这正是当代社会风险给我们的启示。哈贝马斯指出："科技进步产生了一系列重大的社会后果，这是跨越新千年的第三个连续性。"① 新的能源技术、产业技术、核技术、军事技术、医药技术、通信技术等都建立在自然科学知识以及技术发展的基础之上。由于坚定的理性主义、个体自我的主体性（subjectivity of selfhood）、世界在时间中的"有形存在"三大原则在最近几个世纪得到了迅速的发展，以至于这个世界的每个角落都留下了人的足迹。空间被征服了。在我们安居的这个星球上，人第一次栖息在任何想要居住的地方。这些技术成就改变了我们的风险意识，也动摇了我们对伦理的自我理解，责任问题更是耐人寻味。

我们承认，这一切都是为了发展。然而，"问题不是我们是否充分使用一种可以占有的，或者可能得到发展的潜力，而是我们是否选择我们愿意和能够用来满足我们的生存目的的那种潜力。"② 对知识与科技的运用要符合人类生存和生活的目的才是善的。组织化的"发展"活动应当找回失去的伦理责任和幸福关切，因为伦理责任是治理各类社会风险、促进可持续发展的内在着力点，其他一切皆源于这内在性的责任意识和责任担当，无论是政治责任，抑或法律责任，也无论是政治文明，抑或生态文明，都产生于组织化的责任理念，缺失了这一责任理念，人类的制度安排和生产实践行为就会脱离善性的正确轨道。治理风险社会，要从改变人们的错误观念入手，并确立正确的善性观念，而这个善性观念首要的便是伦理责任观念。那么，这个观念何以存在，对治理现代性风险又何以可能的问题，需要我们从伦理责任存在的固有的哲学基础当中去寻求答案。

---

① ［德］尤尔根·哈贝马斯：《后民族结构》，曹卫东译，上海人民出版社2002年版，第52页。

② ［德］尤尔根·哈贝马斯：《作为"意识形态"的技术与科学》，李黎等译，学林出版社2002年版，第77页。

第二章　风险社会伦理责任存在的哲学基础

任何事物的存在与发展均离不开一定的历史时空，作为一种人类重要的生活现象和道德思想，伦理责任也是在一定的历史条件及人的主体能力的展现过程中存在和发展的。那么，在风险社会，作为人的生存方式与实现自我、完善自我的社会规定和价值诉求的伦理责任，其何以存在，以及在何种程度与范围内存在，是需要我们从形而上学的本体论视角来加以论证的。

第一节　伦理责任考究

责任是一个法律概念，是用来判定某个主体违背法律义务的行为所应承受的不良后果。同时，责任也是一个伦理概念，它构成了人们认识道德义务的基础。哈耶克认为，责任实质上超越了我们通常视为道德的范围。他说："我们对我们社会秩序的运作的整个态度，亦即我们对此一秩序在确定不同个人的相对地位时所采取的方式的赞赏或反对，都与我们对责任的看法有着紧密的勾连。"① 由此可见，责任概念超越了强制范畴，其重要意义在于它在引导人们进行自由决策时所起到的重要作用。一个自由的社会应当做到：一方面，人们的行为都应当由责任感来引导，而这种责任感应当远大于法律所强设的义务；另一方面，公共舆论应当树立责任观念，为人们对其努力的成败负有责任指明伦理方向。伦理责任不仅具有十分丰富的内涵，而且具有悠久的历史渊源。

---

① ［英］冯·哈耶克：《自由秩序原理》（上），邓正来译，生活·读书·新知三联书店1997年版，第89页。

一 伦理与责任

《说文解字》中解释道："伦，辈也，一曰道也。""理，治玉也。"据此解释，"伦"表"人伦"，意即人际关系。此外，"伦"也有"道"的含义。"理"意即整治、物的纹理，可进而引申为规律或规则，构成事实如何的必然规律，是行为的"实然"规范："事物上一个当然之则，便是理。"① 段玉裁在《说文解字》中对"伦"注曰："粗言之曰道，精言之曰理。"合而言之，伦理意指人与人之间事实如何的规律以及应当如何的规则。《现代汉语词典》解释道："伦理，指人与人相处的种种规则。"将伦理学解释为："关于道德的起源、发展，人的行为准则和人与人之间的义务的学说。"从西文考辨，希腊语的"伦理"（ethike）出于"习惯"（ethos），也有"道德"之义。在英文中，"伦理"与"伦理学"都是同一词汇 Ethics。Ethics 既有伦理和伦理学之意，又有道德和道德规范之意。从词源学上看，伦理与道德在内涵上也是相通的，研究有关道德的起源与发展的学说是道德哲学，也是伦理学，二者无明显界分，这也许是今天人们将伦理与道德两个概念混用的重要原因和根据。

在中国古代，"伦理"一词所含政治色彩较浓，统治者把治理天下看得像和谐的乐曲，只有按照音乐的规律才能奏响和谐的乐章，同时又像玉的纹理一样有规律可循。每个民族都有其自身的道德规范，它是在本民族历史发展过程中所形成的习俗与做人准则，而这样的道德准则又是与统治阶级所要求的伦理教化和规训不可分离的。黑格尔这样定义伦理："主观的善和客观的、自在自为地存在的善的统一就是伦理。"② 伦理是主客观的统一，并非单纯强调主体主观道德和客观效果。他还说："活的伦理世界就是在其真理性中的精神。"③ 这种精神是一种自在存在与自为存在相融合的精神，是一种对人自身承担责任的理性意识。由此，我们便看到伦理与责任的关联。在黑格尔看来，伦理是自由的理念，是活的善。"伦理是活生生的善，它不是一个永远追求不到的目标，它就是我们已经追求到了的一种体现在精神上、体现在现实中，向着善的最终目标接近的这样一个善的阶段。"④ 既然是活生生的善，就意味着其生命生生不息，我们也

---

① 黄建中：《比较伦理学》，国立编译馆 1974 年版，第 27 页。

② ［德］黑格尔：《法哲学原理》，范阳等译，商务印书馆 1982 年版，第 162 页。

③ ［德］黑格尔：《精神现象学》（下卷），贺麟等译，商务印书馆 2009 年版，第 5 页。

④ 邓晓芒：《邓晓芒讲黑格尔》，北京大学出版社 2006 年版，第 215 页。

会无限接近它。这活的善在自我意识中具有知识与意志，同时又通过行动而达致它的现实性。自我意识所起到的基础作用和推动作用，其自身便蕴含着一种责任。“伦理就是成为现存世界和自我意识本性的那种自由的概念。”① 自我意识或自由要遵循一种规范，这便是伦理责任。

《说文解字》解释道：“责，求也。”“任，符也。”意即应当承担的相应后果。《现代汉语词典》解释道：“责任，一指分内的事；二指没有做好分内的事，因而应当承担的过失。”由此观之，责任与职责的含义是相通的。伦理责任是对行为伦理性责任的界说，有其自身的特殊规定性，它规定以道德义务为其必要根据和前提假设，或者说基于人所担负的道德义务，由此对行为进行伦理性的判断。脱离了道德义务，就缺失了“应当”的意识，伦理责任也便无从谈起。在此意义上，伦理责任就是对道德义务的责任。

尽管“责任”概念本身已经很古老了，但只是到了近代才引起人们的足够重视。吉登斯认为，责任一词好像在 18 世纪末才来到英语世界，它最初是与现代性相伴而生的。② 今天我们使用的责任一词有着模糊的和多层的含义。一层含义用来表达某事件的行为人应当对他做的事负责。这是责任最原始的含义，而且是具有因果性的。另一层含义表明，行为人在道德规范范围内行事，我们就认为这个人应当对其行为承担伦理责任。责任有时意指义务（obligation），或意指应当承担不利后果的“责任”（liability），在此意义上，它是与风险相对应的一个概念。

伦克（Hans Lenk）给责任下了一个颇著名的定义：“某人/为了某事/在某一主管面前/根据某项标准/在某一行为范围内负责。”③ 赫费也有同样的认识，他从责任的逻辑性出发，认为“首要责任意味着职责（1）在某人那里，（2）针对某事，（3）面对某人，（4）按照某些评判标准的尺度而存在着。”④ 这四点形成四维性框图，加上承担责任的有限领域，就不难发现伦理责任概念所包含的丰富内涵。

---

① ［德］黑格尔：《法哲学原理》，范阳等译，商务印书馆 1982 年版，第 164 页。

② See Anthony Giddens, Risk and Responsibility, *The Modern Law Review*, January 1999, Vol. 62.

③ 转引自甘绍平《应用伦理学前沿问题研究》，江西人民出版社 2002 年版，第 120 页。

④ ［德］奥特弗利德·赫费：《作为现代化之代价的道德》，刘安庆等译，上海世纪出版集团 2005 年版，第 15 页。

一方面，人的关系性存在决定了责任的关系性范畴。人的关系性存在决定了人的存在方式，人是人与社会和自然关系网之中的交会点，人与社会和自然共生共在。既然如此，伦理责任便成为人与社会和自然的关系网络中的重要环节。个人与他人、社会之间互为责任主体和责任对象。伦理责任因人的关系性存在而生成和承担，责任内蕴于人与人之间、人与社会之间和人与自然之间，这是每个生活着的人和任何组织都可以经验得到的抽象性存在，它构成了个体与组织行为的道德根基。“对责任的讨论为人提供了认识人类生活的意义和关于世界价值的信仰。这就是它成为当前所有道德论争的中心的原因。”① 责任就是社会中的各种主体之间相互承认、相互协调并相互履行的关系。另一方面，责任是为己责任与为他责任的统一。为他责任来自于社会的压力，在道德上体现为他律；为己责任体现对自我行为的道德约束和要求，在道德上体现为自律，是主体自我的道德观念的内化形式，包含道德责任的自觉意识和内在动机。

与诸多范畴一样，伦理责任的内涵与外延也处于一种不断发展的状态，以至于传统的伦理责任与现代伦理责任之间，由于时空的作用，必然存在着较大差异。

二　传统伦理的责任场域

“善的性情对人类的幸福是必要的，而负责任的行为则自然地源于善的性情。”② 责任概念是伦理中的重要内容，是人们行为向善的重要指标。但总的说来，责任只是在20世纪后半叶才真正引起人们的广泛关注，这期间，责任经历了大的变迁。我们需要将其放入历史长河中，在社会生活的发展演变中去认识，才能把握真正的含义。

1. 传统伦理责任的简要追溯

在中国传统伦理中，“任恤”的道德正是责任感与义务感的综合表现，它建立在仁爱的基础之上，并对其进行了扩展与实现，旨在表达尽心负责之意。张岱年把努力工作尽职尽责称为“任”，把尽力助人扶危济困称为“恤”。“任恤”表征了人们的责任心和与人为善的精神态度。“任字取诸孟子‘伊尹圣之任者也’之任。浅言之即必为社会尽其所能，尽心

① William Schweiker, *Responsibility and Christian Ethics*, Cambridge University Press, 1999, p. 12.

② ［英］亚当·弗格森：《道德哲学原理》，孙飞宇等译，上海人民出版社2005年版，第127页。

于其职务；深言之，则以天下国家之事为己任。恤即对人有同情心，勉励助人。”① 这就表明，“责任”在中国传统伦理中具有“职责”之意，并且将“责任”概念纳入了社会范畴之中，否定了其孤立存在的可能性。人是社会的产物，社会是以群来划分的，责任则表现为群体中解决矛盾问题的手段，个人与群体有机地统一起来，个人在有序的群体生活中成长，才能得到良好的发展。

早在古罗马时期，西塞罗就指出，无论对自我还是对他人，责任都是不可或缺的。他说：“关于道德责任这个问题所传下来的那些教诲似乎具有最广泛的实际用途。因为任何一种生活，无论是公共的还是私人的，事业的还是家庭的，所作所为只关系到个人的还是牵涉他人的，都不可能没有其道德责任；因为生活中一切有德之事均由履行这种责任而出，而一切无德之事皆因忽视这种责任所致。”② 足见道德责任在生活中的地位。“在荷马的理论中，美德概念从属于社会角色概念，在亚里士多德的理论中，它从属于作为人类活动之目的（telos）的、对人来说是善的生活概念，而在更晚近的富兰克林的理论中，它又从属于功利概念。”③ 由此可见，在较早时期，美德（virture，又译为德性）从属于角色责任——职责。

在古希腊时期，哲学家们对责任做了深入的研究，普遍认为只有在意志自由的情况下才可以承担责任。在斯多葛派看来，道德意识基于理性，不得违反理性，理性之外的东西与伦理无关。因而，在人类行为方面，要对从外部满足理性要求适当的符合职责的行为与完全由善的意志而满足理性要求的行为做出区分，只有完全由善良意志而满足理性要求，才能算是责任的完美实现，相反的情况就是违反了责任的意图，其行为的表现就是罪孽。在亚里士多德那里，道德上的“无知”是不可以开脱罪责的，因为它确实构成了恶。麦金太尔分析时说：“一个人如果发现了自己不知不觉做的事情，说‘即使我知道是怎么回事，这也正是我本来想做的事’，那么，他就为这种行为承担了一种责任，而不能以他的无知来推卸责

① 张岱年：《真与善的探索》，齐鲁书社1988年版，第288页。

② ［古罗马］西塞罗：《西塞罗三论：论友谊、论老年、论责任》，徐奕春译，团结出版社2006年版，第112页。

③ ［美］麦金太尔：《追寻美德》，宋继杰译，译林出版社2008年版，第211页。

任。”① 这表明亚里士多德是将责任建立在后果的基础之上的。同时，他也强调了自愿行为和审慎选择，他认为，不被强迫或出于无知都是自愿行为，自愿行为是要负责任的。

康德在伦理学方面给我们的最大贡献在于他构建的伦理责任形而上学理论。康德所界说的责任并不是出于某种私有的意图，或者出于偏好，尽管也包含了一些主体的主观成分在里面，但那并不是主要的，他说：“责任概念包含了善良意志的概念，尽管也包含有某些主观的限制和障碍；但是这些限制和障碍并没有把它遮蔽起来而使它不可认识，反而因为通过比照，使它显露出来，显得更为清楚。”② 一切依据偏好或私有的意图的行为都不具有道德意义，比如商家对顾客做出的诚实的服务，都是为着自己利益而这样行为的，并非出于责任。质言之，在康德那里，只有出于伦理责任的行为才具有道德意义。康德所构建的伦理学中的伦理责任是形而上的东西，是先验的和不证自明的，是判断一个行为是否具有道德价值的唯一标准，是行为被规定的准则而非行为要实现的意图，是由于对规律的尊重而如此行为的必然性。因为，卓著的善存在于这些规律之中，而这些规律只有在理性的存在者那里才能实现。这个理性的规律就是他称谓的定言命令，是要用“应该”这个词来表示的，是绝对地被命令，所有的责任律令都是从这个原则的律令中推导出来的。这个责任律令界说了责任主体如此行为的原因，在于自身的行为准则，而这个行为准则是要通过善良意志而变成普遍的自然规律的。因此，伦理责任就是对这个绝对律令的无条件遵从。

黑格尔从另一个视角探讨责任。在他看来，伦理学中的责任论作为一种客观性的东西，应当包括道德主观性在内的规定，在伦理性这里都表现为必然性的关系，因而，这一规定对人们来说是一种义务与责任。义务与责任论是从现存的关系中获取其素材，并表明这种素材与个人观念的相关性，或者同一些思想、目的、感觉与冲动等相关联，并将人们行为产生的后果作为理由补充进去。这种义务与责任不是主观性的，并不能以个人的某个意志为转移，“具有拘束力的义务，只是对没有规定性的主观性或抽象的自由，和对自然意志的冲动或道德意志（它任意规定没有规定性的

① ［美］阿拉斯代尔·麦金太尔：《伦理学简史》，龚群译，商务印书馆2004年版，第107页。

② ［德］康德：《道德形而上学基础》，孙少伟译，九州出版社2007年版，第11页。

善）的冲动，才是一种限制。”① 黑格尔辩证地论证了伦理性的义务（责任），义务论不仅对个人来讲是一种限制，而且是一种“解放”。义务可以使个人摆脱那种自然冲动的依附关系，可以对人的行为进行道德反思，从而可以摆脱个人的主观特殊性困境，也可以摆脱那种没有规定性的主观性而任由主体无限度地“自由”行事，使主观性达到“定在”，达到行为的客观规定性，从而走出自己内部而达致现实性。这样，个人就真正摆脱了主观性的抽象的善，从而达到实体性的真正的自由而获得解放。由此看来，伦理所规定的义务赋予人对其行为选择承担责任，它具有双重效应，既使人们获得自由，又约束着人们的行为。这样，黑格尔建立了以自由为归宿的责任理论：责任并不是限制自由，而是要达到本质的肯定的自由。

2. 传统伦理责任的局限

传统伦理学对责任进行了大量的研究，但在较长时间里，伦理学理论在实践上远离了人们的生活与人类的生存境况，而是以一种“实践精神”或“伦理精神”去把握世界的方式，其功能远远没有得到正常的发挥。随着时代的发展，传统伦理责任在现代生活中的运用成为难题，其不足之处也暴露无遗，责任理论不得不接受现代生活的直接挑战。

第一，在责任主体方面，重个人责任而轻组织责任。中国的传统伦理中强调个人的道德修养和责任心，如“爱人如爱己”，“老吾老，以及人之老；幼吾幼，以及人之幼。”（《孟子·梁惠王上》）“己所不欲，勿施于人。”（《论语·颜渊篇》）人们的行为有其直接的标准和规范，自我与他人都分有着一套共同的道德规则，但均未将集体组织（如政府）的责任以规范形式提出来。西方传统亦如此，文德尔班指出：“亚里士多德以后整个时期哲学所继续的伦理学的主要特点更确切地体现在：在这个沿袭前人并无创造力的时代，形成研究中心的完全是个人伦理学。”② 在这样的个人伦理学中，责任主体集中体现为个人，很少关注集体组织。这是与当时的时代特点分不开的。在荷马史诗反映的社会中，重要的是判断个人事务，体现在履行社会所指派的社会责任方面，履行了社会职责就是德

---

① ［德］黑格尔：《法哲学原理》，范阳等译，商务印书馆 1982 年版，第 167 页。

② ［德］文德尔班：《哲学史教程》（上卷），罗达仁译，商务印书馆 1997 年版，第 221 页。

性。“如果一个人具有他的特殊的专门职责上的德性，他就是善的。”① 个体的社会责任感成为个人德性培养的内容。康德所说的不要将别人视为手段而应当当作目的，也只是表达了个人与个人之间的关系。

第二，在责任对象方面，重对人的责任而轻对自然的责任。传统伦理学中，无论是命令形式，还是为某种命令规定原则，或是为这些原则规定义务，其责任对象都指向人而少指向自然。这与传统社会人类生存模式与生活方式紧密相连。传统社会中人类依赖于自然而生存，但未对自然客体造成整体性的持续危害，自然秩序仍以整体上的和谐状态存在着，尽管人们也使用各种技术从自然获取资源并为生活服务，但那时的技术是为了获得人们生存下去的必需品，其作用也是有限的，没有成为人们无止境地追求欲望满足的手段，偶有技术革新也只是在狭小的范围内发挥着作用，因而，人类对人类之外的自然界的行为尚未成为伦理责任的重点，“伦理学的重点在于直接处理人与人之间以及人与自身的关系，所有传统伦理学都是人类中心说的。”② 伦理责任也只是限于人与人之间的人际关系中。

第三，在责任范围方面，重“现在”和“这里”而轻“未来”和“那里”。传统伦理学在时空上局限在较小的范围之内，时间上只关心“现在”（now）而不是“未来”（future），在空间上只关心“这里”（here）而不是“那里”（there），甚至不关心全球，在人们生活方面只关心私人生活和公共生活，少关心后代人的生活。换言之，传统伦理对人类行为的善与恶的评价只是在人类实践本身和实践所产生的直接影响较小时空范围内进行。这是因为当时人们的行为结果不会像今天这样将影响到好几代人，与今天的全球化生产与消费相比较，当时人类活动的有效范围相对较小，而且控制自然的能力也是有限的。因而，用来约束人们行为的道德规范也只局限在某个可预见的时空范畴之内，其人际关系主要体现在邻居、朋友以及人们可以相互接触到的角色之间。③ 人类还无法把握自己的命运，对未来的影响也较小，因而对长远的结果和未来的状态只能寄希望于命运或天意而不是责任。

---

① ［美］阿拉斯代尔·麦金太尔：《伦理学简史》，龚群译，商务印书馆 2004 年版，第 31 页。

② Hans Jonas, *The Imperative of Responsibility: In Search of an Ethics for the Technological Age*, The University of Chicago Press, 1984, p. 4.

③ Ibid., p. 5.

第四，在责任价值评价方面，重“德性”与“智慧”而轻“责任感”。在传统价值评价体系中，善的人并不是具有责任感的人，而是具有德性和智慧的人。对人的道德培养也限于美德和智慧方面。比如，在苏格拉底那里，“德行基于对善的认识”①。“人的善良愿望并非来自于科学家与专家的知识，而是来自于某一种可获得的知识。”② 康德认为，即使是普通的智力水平，与伦理有关的人类理性也可以达到一个很高的准确性和完整性，因而，没有必要从科学与哲学中去了解，为了诚实与善而必须去做什么，需要的只是智慧与德性。因为普通智力也可以达到哲学家所阐发的东西，为了达到道德的善，我也没有必要在我必须做什么方面去追求精确性。③ 换言之，人们无须依靠科学家或专家，就可以依照道德律令去行为。因而，科学并非如今天的知识社会时代那样，成为人们必不可少的依赖。传统社会中，在辨识形势和确定适合人的行为方面十分强调经验与判断，这类知识并不列入科学知识范畴。人类善的概念更多地基于不变的人的本性。科学知识并未形成今天的体系，如果说用到一点知识，人们的善与恶也只在有限范围内发生，因而科学家的道德并未受到质疑，不存在要求他们对自己研究的成果负责的社会环境，人类的能力尚不能要求知识对未来进行准确的预测。因而其伦理上的善都是针对“当前”（present）而规定的，它的实现与违背均在当前发生，少涉及遥远的无法预测的未来。

由此我们看到，传统规范伦理学致力于美德的探究和制定人类行为的原则与规范，道德律令的解说及道德要求的扩张得到了大量的表现，但责任的实践很少得到关注。产生于20世纪初的西方元伦理学太过注重学理与义理的阐发，对传统规范伦理学进行批判，试图利用数学与逻辑学对伦理学进行改造，意欲将伦理学变成一门精准的科学，因而对其概念与判断进行了颇有成效的研究。但元伦理学不采用经验的历史的方法与理论概括，不提人们行为的具体规范与要求，脱离了人们的道德实践。伦理学必须与实践相结合，才能真正走出自己的困境。这就为实践伦理的开启提供

---

① ［德］文德尔班：《哲学史教程》（上卷），罗达仁译，商务印书馆1997年版，第110页。

② Hans Jonas, *The Imperative of Responsibility: In Search of an Ethics for the Technological Age*, The University of Chicago Press, 1984, p. 5.

③ See Hans Jonas, *The Imperative of Responsibility: In Search of an Ethics for the Technological Age*, The University of Chicago Press, 1984, p. 5.

了适宜的环境。“所谓实践伦理，实质上是指规范伦理在现实的道德生活中的具体应用，是理论伦理学经过规范伦理而向现实的道德生活的转化，同时也是检验理论伦理和规范伦理是否真切实用的标准和尺度，是形成和产生新的理论伦理和规范伦理的伦理场所和领地。”① 在此意义上，实践伦理也就是应用伦理，它是贴近人类道德生活的伦理。

三　应用伦理的责任之维

与传统伦理不同的是，应用伦理是现代化之后的道德反思，涉及的是具体处境和实践领域中出现的紧迫而有待决疑的伦理问题，具有极强的“应用”性。那么，伦理传统的有效性基础丧失后，应用伦理便成为使责任走向人间的伦理，以解决人类实践活动中产生的风险问题和伦理责任问题为宗旨。

哲学是时代精神的精华，哲学伦理学也理应顺应时代的需要。西方哲学从本体论转向认识论，再由认识论转向价值论（伦理学），均是与时代的发展一脉相承的。随着现代化的发展，传统伦理的生存土壤改变了其原有的成分，“社会变化不仅使曾经是社会所接受的一定类型的行为成了问题，而且也使得那种已经界定了先前社会的道德结构的概念出了问题。”② 同时也滋生出与该土壤相适应的伦理理论与规范。20 世纪 60 年代元伦理学开始的由非认知主义向认知主义的伦理学转向，可以认为是应用伦理学的兴趣。到了 20 世纪 70 年代后，西方真正进入了“后工业社会”，应用伦理学得到了迅猛的发展，以至于美国哲学家 James Rachels 称之为“应用伦理学运动”。这是与现代性的负面效应以及化解各种风险的要求分不开的。

现代性的价值选择与伦理实践导致了现代文明的深重危机。启蒙以后，人的个性开始得到张扬，人类的实践能力得到了长足的发展，人类行为特征也相应地发生了变化，这种行为的变化引发了伦理的改变：人类行为不仅作用于我们生存于其中的物质世界，而且向新的领域开放着，因而传统伦理中无法找到相称的规则与之呼应。工业化生产所培育出来的现代文明，致力于摆脱人所受到的束缚，并追求着解放与独立自由。人的主体

① 唐凯麟：《伦理大思路：当代中国道德和伦理学发展的理论审视》，湖南人民出版社 2001 年版，第 279 页。

② ［美］阿拉斯代尔·麦金太尔：《伦理学简史》，龚群译，商务印书馆 2004 年版，第 28 页。

性的扩张，刺激与鼓励着人向自身挖掘潜力，征服人类赖以生存的世界和外部空间。在此基础上，人的内在潜能获得了最大限度的发挥，人类的确获得了一定的自由，这个世界看似成为自由的可控的世界、富裕的世界和文明的世界。然而，与之相伴的是现代文明的巨大缺陷：过度地刺激与鼓励人对实利的自由追求，导致了有限的自然资源与无限的欲望之间的紧张，以及财富的占有和相互争夺之间的冲突。人类面临着自身的生存危机和极其严重的生存压力，各种社会风险紧随其后。

马克思指出，作为确定的和现实的人，你就有规定、使命和任务，无论你是否意识到这一点，因为这个任务是因你的需要及其与现存世界的各种联系应运而生的。伦理责任作为任务、规定和使命，就是人类的需要，它是在现实生活的作用下而产生的。现代性错误地改变了人类文明整体效应演变的方向，生产出了不可估量的风险。“突破现代性的视界，我们会发现，必须来一次道德革命，人类才能走出危机。”① 我们需要做的就是信、知、情、意、责等精神需求的不断满足，以及不断培植人们体悟意义的能力。这一切使得传统伦理受到了极大的挑战，要求伦理向新的维度发展。应用伦理学顺应了这个时代的要求，并逐渐勃兴起来。因为，应用伦理学不仅将诸如诚信、孝慈等典型伦理现象纳入其考察对象，而且将经济活动中的公平、政治活动中的正义以及制度伦理等具有伦理性质的现象也纳入其中，精神产品生产和精神活动中的净化原则成为它倡导的领域，其中，责任问题是其核心。面对现代性风险，我们需要反思过去的行为、审视当下的决策、构筑未来的范导，关注人类生活的意义和幸福的指向。适应时代的需要，化解这种风险，寻求生活意义和幸福感，将成为应用伦理学的历史责任，同时也是在应用伦理学中占核心地位的“责任”理论所要承担的历史使命。

应用伦理学中责任的核心地位通过如下几个方面表现出来。

1. 责任的目标被明确了

追求“和谐”的秩序成为伦理责任的伟大目标，是从中国古代和古希腊开始的。然而，文艺复兴以后，这种责任目标被物质的追求所排挤出局了。“希腊哲学伦理学在某些方面不同于后来的道德哲学，这反映的是希腊社会不同于现代社会。现代意义上的职责和责任的概念在这里显得微

① 卢风：《应用伦理学——现代生活方式的哲学反思》，中央编译出版社 2004 年版，导言。

不足道。”① 现代性对物质的片面追求，使得比邻相居也形同陌路人，原有的“邻居”与“朋友”的意义改变了，陌生人越来越多，即使每天见面，交流与负责任的心灵也彼此封闭着，相反，网络的发展使原本是陌生的人，即使远隔万里也会将心灵敞开，彼此诉说着心肠。“集体”概念已失去往常的含义。价值观呈现多元化形态，价值冲突成为人与人之间关系的存在方式，彼此“负责”成了过时的词汇。这一切使得原本不是伦理学范畴的有关人的生存、健康与安全，都成为伦理学中的重点，传统伦理的框架维度以及要求个人必须承担的责任已无法完全覆盖人们的行为并使其受到约束，德性的理性前提无法进一步发挥规范的效力。“责任”问题被提上日程，成为解决社会风险和人类面临的生存性威胁所必须解决的重要课题。作为时代产物的应用伦理学或实践伦理学，理应承担起这一历史使命：找回和谐的秩序。

反思风险社会，价值多元化、价值冲突、制度冲突、理性与非理性的冲突、理性之间的冲突越来越尖锐，主体性思维和霸权主义一元价值观已经不能起主宰作用了。尽管这些价值冲突在人们的生活中总是客观存在的，但从来没有像今天这样愈演愈烈，以至于几乎每个人都生活在不安之中。从责任的关系性思维出发，主体间性伦理责任构成了解决价值冲突和实现和谐秩序的明智选择。价值冲突在深层上理解就是责任冲突，这构成了韦伯伦理视野的核心，“他声称一元价值并不能从道德上指导处于危机的人类，因此，道德危机将导致不可避免的风险、冲突与罪恶。”② 多元价值就是要求彼此之间承担责任。“这就意味着在责任伦理框架内行为的一个人要考虑所有类型的主观理性与客观理性，以及濒于险境的各种价值要求，去规定人们施加于世界的行为，由此对价值冲突下的自由以及意图的或非意图的具体结果负责。”③ 和谐、安全、幸福、健康并不是不可企及的乌托邦，只要每个人都承担起自己的责任，在交往理性中对自己负责、对他人负责、对自然负责，我们会生活得更加幸福。

2. 责任的范域被扩展了

当代社会，失序与冲突的领域在不断延展，因而“责任”范域必将

① ［美］阿拉斯代尔·麦金太尔：《伦理学简史》，龚群译，商务印书馆2004年版，第126页。

② Bradley E. Starr, The Structure of Max Weber's Ethic of Responsibility, *The Journal of Religious Ethics*, Vol. 27, No. 3, Blackwell Publishing, 1999, pp. 425－426.

③ Ibid., p. 419.

得到相应的扩展。

首先，由“个人责任”向“集体责任”领域，进而向“人类”责任扩展。在前工业社会，伦理规则的话语权在政治和宗教、私人领域与公共领域被同构化，因而伦理规则具有普适性和一律化特征。然而，由于现代市场社会的领域化和组织化，社会基本结构领域不断分离与重组，伦理学再也不能像以前那样只是考察个体观念与行为的“应当”了，更重要的需要探讨人类行为的“应当”和“责任”。伦理责任也不仅是研究个体责任的微观层面问题，还要研究涉及政治、经济、生态、科技、社会等责任的中观层面问题，以及人作为“类”的责任的宏观层面问题。

其次，由“对人负责”向“对自然负责”扩展。自然被破坏肇始于人与自然的主客体关系的确立，张扬人的力量，强调超越客体的重要性，与自然客体相比，所有此前的客体都相形见绌。把人之外的自然界作为客体的人类中心论，无视整体生态的规律，致使生态有机界的链条发生了断裂，自然的风险毫不掩饰地暴露在人们面前。这种损害行为成为“有组织”的行为，从企业到政府，均充当着向自然实施无尽力量的强有力组织，不断消费着人类赖以存在的基础，进行着自我毁灭的活动。人与自然的关系被工业文明改变后，自然资源被无节制地开采，其力度与量度均超出自然可承受能力的几十倍甚至上千倍，与之伴随的生产与消费规模相应增大，使原本并不属于伦理学考察的生态责任成为伦理学中的亮点和热点。“受自然条件影响的人类的命运，将保护自然纳入伦理关怀，但这样一些关怀仍只停留在所有古典伦理学的人类中心论焦点上。”① 自然是否拥有像人一样的权利暂且不论，至少有一点是可以肯定的：无论是对我们自身权利的保护，还是为了人类自己的幸福生活，人类应当对自然承担伦理责任。由于时空延伸机制，因果关系的界域也被扩展了，其破坏的不可逆性将每一个人的责任纳入伦理的问题视界。人们对自然的开发通过伦理规范如鼓励与惩罚等，可以使人们的偏离伦理的行为选择恢复到正常轨道，对自然的破坏也可以得到某种程度再生。这将意味着我们要追求人类的善，还要诉求对自然界的善，至少不能是恶，这是人类对自然的责任，

---

① Hans Jonas, *The Imperative of Responsibility: In Search of an Ethics for the Technological Age*, The University of Chicago Press, 1984, p. 7.

它将超越此前伦理理论只对人负责任的维度。

最后，由“知识中立”向“应用知识有责”扩展。中立的知识需要担负起伦理责任。工业文明以来，知识充当着前所未有的重要角色，在伦理上不再中立，而是承担起重要的责任角色，这是由掌握知识并运用知识的人的行为所决定的。知识已与人类的行为之间构成了强烈的因果关系。由于技术创新的需求，迫使知识不断前进，以满足人类的需要，因而科学本身就要求伦理责任必须跟上知识发展的步伐。科学在行动能力与预测能力之间形成了一道鸿沟，科学的预测能力发展滞后，不确定性结果不断挑战着人类生存境况，同时也使行动能力受到了极大的阻碍，因此产生了一些新的伦理问题。人类的实践行为越来越要求知识的预测能力不断提高，预测能力的低下正显示了人类的无知，这种无知为人类担负责任与落实责任构成了障碍，也使人类意识到履行责任并提高决策能力的紧迫性。

3. 责任的时间被延伸了

前风险社会的伦理责任只对后果负责，很少涉及对未来的不确定性责任。传统伦理责任更多的是关注简单性行为的内容，很少关注因人们行为的积累而产生的综合影响问题，那是由于传统社会中，人与人之间的基本境况并非复合性的，因而责任所表现出来的要求具有一个基本的一致性规范，在时间上只针对人们现在或当下的行为，而不是当下行为对未来的影响。“以前的伦理学不必考虑全球人类的生活状况和遥远的未来，甚至人类的生存和种族的存在。”① 由于工业资本主义的破坏行为不断的积累，受害人彼此相互联结着，受害人的范围较此前有极大的改变，延伸到未来的人，这就要求责任的“时间”要得到相应地延伸。全球时代的今天，全球性的伦理责任和对未来的伦理责任已成为时代的要求，新的责任概念与权利概念必然得到重视，伦理责任原则和律令有待确立，这是传统伦理学和形而上学所缺乏的内容。在实践意义上，伦理责任是对工业文明以来科技进步与经济发展的伦理学反思，是关于当今社会结构跃迁和人类未来生存与发展的理性求索，是与现代人所面临的各种风险威胁和特定价值处境相契合的价值立场，是人们理性地去阐释生命的存在意义和价值选择的价值指向。我们不能只追求我自己快乐与幸福增加的量，而减少未来人的

① Hans Jonas, *The Imperative of Responsibility: In Search of an Ethics for the Technological Age*, The University of Chicago Press, 1984, p. 8.

快乐与幸福的量，因为这是不正义的行为。工业现代性制造的高危险后果将直接威胁到未来人的生存与生活，这种威胁正是我们的行为选择的结果，因而对未来人承担相应的责任成为当代实践伦理的重要组成部分。质言之，我们不仅要有物质与精神的进步，而且要有安全的未来，这是人作为存在者的必然要求。

第二节 人的存在与伦理责任

人的存在是风险社会伦理责任存在的首要哲学基础。内部风险已经产生了新的不可预见性，不仅包括对环境的破坏，按吉登斯所言，也与外在于现代性抽象系统的争论性参量有关，有关这些争论“所关心的具体道德领域，并不只是应该为人类在自然中生存做些什么的问题，而且还包括存在本身应如何被把握和‘被度过’（lived）：这便是海德格尔的‘存在问题’（question of Being）。”① 因而道德与存在的问题应当重新复活，伦理与责任问题应当以一定的方式被引入到整体的人的存在和人的生存方式中去。

一 存在与人的存在

有关存在与人的存在的问题和哲学，可以追溯到古希腊时期。在古希腊哲学那里，人与“存在物”是分开的。巴门尼德认为，对存在物的领会应该是属于存在的，这种领会是存在所决定的。存在物自行地被敞开，其显现只能与人相遇时才能被领悟，人与存在物在相遇时互相敞开，由此构成了人与存在物的相互运动。人不能将存在物仅视为客体来打量和描述，人在打量和描述存在物时，也被存在物打量着。海德格尔在回顾古希腊哲人对存在物的论述时总结道：“实际上，人也应该是一个被存在物所打量的存在物；人被那自行敞开的存在物裹挟着，涌身到长流不息的存在的显现之中。被存在物映入眼帘；被涵摄到存在物的敞开之中并在此一敞开中被滋养；被存在物的敞开所载育；与存在物的对抗将驱逼他给出自己的存在，与存在物的不和也必将在他自己的存在中留下痕迹——这就是伟

① ［英］安东尼·吉登斯：《现代性与自我认同》，赵旭东等译，生活·读书·新知三联书店 1998 年版，第 263 页。

大的希腊时代人的本质。”① 因此，在这种相互敞开的存在者之间，古希腊哲人以“集聚”、“惜用”、“亲近和宽让”的德性来让他们相互圆融，避免一切混乱和纷争。显然，在存在者相互圆融的境况下，人与自然是和谐的，人与宇宙是和谐的，人与万物是和谐的。

然而，这种和谐被启蒙运动破坏了。启蒙运动为存在哲学开启了新的篇章。与任何事物一样，启蒙依然具有功与过的两面性。“启蒙时代人们的伟大在于：他们提出了完善个人、社会和人类的理想，并满腔热忱地献身于这种理想。”② 为了实现这种理想，他们所期待的力量在于人的信念，他们寄希望于精神来改造人与社会的关系，并相信精神的力量比现实更强大。在这一点上，他们忽视了现实的作用，没有通过现实来反思他们所谓的“精神”的正确性和适当性。他们从理性出发来把握一切，并按理性思考来对待一切，因为他们确信“信念构成文化的本质”，毫不犹豫地认为，精神才是文化的本质和富有价值的东西。其旨趣在于人类的精神教养的进步，并以乐观主义的态度相信这种进步。这种理性主义的精神动力来自于他们的世界观，一种乐观主义的和伦理的世界观：“设定了一种普遍的、在世界中起作用的、指向完善的合目的性，个人和人类对物质和精神进步的追求在其中获得了意义、重要性和成功的保证。”③ 理性主义者把伦理视为合乎理性的事实，要求人们放弃利己主义并献身于一切可以实现的伟大理想。他们的伦理中蕴含着人道信念。

到了19世纪中叶，现实意识取代了理性精神而占据了主导地位，理想来自于现实而不是来自于理性，于是人们日益陷入“无文化”和“无人道”之中。渐渐地，人们对世界与人生的肯定就失却了人道的坚实基础，现代人也不再有那种思考和实现一切进步的理想，他们已对现实做出了广泛的让步，人们更顺从命运，因而表现了悲观主义情结。质言之，他们不再相信构成文化本质的人类精神的伦理进步，他们的高贵和富有价值的世界观并没有实现对世界与人生的结合，失去了对精神追求的力量，人与世界的关系的伦理也加入了崩溃之中。正如施韦泽所言：“反思文化和

① ［德］海德格尔：《人，诗意地安居》，郜元宝译，广西师范大学出版社2000年版，第137页。

② ［法］阿尔贝特·施韦泽：《对生命的敬畏——阿尔贝特·施韦泽自述》，陈泽环译，上海人民出版社2007年版，第125页。

③ 同上。

世界观把我引入的哲学中心部门，原来是一个未被研究的领域。”① 这种新的未被研究的领域就是人的“实存”的存在方式，其哲学就进入了“实证”阶段。雅斯贝斯认为，实证哲学贬低了人自身的存在，致使拥有自由的存在降格为纯然的被给予的存在，它与物种的存在别无二致。这种“实存”状态正是现代性的后果。

在本质上，自为性存在就是强调人的主体性存在，它就是现代性的存在思维方式。这种存在方式受到了海德格尔生存论的存在论的极力批判。他立足于生存论，批判了“世界图画”的时代特征。在海德格尔的眼中，“世界”一词不仅指宇宙、自然，还指历史，甚至一切存在者的根基，它们共同构成了世界本身。然而，现时代中，这个世界只有在“被人所组建”的意义上才能得到承认，脱离了人的世界不能称之为“现时代的世界”。海德格尔的“世界图画”正是对这个以人为中心的世界的批判，他称这个新时代为“现时代的世界图画”或“现代世界图画”，深刻地揭示了人类中心主义的现象。这个时代与以往的时代形成了区别：在中世纪的西方，一切存在物都是由作为最高起因的人格性造物主创造出来的，是上帝的行为安排着这个世界，一切存在物都遵循造物主所安排的特殊序列存在着，这个序列是不可改变的，这种存在方式下的存在物绝不是作为客体摆在人面前的，不是以人的意志安放在被人所处置的领域，不是仅以人的存在方式存在着；而现时代人对事物的描述和反映是把事物当作人自己的对立面的东西，或者某种上手的东西而与人照面的。人与物发生关系，被人强迫性地拉入人规定的领域和人自身的关系情境之中，人自己把自己投入到海德格尔式的“图画”之中。人以流俗和公众所描述的存在物来组建自己，并进一步地来呈现自己，从而展示着人的存在方式，存在物在人的眼中只是客体，人则成了一个代表和典型。人自觉自愿地为自己设置了一个位置，并坚信这个位置是其人性发展的坚强的立足点，这个位置造就了自己处在与客体化的存在物的关系中，并完全依赖这种人自己派定的关系及对待世界的方式。人在存在物面前成为主体，存在物成为人的客体，这种主体主义关系，正是风险社会的存在方式。

事实上，人以存在的资格而被看得更高贵，或由于不太高贵而否定自

① ［法］阿尔贝特·施韦泽：《对生命的敬畏——阿尔贝特·施韦泽自述》，陈泽环译，上海人民出版社 2007 年版，第 127 页。

己的权利，都是因把自由归入了自然主义的必然性之中，从而构成了对自由的抹杀。实质上，人的存在是自在性存在与自为性存在的统一。马克思指出："全部人类历史的第一个前提无疑是有生命的个人的存在。"① 它表明人的存在具有"双重生命本性"和"双重生命价值"意蕴，对应着自在性存在和自为性存在。自在性存在表明人是一种自然存在物，具有自然属性，离不开衣食住行、健康、享受、婚姻家庭、幸福与快乐等，体现着人具有"自在生命本性"，它对应着"自在生命价值"的追求。自为性存在表明人又是具有社会性的类存在物。正如马克思在《关于费尔巴哈的提纲》一文中指出："人的本质不是单个人所固有的抽象物，在其现实性上，它是一切社会关系的总和。"② 在自为性存在模式下，社会实践、超越性发展、文化与价值存在使得人不得不进行实践活动、进行社会交往和发展事业、追求理想目标并超越现实、创造新生活和实现新的自我等，由此决定了人的"自为生命本性"，它对应着"自为生命价值"的追求。这种双重生命价值的追求对人而言，是必然要求与应然理想的结合。"自在生命价值"希求为"自为生命价值"希求提供基础和创造条件，使人成为现实的人而享受其现实的生活；"自为生命价值"希求为"自在生命价值"希求提供健康人性的保障，从而使人成为真正的健全发展的人。人的双重生命本性成为人在日常生活中对善与正当、目的与责任追求的基础和根据，它使得目的与责任得到统一与和解，人之为人的道德伦理生活观念由此步入和谐的轨道。

二　人的存在与责任存在

在一个由上帝统治一切的世界里，人可以不负责任，因为上帝已把一切责任都承担过去了，上帝是全知全能的，他创造了一切，掌握着万物，并操纵着世界的一切运行规律，因而成为责任实现的保障者和担负者。同样，在一个由决定论观念统治的世界里也如此，人类的一切都受制于那种神秘的力量的推动和客观意志的驱使，因而，人可以不对自己的行为负责，也可以不考虑后果问题，因为一切都是命定的。但是，随着人的解放，自由成为人的追求目标，一种"我的事情我做主"的气势声张着"我"的权利。"上帝死了"，一切皆由我定的时代到来了，于是，进入

① 《马克思恩格斯选集》第一卷，人民出版社1995年版，第67页。

② 同上书，第56页。

“实存”状态的人体现为一种自为性存在。也正是这种状态，使人意识到应当担负起作为人的真正责任。由于人的存在，才使得这个世界的存在有意义，整个世界的重担都担在了人的肩上，因而人“对作为存在方式的世界和他本身是有责任的”。[①] 这是无可争辩的意识，它是一种绝对的责任。

无论人以何种方式存在，都内蕴着一种责任。

1. 作为生存的责任

生存实乃人的存在方式的首位，没有了生存，一切皆失去意义。有了生命，才有了一切，包括人自身的意志、行为、选择，因而才会产生各类责任。

主张技术主义的盛期现代性风险给人类提出的警告，不仅是对生存的责任，甚至是海德格尔式的“罪责”。海德格尔基于生存论分析的伦理责任，展开了对存在真理的“致思”，完全显示了伦理学的人文关怀，他思考着人与存在的关系以及这一关系在人的存在中的位置。他基于生存论的“罪责”论，正体现了他对技术时代的伦理责任之思，其责任理论在我们今天的技术时代具有重要的价值。他说：“支配现代技术的去蔽是一种挑战，即向自然提出无理要求，逼迫自然供应既可以提取又可以储存的能量。”[②] 这无疑表明，人类要对现代技术的应用负责，表达了生存论的责任之思。

海德格尔在存在论中用“此在”概念来表达其生存论。此在就是存在于此。“此在的‘本质’在于它的生存。”他“把生存专用于此在，用来规定此在的存在。”[③] 这表明人的本质是由他的存在过程所决定的，“此在又总以这样或那样去存在的方式是我的此在。”[④] 因而，此在又具有“我属”的性质。但此在并非人类的一员，此在总是与他人的共在而在世之中，同时，在世之中与共在是此在存在论的规定性，因此，自我并非孤独的个体，而是在与他人共在的“在世之中”担负起属于我的责任。此

① ［法］萨特：《存在与虚无》，陈宣良等译，生活·读书·新知三联书店 2007 年版，第 671 页。

② ［德］海德格尔：《人，诗意地安居》，郜元宝译，广西师范大学出版社 2000 年版，第 103 页。

③ ［德］海德格尔：《存在与时间》，陈嘉映等译，生活·读书·新知三联书店 2006 年版，第 49 页。

④ 同上书，第 50 页。

种责任先于主体的伦理行为而规定了“我性”，不是自我为自我规定责任，而是责任为自我规定自身，由于伦理责任，我的特殊性与个别化才得以可能。

责任既是对自我生存负责，也是对在世之中的他人的生存负责。这种责任强调，不管为我还是为他，都是不可做逃避的常人，在此在的常人状态中，生存责任的呼唤则以良知的形式显现出来。“愿有良知毋宁是实际上之所以可能变成有罪责这件事的最源始的生存上的前提。此在领会着呼声而让最本己的自身从所选择的能在方面自在行为。只有这样，它才能是负责的。”[①]“愿有良知”就是基于“没有良知”而存在的，生存的可能性只有在这个“没有良知”之内才会有着善良清白的存在。简言之，只有认识到了无良知会产生的后果，才会滋生“愿有良知”的责任感。

良知的召唤无非在说“罪责”，是在召唤此在超越常人状态的自我而趋向本真的自我，是要选择并筹划此在最本己的能在，良知也就是此在本身中的对其最本真能在的见证。对于良知的召唤，此在可以去选择，也可以抱以逃避的态度，但召唤本身并不在选择之列，因为召唤是没有计划没有准备没有意图的，甚至是违背意愿的不期而至。在海德格尔看来，良知的呼声让人领会的是责任的存在，这种呼声是操心的声音。罪责的存在组建着操心的存在，它提供了此在生存着并能成为有罪责的生存论上的条件。“这种本质的有罪责存在也同样源始地是‘道德上的’善恶之所以可能的存在论条件，这就是说，是一般道德及其实际上的可能形成的诸形式之所以可能的生存论条件。源始的有罪责存在不可能由道德来规定，因为道德已经为自身把它设为前提。”[②] 这表明责任是道德的前提，而不是相反。对此在来讲，罪责的存在是最源始的，此在在其存在的根据上就有罪责，在此在被抛沉沦中丧失了本真的自我，使此在封闭了自己，这时，良知才是可能的，罪责才是对良知发出呼声的领会。

盛期现代性风险将伤害到我们的家园，如果缺失了责任心，无家可归可能会成为人的存在形式。海德格尔揭示了此种情况，他称无家可归是此在被沉沦为常人的状态，是此在的基本方式，而这种方式又在日常被掩蔽着，它忘却了自己的迷失状态，而此在只有通过良知的呼声的生存论领会

---

① ［德］海德格尔：《存在与时间》，陈嘉映等译，生活·读书·新知三联书店2006年版，第330页。

② 同上书，第328页。

才能从沉沦于常人的状态中被召唤回来。此在将自己从处于迷失状态的常人唤回到被抛境况，就表明此在是有罪责的。今天，人类将自己置于被抛状态，这无疑是一种巨大的风险，生存危机的确明示着人类的罪行。

我们拒绝将人当作手段，拒绝将人物化，甚至拒绝将物变成完全被控制之物。人的生存并非只与自身相关，更重要的是与其他存在物紧密相连。质言之，人生存于由万物组成的系统中，因而万物与人，都要沐浴在存在的光芒中。唯如此，人们方可领会万物之善，感受万物所具有的本性之美，并让一切存在者都感激存在所赋予的恩泽。作为整体存在者的世界，是人们安居之所，安居应当是凡人在大地上的存在方式，但无家可归成为安居的真正困境，“确切地说，安居的真正困境，先于世界大战给人类带来的毁灭性灾难，也先于地球上的人口膨胀以及产业工人的生存困难。”① 凡人并未学会安居，这才是真正安居的困境，人要是致思于他的无家可归，才能被召唤回他的安居。这个安居之思正是出于对此在的真正能在的筹划，是对良知发出的召唤所作的领会的完美结果，真正体现了此在的存在方式。在世之中，不仅表达了人与人之间的存在关系，而且也表达了人与作为存在者的万物之间的存在关系，作为对良知召唤的缄默回应——决心，是对整体存在者负有“应该”之责，唯有如此，大地和苍穹、诸神和凡人，这四者才可以凭原始的一体性交融为一。因为大地和苍穹、诸神和凡人这四者是彼此共在的，海德格尔把这四者的一体性称为“四重性”，这四者相互负责，才会有存在者的安居之地。“与万物同在，却不是某种仅仅加于那四重保护之上的第五重性的东西。相反，与万物同在，乃是四重性居于四重性之中这件事任何时候都能以单纯一体性得以完成的唯一方式。安居将四重性的本质带入万物中而加以保护。”② 面对盛期现代性风险，一种整体责任观应当得到重视。人与万物相互爱护，是对包括人在内的世界的共同责任，美好的家园在相互负责之中才能实现。失去了责任意识的人类行为，不仅不会有家园在，严重者甚至不会有人在，因而需要我们理性地担负责任。

2. 理性存在与责任

理性是人的一种存在方式，这是人区别于动物的重要标志。理性支配

① ［德］海德格尔：《人，诗意地安居》，郜元宝译，广西师范大学出版社 2000 年版，第 94 页。

② 同上书，第 96 页。

着人的意志和行为，由此而产生的各种人类实践活动，都必然与人的责任相联结。

在这一点上，康德为我们确立了重要哲学基础。他以理性为立足点，将人的存在与责任关联起来。在康德看来，存在者的幸福应建立在实践法则的基础上才具有普遍意义，理性的存在者只有把主观的幸福的准则思考为一个不按质料，而是按包含有意志的形式的原则，他的准则才能被思考为实践的普遍法则。这样，理性的存在者从意志出发，同时限制自爱的偏好性。理性的存在者，应当遵守"心中的道德律"。在康德那里，纯粹实践理性是自律的，是德性的，是道德律的，它是先天的和不依赖于经验性原则的独立存在，并与其他原则区别开来。

道德律对最高的存在者（上帝）来说，都是神圣的法则，而对有限理性的存在者而言，则是一条责任法则。这条法则对有限理性的存在者来说，是强迫性的，不管你愿意不愿意，我们都应当对这条法则敬重，我们的行动是出于对自己的义务的敬畏而被规定的。在这里，合乎责任而非出于责任的法则不可以设定为动机，我们的行动不能像这条法则规定的那样去发生，对此的意向不是道德的。那种对他们的爱与同情的好意是不是意味着行善呢，那种对秩序的爱和主持正义是不是善呢？在我们看来，当然是善。康德也认为这种行为是善，只不过不是他所指向的道德法则，是非先验的德性，"这还不是我们行为的真正的、与我们在作为人类的理性存在者中的立场相适合的道德准则。"① 康德所谓的"责任"是先验的责任，是"为责任而责任"的先验德性。但它仍然是义务与责任确立的基础，这个基础是不可能铲除的，因为它以道德律为法则，从而排除了主观偏好的任意性，避免了从自己的愉快出发的一意孤行。在伦理上，责任的确立必须植根于绝对命令，否则，德性就因不同的人的意志而有不同的倾向，就没有任何命令迫使我们去考虑人道。

作为理性的存在者，我们必须置身于理性的强迫与戒律之下而不是凌驾于它之上，我们不能从中抽掉任何我们必须服从的东西，我们自矜的妄想只会使德性的威信受到损失。"义务与职责是我们惟一必须给予我们对道德律的关系的称呼。"② 不仅如此，我们不能使那道德法则成为一纸空

① ［德］海德格尔：《人，诗意地安居》，郜元宝译，广西师范大学出版社 2000 年版，第 112 页。

② ［德］康德：《实践理性批判》，邓晓芒译，人民出版社 2003 年版，第 113 页。

文，相反，我们要在实践中使之得以实现。我们既是德性王国立法的成员，同时也是这个王国的臣民，而不是它的首领。因而，我们要敬重责任，并树立其权威而不是自大，不能在精神上对它加以背弃。“责任”的尊严有自己的特定法庭，否则“即使肉体的生活会从这里获得某些力量，而道德的生活却会无可救药地衰退下去。”①

追求幸福是作为理性存在者的人的意志和目的，但不能因此而忽视其他存在者的存在。幸福的相互性与联系性，要求人们在追求幸福的同时，考虑到他人的幸福。“这种幸福，如果我将它赋予每个人（如我事实上终归可以在有限的存在者那里做的那样），那么它就只有当我把别人的幸福也一起包括在里面时，才能成为一个客观的实践法则。”② 我们必须限制自爱准则的偏好性，以使之获得普遍性并与实践法则相适合，不可以为他附加一个外在的动机。如果说自爱是一种自我的责任的话，那么关注他人的幸福则是自爱原则的扩展，这样，促进他人的幸福也内含于责任的概念之中，这是意志所关注的客体，在这里，理性为那个自爱准则提供了普遍性形式条件，成为规定意志的根据。有理性的存在者，应当认识到自己与其他起作用的原因一样服从因果性法则，其意志在实践中作为自在的存在者本身，可以意识到自己能够在某种理智秩序中得到相应的规定。

因此，为了自爱与自我偏好而损害他人的幸福的做法，正是这种没有德性的行为，这种人获得的幸福也只是特殊的幸福而不是普遍的幸福，他的心中只有个人的“幸福原则”，而没有把普遍的幸福当作自己的客体。在康德看来，这种幸福原则永远不能充当意志法则的准则，因为道德律只有在它对每一个有理性和意志的人都是有效的，才可以被设想为具有客观必然性。“自爱的准则（明智）只是劝告；德性的法则是命令。但在人们劝告我们做什么和我们有责任做什么之间毕竟有一个巨大的区别。”③ 个别的特殊的幸福与普遍幸福就是自爱与德性的区别，为了个人的幸福而劝告他人行为是自爱，它不具有德性，惟有为了普遍幸福才被称作德性，那是人们有责任去做的事。这就意味着责任是德性的题中应有之义，凡是做有责任之事都自行向每个人呈现，要把好与幸福扩展到整个社会中去，这德性的法则要求着每一个人一丝不苟地遵守，用康德的话说，就是“遵

---

① ［德］康德：《实践理性批判》，邓晓芒译，人民出版社 2003 年版，第 121 页。

② 同上书，第 45—46 页。

③ 同上书，第 49 页。

守德性是定言命令”[①]。德性法则是与自身幸福准则不相同的，只有德性法则才能以义务的名义命令人去行动。

康德责任论认为，道德律是绝对命令，具有像法律一样的刚性。同时，就本质而言，道德律又是实践理性对道德意志规定的法则，因此，对道德律的伦理责任就是对理性自身法则的遵从，是对人的作为理性本质的尊严的肯定。存在者的责任与义务在康德那里享有崇高的威望，受到了讴歌，他称之为“崇高伟大的威名”。这正是他确立人格道德的基础，而责任正是出于这样的人格。这责任要求树立一条法则，它对一切主观性的爱好进行了无情拒绝，使它们在责任面前哑口无言。人在本质上是理性的存在。也正是基于这个理性，我们才能使自己的行为准则合乎道德律。换言之，伦理责任对道德律的遵从就是遵从我们自己为自己制定的法则。康德告诫我们，要从这个人的理性本质中，去找寻人的道德行为乃至我们全部伦理生活的基础。正由于人是理性的存在，才表明了人作为理性存在的自由，而理性，就其本质上讲，本身就是作为目的而存在。

尽管康德基于人的理性存在而构建的“责任存在”原理充分显示出了主体性意蕴，这是我们所要批判的，但其责任形而上学理论对风险社会伦理责任的确立提供了根本性的哲学基础，这一点是我们必须予以肯定的。在风险社会中，促进他人的幸福理应成为自爱准则的扩展形式，自我幸福与他人幸福都应成为人的责任。“如果自身幸福的原则被当作意志的规定根据，那么这正好是与德性原则相矛盾的。”[②] 这便为自我幸福与他人幸福的统一奠定了基础。在风险社会中，为了个人或某个组织单方面的幸福准则而牺牲大多数人的普遍幸福的行为，是没有德性的行为。毫无疑问，那种制造风险的主体应当遵守德性的命令，他们有责任避免风险变成现实。个人幸福准则是质料上的，它完全不适合于用来作为至上的德性法则，不适合于用作形式的实践法则。因为，纯形式的实践法则必须构成意志的最高规定，在规定意志时必定要用于责任命令，并使行动成为义务，它是应用于人类意志时用作德性的唯一原则。风险的制造者单纯从自由意志出发，其行动没有考虑普遍幸福，而是相反，在不断地加害着他人的幸福，并最终将可能伤及自身的幸福。风险制造者过分地追求自爱与偏好，

① ［德］康德：《实践理性批判》，邓晓芒译，人民出版社2003年版，第49页。
② 同上书，第46页。

却忽视了真正的责任命令，这显然不符合一个理性存在者的道德准则，当他们认为自己的意志和行为是自由的同时，正在摧毁着每个人的自由。因此，遵守道德律，以一种负责任的态度去从事生产实践活动，才能实现理性存在者的整体性保护。

3. 自由与责任

人存在着，才会生发各种意念，并在生产实践和生活中表达出来，进而构筑人类文化的印痕，谱写人类自己的文明史，这充分体现出人的自由性。但这种自由并非不负责任的自由，而是与责任联结在一起的。

人自己创造自己的历史的活动，正表达出人的自为性存在或主体性存在。在这一点上，萨特提出了“存在先于本质”的著名命题，这个命题强调的是人的自由选择的先决性，表明“存在在先”和“自由在先”，这里的“先”并非指时间上在先，而是指逻辑上在先，意在表达自由的绝对性。人的存在就是人的自由选择，人成为他自己就是因为人的选择。这样，自由选择成为一切行为的主导。在西方传统思想中，上帝决定了人的本质，这个决定是先于人的存在的。而萨特认为这种自由是绝对的自由，是无条件的自由。但是，这种“绝对自由给人带来的并不是什么幸福和喜悦，而是萨特称之为的‘苦恼’（anguish）的无依靠感、惶恐感和巨大的责任感。”① 绝对自由就意味着选择的无条件自由以及担负选择后果的绝对责任，因而是一种苦恼和重担。他喊出了“存在主义是一种人道主义”的口号，用来表达这种伦理责任的不可推卸性。他说：“存在主义的核心思想是什么呢？是自由承担责任的绝对性质；通过自由承担责任，任何人在体现一种人类类型时，也体现了自己——这样的承担责任，不论对什么人，也不管在任何时代，始终是可理解的——以及因这种绝对承担责任而产生的对文化模式的相对性影响。”② 由于存在的先在性，决定了自由的不可选择性，人人都有选择的自由，唯有“自由”本身是无法选择的，人生来就是自由的。人既然不能摆脱自由，那就必须承担生活的重负。人不能找借口逃避自由，逃避自由就是自欺欺人（bad faith），就是在推脱责任。在萨特看来，人的存在就是人的自由，绝对自由就意味着绝对的责任，人不能够以无法控制的外部条件为借口去推诿责任。这是由存

① 赵敦华：《现代西方哲学新编》，北京大学出版社2001年版，第129页。

② ［法］萨特：《存在主义是一种人道主义》，周煦良等译，上海译文出版社2008年版，第18—19页。

在的本质所决定的，任何人也无法改变的事实。

萨特不同意康德式的“普遍原则”和“先验”式的责任理论，而是因人们的自由选择和行为而因此承担责任。他也不同意“决定论”，而是积极宣扬人的主观能动性，要求人必须行动，行动就是选择。人人都有绝对自由的选择权利，选择是广泛的和多元的，可以选择任何自己想选择的东西，但唯独不能选择的是“不选择”，他说：“选择是可能的，但是不选择却是不可能的，我是总能够选择的，但是我必须懂得如果我不选择，那也仍旧是一种选择。”① 这样，萨特的“选择”表达出了一种无赖的不堪重负的烦忧态度，选择成了人的一种宿命，是命中注定的东西。自由就是选择的自由而不是不选择的自由，不选择不是人的自由，因为不选择就意味着选择了不选择，不选择是不可能的。这样，人的存在就是一种被选择，这正是自由的荒谬。这是人的自由所决定的，因而人的完全自由与全部责任是人的“烦恼”，人的这种“全面而深切的责任感”是不可回避的。也正因为如此，萨特才会说，人要么“自我欺骗”，要么逃避自为的存在，方可摆脱这烦恼。这充分表达了人类文明的无奈。自由既是选择的自由，也是不选择的自由，选择了自由就意味着选择了责任。他对自己的选择是无法逃避的，因而必须为此负起责任来。就像人们不能逃避选择一样，也不能逃避责任，而且这种责任是他人无法替代的。正如萨特所言：“存在主义的第一个后果是使人人明白自己的本来面目，并且把自己存在的责任完全由自己担负起来。”② 由于这种多元选择的自由，使得人的责任对象也是多元的，不仅对自己负责，而且要为他人甚至整个人类承担起责任。

基于选择上的绝对自由，便会产生人的绝对责任。人始终处在一个有组织的环境中，人的选择会牵涉到自己身边的人，甚至牵涉到整个人类。人无法避免自己的行为选择，因为“人是自己造就的，他不是做现成的；他通过自己的道德选择造就自己，而且他不能不做出一种道德选择，这就是环境对他的压力。”③ 当然，人在做出自己的道德选择时，会依据一定的价值标准，会受到一定条件的限制，这些限制都是与他人和环境有关

① ［法］萨特：《存在主义是一种人道主义》，周煦良等译，上海译文出版社2008年版，第19页。

② 同上书，第5页。

③ 同上书，第21页。

的。"那个直接从我思中找到自己的人，也发现所有别的人，并且发现他们是自己存在的条件。"① 对于我的存在而言，离不开他人，如果没有他人的介入，我将无法获得任何真实情况，无法获得关于自己的知识，我的存在也揭示出了他人的存在，同样，他人的行为自由也牵涉到我的自由，我的行为与他人的行为会相互影响，因此，我的自由与他人的自由也具有相关性。"我对自己的选择是负有责任的，在自己承担责任的同时，也使整个人类承担责任。"② 由此可知，人不仅为自己的选择负责，而且应当对所有人承担相应的伦理责任。人与人"互为对象化"的关系，也就是彼此应为对方担负责任的关系。

自由与责任是人的存在方式的表达，自由的存在方式也便是责任的存在方式。现代性风险的制造者和治理者具有义不容辞的责任。既然人的存在是无条件的选择，人的自由是无条件的选择，那么人类对化解风险、治理风险的责任也是不可选择的，只能承担，因为现代性风险是人为制造的风险，是人类自己的行动所致。按照萨特的自由—选择—行动—责任的理论链条所蕴含的哲理，可以得知人类对自己的实践行为承担着不可逃避的责任。作为风险的制造者对自己的自由选择担负责任是无须做过多的证明的。作为治理风险的存在者，各类组织依然负有不可选择的责任，同样具有哲学上的根据。风险的治理者选择了自己所从事的职业，就意味着选择了一种责任。我们选择了制度的制定者、执行者或监督者，如果我们不尽到自己应尽的责任，就会受到相应的惩罚，这惩罚依然是对自己选择了不尽责行为的后果所承担的责任。换言之，我们可以选择出色地完成自己的任务，也可以选择不诚挚的行为，但无论如何也无法选择责任。无论是风险的制造者还是风险的治理者，都是改造自然、改造社会、改造人的存在处境的伟大实践活动，这种实践活动应当是具有人道主义的。自为性的存在表达着人的主观能动性，可以按照人类自己的意愿支配自己的实践行为，这本身就是在做出选择，无论其结果好与坏，都要由人类自己承受。由此可见，人类自己的行为选择是不可以随心所欲、为所欲为的，尽管没有先天的价值来强迫我们去做出或不做出某种选择。我们在做出选择时不仅要做到最大限度的诚实与自控，而且只能在责任范围内选择，超越责任

① ［法］萨特：《存在主义是一种人道主义》，周煦良等译，上海译文出版社2008年版，第17页。

② 同上书，第19页。

范畴的选择不是人类的自由，在此意义上，人存在的自由不是无限自由，而是有限自由。换言之，存在是责任范畴中的存在，自由是责任范畴中的自由，责任是不可推诿的，这就是人作为存在者的“烦”，我们必须承受这个“烦”，否则就只有被各种人为性风险所毁灭。

人的存在不仅表达着生存、理性与自由的内涵，而且是一个历史过程。人类文明发展史告诉我们，人类自身要对生产实践活动的现实性及其后果负有不可推卸的责任。马克思从现实实践出发，揭示了人的社会性存在和“人的世界历史性存在”这种本真性存在的真谛，将伦理责任真正落实在人的实践与现实生活当中。

三　“人的世界历史性存在”及其责任

在马克思的视域中，人被放到了世界的普遍联系的发展现实之中，批判了黑格尔的存在论，也超越了费尔巴哈的人本论，以唯物史观深刻剖析了人的存在所面临的问题。马克思立足于社会实践，使得人的存在成为历史性的存在，从“抽象的人”转化为“社会的人”。马克思指出，黑格尔只是“从口头说的、思考出来的、设想出来的、想象出来的人出发，去理解有血有肉的人”。[①] 他批判黑格尔谈论的不是现实的人。费尔巴哈以为自己使用的是唯物主义武器，否定了黑格尔的唯心主义，不幸的是连辩证法也一同否定了，他认为人是来源于自然界的感性的实在的肉体。在形式上，他属于实在论的，人是出发点，但有关人生活的世界他根本没有提到，因而费尔巴哈所谓的人成为宗教中出现的抽象人。马克思从现实性出发，阐发了人的社会生活的实践本质。马克思认为，人是历史中运行的从事实践活动的主体，它是感性对象与感性活动的统一，是现实的人。这样，马克思就将存在从形而上学拉回到了人间，体现了人的存在的现实性维度。

人在现实的实践活动中，产生了人与人、人与自然之间的存在关系，构成了社会历史。“我们看到，工业的历史和工业的已经生成的对象性的存在，是一本打开了的关于人的本质力量的书，是感性地摆在我们面前的人的心理学。”[②] 社会历史本质上就是客观化了的人的存在的过程，在空间上，社会性存在表现为共时性的存在状态，在时间上，历史性的存在表

---

① 《马克思恩格斯选集》第一卷，人民出版社 1995 年版，第 73 页。

② 《马克思恩格斯全集》第 3 卷，人民出版社 2002 年版，第 306 页。

现为时间维度的变迁。“只有在社会中，人的自然的存在对他说来才是他的人的存在。”① 人的存在在本质上是社会性的存在。处于复杂的组织完善的社会中的人，如果能依据那种社会的生活去思考自己，那么他用来描述自己的语言将是丰富的。“如果他作为一个人脱离了所有的社会联系，置身于宇宙的框架（frame），问自己所欲求的是什么，那他必然是以极贫乏的词汇来进行描述，对自己本性的看法也必然很贫乏，因为他不得不从他自身剥脱掉属于他的社会存在的所有属性。”②

生产方式成为人的共同性存在与历史性存在的结构。以资本主义生产方式的批判为前提，马克思深刻揭示了现代人的生存方式与存在状态，表明了“类”的存在与未来发展方向，他超越了民族的与地域性的历史性局限，将视野扩展到了世界历史的范畴。这样，人的存在就从“社会的人”转化为“世界历史性存在的人”。从历史境域看，现代工业的发展在不断扩大，越来越具有了世界性，形成了一个各民族国家间具有极大依存度的世界历史，它的形成，将生产的社会化与国际化联系在一起，随着这样的发展，“人们的世界历史性的而不是地域性的存在同时已经是经验的存在了。”③ 封建的、宗法的、田园诗般的东西皆烟消云散了，地方性的和民族性的闭关自守的自给自足状态不存在了，多元的交往主体在世界各地安家落户、建立联系，整个世界就像一个村落。这是资产阶级的产物，是他们开拓了世界市场，一切国家的生产与消费、物质生产、精神生产都成了世界性的了，其产品都成了公共的财产。马克思早已预见到了全球化的到来。正如亨廷顿所说：“在可预见的将来，不会有普世的文明，有的只是一个包含着不同文明的世界，而其中的每一个文明都得学习与其他文明共存。”④ 足见全球化的影响至深。

当历史向世界历史推进后，全球化成为今天的社会存在形式，在这个浪潮下，资本的扩张放大到了前所未有的极限，人的生存与发展也面临着极大的风险，人面临着“现代性危机”的诸多困境。“在通常的、物质的工业中……人的对象化的本质力量以感性的、异己的、有用的对象的形

① 《马克思恩格斯全集》第42卷，人民出版社1979年版，第112页。

② ［美］阿拉斯代尔·麦金太尔：《伦理学简史》，龚群译，商务印书馆2004年版，第145—146页。

③ 《马克思恩格斯选集》第一卷，人民出版社1995年版，第86页。

④ Huntington, Samuel, The Clash of Civilization, in *Toreign Affair*, 1993, Vol. 72. p. 22.

式，以异化的形式呈现在我们面前。”① 工业资本主义是今天一切风险的最根本的原因，按照因果关系，责任的承担者就不证自明了。马克思早就看出，资本主义生产方式导致了人类存在的异化，并深刻地揭示出了这种生产方式与人类存在异化之间的关联。“工人只有当他对自己作为资本存在的时候，才作为工人存在；而他只有当某种资本对他存在的时候，才作为资本存在。资本的存在是他的存在、他的生活，资本的存在以一种对他来说无所谓的方式规定他的生活的内容。”② 在资本家看来，生产的目的不是为了养活工人，而是为了获取更多的利息。资本成为现代性的存在本质，以至于使得现代社会进步与衰弱、文明与野蛮、自由与异化同时存在。整个社会被市场这只“看不见的手”一手遮天，以无情的力量摧毁着一切。全球化的市场体系运作，改变着人、自然、社会及人们之间的交往，也改变了人的历史性存在。在使个人异化的同时，也使得人与人之间的关系异化了，商业竞争满足了人“一切人反对一切人”的存在模式。资本逻辑使得民族间、国家间的冲突不断升级，核军备竞争早就可以将地球毁灭好几次了。这个社会，焦虑成为必不可少的生活内容，个体的焦虑、社会的焦虑、自然的焦虑同在。

由此可见，以资本主义的生产方式为基本架构的现代性，是一种彻头彻尾的单向度的经济发展模式，其运行始终贯穿着效率与增值的原则。启蒙运动后，经济学利用人类的“最强的动力”去解释人类全部的行为，甚至认为生态问题也是经济问题。甚而有些经济学家扬言，如果科学家不能为他们提供更好的技术，经济学家将会以双倍薪水来悬赏。他们认为，在金钱的强烈诱惑下必有勇夫在。这足以表明了经济学只看到了“利益”，视经济理论为“真理”，却没有看到伦理与责任。然而，我们的确看到，所谓的“经济增长”造成了生态系统的破坏，使地球对于未来人类的承载能力大大减弱了。我们并非不需要经济增长，而是反对那种“贪欲”性的单向度的经济增长。因为人一旦被贪欲所控制，那么会造成巨大的破坏力。贝尔指出：“环境的污染、自然资源的滥用、对娱乐的盲目追求、城市人口的稠密等等都是经济发展带来的后果。”③ 正如中国有句俗话所说的那样：“人为财死，鸟为食亡。”中国古代思想家用“礼崩

① 《马克思恩格斯全集》第3卷，人民出版社2002年版，第306—307页。

② 同上书，第381—382页。

③ ［美］贝尔：《资本主义文化矛盾》，严蓓雯译，江苏人民出版社2007年版，第81页。

乐坏”去揭示人欲对社会秩序的极大破坏。古代文明总是将人欲视为洪水猛兽，要努力用宗教和道德去遏制这种饕餮意念。工业文明与现代性的发展，将人的存在降格为“物质性追求的存在”，这是资本主义贪欲的必然结果。马克思更是因此批判资本主义的贪欲，他说：“资本害怕没有利润或利润太少，就像自然界害怕真空一样。一旦有适当的利润，资本就胆大起来。如果有10%的利润，它就保证到处被使用；有20%的利润，它就活跃起来；有50%的利润，它就铤而走险；为了100%的利润，它就敢践踏一切人间法律；有了300%的利润，它就敢犯任何罪行，甚至冒绞首的危险。”① 不仅如此，资本主义还用理性化的制度去追求这种贪欲的实现，通过野蛮的掠夺和“新教伦理”去完成“原始积累”，通过对文化体系塑形来引导着人们的贪婪，激励着人们去无尽地获取物质财富与权力，因而根本无法保证人与人之间的不伤害。这种人欲的失控，使社会秩序遭到破坏，同时也破坏了人类赖以生存的根基——地球。这种人欲的失控，使人们摒弃了一切神圣的价值，漠视着崇高的精神，将精力全部投入技术创新与商业盈利之中。然而，今天的人类生存困境表明，追求贪欲的满足是多么的失败。这是一种组织化地将人类推向绝境的行为，是一种对人和自然不负责任的非人道主义行径。

我们看到，工业资本主义道路上，私有财产的贪婪追求支配着现代性的发展。因而，对私有财产的积极扬弃，成为对人的生命的真正占有，是对一切异化的积极扬弃，进而向自己的人的存在即社会性存在的真正复归。“只有在社会中，人的自然的存在对他来说才是自己的人的存在，并且自然界对他来说才成为人。因此，社会是人同自然界的完成了的本质的统一，是自然界的真正复活，是人的实现了的自然主义和自然界的实现了的人道主义。”② 消解人的异化的存在成为无产阶级的责任，化解人类与自然所面临的各类风险，共产主义是历史的选择。因为“共产主义是私有财产即人的自我异化的积极的扬弃，因而是通过人并且为了人而对人的本质的真正占有；因此，它是要向自身、向社会的即合乎人性的人的复归，这种复归是完全的、自觉的和在以往发展的全部财富的范围内生成的。”③ 由此可见，共产主义不仅是解决人与人之间关系的异化的社会形

① 《马克思恩格斯全集》第23卷，人民出版社1972年版，第829页。

② 《马克思恩格斯全集》第3卷，人民出版社2002年版，第301页。

③ 同上书，第297页。

态，而且是解决人与自然之间关系异化的社会形态，它表现了人与自然的和谐统一。人是在世之在，既存在于世界，又存在于历史，既做历史的“剧中人”又做历史的“剧作者”，它表现为一种开放性的、生成性的和发展性的存在。共产主义是人的本真性存在形态，是一种新的存在方式，是“人的世界历史性存在”形态。实现人的本真性存在是马克思主义者的责任和历史使命，是通往人自由而全面发展的幸福境界的光明大道。

第三节　自由与伦理责任

“自由”是风险社会伦理责任存在的又一哲学基础，这是由现代性风险的人为性始因所决定的。文艺复兴后所倡导的理性与知识，对人为性风险的产生起着理念性支配作用，而理性与知识的理念则来源于人对“自然”的对抗和对“自由”的无懈追求。盛期现代性所导致的严重后果风险，之所以成为人类自身的不良后果，是与资本主义的“自由”精神密切相关的。“自由、平等、博爱”是资本主义战胜封建主义的口号，但“平等”与“博爱”没有得到真正的“爱”，“自由”的大旗却在资本主义的上空高高飘扬，乃至生成了自由主义理念。自由不仅意味着意志自由，而且意味着行为选择自由，它彰显着人的主体性与力量，表达出与动物不同的理性与非理性的存在。“人能够战胜自然”的观念和追逐利润的资本逻辑成为工业文明向前推行的驱动力，致使今天我们一方面享受着前所未有的物质财富和便利，而另一方面又面临闻所未闻的生存风险。这种风险的人为性或自为性体现为人的意志自由与行为选择自由。我们并不是说人不能有自由，追求自由而全面的发展是人类的目标，这本身没有问题，而问题就在于，人们在行使自由的同时，毅然抛弃了伦理责任的限制与约束。岂不知，自由与责任是不可分离的。如果说有一条主线贯穿始终，那么这条主线就是“人”，被连接的两端是“自由”和“责任”，二者应保持一个度的平衡，侧重于任何一方面而轻视另一方面，都会因失去平衡而无法达到目的，严重者还会破坏“人”的存在。忘记这一点，人类就会犯大错误。

一　意志自由与伦理责任

马克思指出：“如果不谈所谓自由意志、人的责任能力、必然和自由的关系等问题，就不能很好地议论道德和法的问题。”① 自由意志是伦理责任的基础和问责的必由路径。

1. 作为难题的自由意志

自古希腊以来，意志自由问题受到哲学家们的关注，包含了他们极大的热情，吸引着他们巨大的精力。亚里士多德、奥古斯丁、阿奎那、笛卡尔、休谟、洛克、康德、萨特等，都对此问题有过极其深入的研究。关于自由意志的问题是所有哲学问题中最微妙最迷人的问题之一，其复杂性不是体现在表面上，而是以一种错综复杂的关系关涉到我们对自己的个性与自由的方方面面的认识、理解与操控。正如费尔巴哈所言，没有任何一个问题像意志自由这样费脑筋，它难以让人断然地做出肯定与否定的断言；这种情形是对象本身的性质所致，同时也是哲学术语，甚至常用语的任意性与歧义性所导致的。② 里奇拉克也指出，作为人类，我们都需要在生活中不断地做出各种“决定”，因而很容易接受意志自由这个概念，尽管我们不能准确地讲出它的运作过程，但是，“在人的认识中，没有别的概念比自由意志更有争议，更为人们所误解了。正因为如此，我们就更有理由花时间去探讨这一概念。”③

意志自由问题不仅复杂而且重要，因为它是对必然进行认识的出发点和落脚点。人们认识必然必须从意志自由出发，其目的在于支配与控制规律，奔向更加自由的社会，以达到各种欲望的满足。这就将自由与必然联结在一起，人们既然希望是自由的，那就意味着可以在那些各种欲望之间进行决定，这就提出了意志是否真正自由的问题。直至当代，自由意志问题成为一个形而上学的问题和道德心理学的问题，在哲学家那里激起了大量的争论，到目前尚未达成一致的共识，也未形成统一的定论。这些争论中，产生出了大量的理论，如决定论、非决定论、相容论与不相容论，它们都与道德责任有着紧密的关联。

在日常生活中，我们都希望自己的意志是真正自由的，“我们的行动不仅能够以我们所期望的方式对世界和他人产生影响，而且在一种根本的

① 《马克思恩格斯选集》第三卷，人民出版社 1995 年版，第 454 页。

② 参见［德］费尔巴哈《费尔巴哈哲学著作选集》（上卷），荣震华译，商务印书馆 1984 年版，第 410 页。

③ ［美］里奇拉克：《发现自由意志与个人责任》，许泽民等译，贵州人民出版社 1994 年版，第 59 页。

意义上乃是取决于我们自己并来自于我们自己。"① 我们对意志是否自由都有一定的体验，它支配着我们可供取舍的行动，思考我们行动的理由，并对理由的重要性进行权衡。正如诺齐克所指出的那样，我们可以决定按照何种理由去行动，或不按哪种理由去行动，而是寻找一个新的取舍，这是因为我们对自己的考虑并不满意的缘故。② 这就意味着自己可以支配自己的意图，这样一种权利就是意志自由。

自由意志被认为是具有真正原创性的必要条件，它支持着我们的一切行动与思想不受因果性的决定，可以创造出任何新颖的、具有塑造性的东西，表达了对决定论的反判。威廉·巴雷特（William Barrett）曾指出："在某些现代哲学家那里，强烈反对决定论，其动机在于对清新、新奇的和真正的创造性的渴求，表达了对一个开放的而不是封闭的宇宙的渴求。"③ 在这些哲学家看来，原创性与决定论是不相容的。有了自由意志，人就有了自主性，前者成为后者的基础。人们欲对自己的生活进行自我设计、自我管理与自我把握，自主性是其使人们能发挥自由创造的前提。在康德看来，我们希望能成为自我道德的主人，就是要强调自我筹划与自我立法，因而成为一个自主的道德主人，按照自己所选择的法则去行动。当然，这种自主性必须与理性相联系，只有成为理性存在者，这种自主性才可能实现。因而，对康德来说，自由意志以理性为基础，人们的行为必须按照理性意志来设计自己的生活，理性存在创造自己的目的，因而才能实现人的尊严，才可被称为"目的自身"。不仅如此，自由意志是独立于现象的自然规律和因果性法则的，是先验的。"一个唯有准则的单纯立法形式上才能充当其法则的意志，就是自由意志。"④ 诺齐克也认为，只有我们有了去选择行动的自由，原创性的价值才会体现出来，因而，我们才会有尊严。在当代哲学家罗伯特·凯恩看来，人们对个性与人格的渴求是不可遏制的，对自由意志的信仰则正是那种渴求的高级形式。

如此看来，我们是否有创造性，是否可以支配自己的行为，是否能够

① 徐向东：《理解自由意志》，北京大学出版社2008年版，第1页。

② See Robert Nozick, *Philosophical Explanation*, Cambridge, MA: Harvard University Press, 1981, p. 294.

③ William Barrett, "Determinism and Novelty", in *Determinism and Freedom in the Age of Modern Science*, ed. , Sidney Hook, New York: Collier - Macmillan, 1958, quoted on p. 46.

④ ［德］康德：《实践理性批判》，邓晓芒译，人民出版社2003年版，第37页。

充分认识必然，皆取决于意志是否自由。我们的尊严与人类的自由具有紧密的因果关系，我们面临艰难处境时所体现出来的德性和责任便出自于我们的意志自由。

2. 意志自由：伦理责任的基础

一般地讲，责任的存在须基于主体的意志自由，而不是被迫与强制，或不可归因于主体的其他原因。换言之，意志自由是伦理责任承担的基础与根据。这是由意志自由的自决性品格所决定的。如果自己无法控制自己的意图，就意味着无法满足意志的基本要求，主体可以独立的前提条件就荡然无存了。马克思指出："如果人把自身的活动看作一种不自由的活动，那么，他是把这种活动看作替他人服务的、受他人支配的、处于他人的强迫和压制之下的活动。"① 这种人是被剥夺了自由的人，是丧失了意识能力的目的性与方向性的存在者，他们无法根据自己的意志造就自身，因而也就根本不可能承担起相应的伦理责任。麦凯指出，责任的直接规则的东西应是："一个行为者对他所有的故意行为都负有责任，并且只对他的故意行为负有责任。……如果认为一个人应该为他的行为的无意方面或结果而负责，这就是不正义的。"② 故意包括直接故意和间接故意，但无论哪种故意都是意志自由的体现，都应对此承担责任。

康德通过我们对自己的责任和对他人的责任、完全责任与不完全责任的视角，说明了责任是道德律的载体，当将责任作为具有普遍性的"自然"规律看待时，责任方才具有其内在的约束性和外在的强制性力量，也才能成为衡量一切行为是否具有道德价值的标准。康德在"绝对命令"之下构建了责任论伦理体系，这个体系以自由意志与道德责任为核心，确立了伦理责任的神圣高度。他的责任论在伦理学史上具有里程碑的意义，是不可忽视的。

在康德那里，"自由"是道德律的存在根据，是"我们所知道的道德律的条件"③。自由与道德律的关系在于：自由是道德律的存在理由，而道德律是自由的认识理由。"因为如果不是道德律在我们的理性中早就被清楚地想到了，则我们是绝不会认为自己有理由去假定有像自由这样一种

① 《马克思恩格斯全集》第 42 卷，人民出版社 1979 年版，第 99 页。

② ［澳］麦凯：《伦理学：发明对与错》，丁三东译，上海译文出版社 2007 年版，第 209—210 页。

③ ［德］康德：《实践理性批判》，邓晓芒译，人民出版社 2003 年版，第 2 页。

东西的（尽管它也并不自相矛盾）。但假如没有自由，则道德律也就根本不会在我们心中被找到了。”① 可见，自由在康德那里有着崇高的地位。

在康德看来，意志就是可以实现自己的能力。意志的道德动机只能是道德律，那种在情感方面的动机只能是否定性的，它会导致痛苦。“道德律在人类那里是一个命令，它以定言的方式提出要求，因为这法则是条件的；这样一个意志与法则的关系就是以责任为名的从属性，它意味着对一个行动的某种强制，虽然只是由理性及其客观法则来强迫，而这行动因此就称之为义务。”② 责任从属于意志与纯粹实践法则的关系，责任产生于道德律，因为道德律是人类的绝对命令，是先天的和条件的。在行动上，责任具有强迫性，它是与义务相通的。这里的意志并不是来源于主观原因的愿望，并不与客观的规定相对立，因为那种主观性的任意是不可能提出客观法则的。这个超乎任意的实践法则因而是超乎责任与义务之上的。在这里，意志的神圣性是用作原型的实践理念，它要求理性存在者去实施无限趋近那原型的事。意志与任意是两个不同的范畴，前者要求自律，而后者则是他律的。“意志自律是一切道德律和与之相符合的义务的唯一原则；反之，任意的一切他律不仅根本不建立任何责任，而且反倒与责任的原则和意志的德性相对立。”③ 任意性是质料，德性是独立于任意的，实践法则的普遍立法形式规定着任意。道德律表达了自由的自律，这种自由是积极的自由，是一切准则的形式条件和最高的实践法则。任意表达的是意愿性质料，是实践法则的可能性条件，从中形成的是他律而不是自律，这种自由是消极的自由而不是积极的自由，它遵循的是人的冲动和偏好的自然规律并对之产生依赖性，它不能以普遍形式建立任何责任，而是与德性的意向形成对立格局的，尽管其行动具有合法性。

同样，黑格尔在意志自由与责任的关系上也有经典论述。在他看来，伦理性的东西的合理性在于理念规定的体系，“伦理性的东西就是自由，或自在自为地存在的意志，并且表现为客观的东西，必然性的圆圈。”④ 伦理就是自由意志的客观体现，它呈现为一个圆圈状，主体生活中的伦理力量被那圆圈中的每个环节所调整，从而伦理力量才表现为实体性。这表

---

① ［德］康德：《实践理性批判》，邓晓芒译，人民出版社 2003 年版，第 2 页。

② 同上书，第 42 页。

③ 同上书，第 43 页。

④ ［德］黑格尔：《法哲学原理》，范阳等译，商务印书馆 1982 年版，第 165 页。

明了伦理规范调整着主体的生活，构成主体自由意志的概念。责任内含于其中。“主观或道德的意志的内容含有一个特有的规定，这就是说，即使内容已获得了客观性的形式，它仍应包含着我的主观性，而且我的行为仅以其内部为我所规定而是我的故意或我的意图者为限，才算是我的行为。”① 超越了我的故意或我的意图的行为，则不是我的意志体现，或者更确切地说不是我的意志自由的体现，它有可能是强迫的或受自然原因而自发产生的，都不在我应当承担伦理责任的清单之内。

“上帝死了”，神的基础地位坍塌了，人把自己的一切确立为基础的“自我确信”，于是将恶纳入了后果之中，成为恶的根源。“唯有人是善的，只因为他也可能是恶的。”② 在黑格尔看来，善恶是不可分割的。“意志何以也可能是恶的，这一问题之所以难以理解，通常是由于人们只想到意志的希求跟它自己处在肯定关系之中的，又由于人们想象意志的希求是意志所面对着的某种被规定了的东西，即善。”③ 善是意志中肯定性的东西，恶则是否定性的东西，恶行本身包含在概念中，作为理念，本质上就要区分自己并否定自己，因而，意志在其概念中既是善的又是恶的。既然如此，由恶行所产生的后果，行为主体要承担责任，这种责任也存在于意志概念之中。

然而，由于对人类自我及对自然界的不同认识，出现了与“意志自由”相冲突的各种观点，比如决定论、唯意志论等。如果说意志自由是从主观看待自我的话，那么决定论就是从客观看待自我。决定论者认为，我们生活着的世界是受某种必然性的规律或法则支配着，我们毫无自由意志可言，我们的行动也是受宇宙决定的，或受一个无所不能、无所不知的上帝的终极原因所决定着。与此相反，唯意志论走向了另一个极端，在他们看来，除了人的意志外没有别的什么东西可以决定人的自我了。唯意志论者认为他们经由遗传而获取的素质以及经积累而成的全部经验决定着他们对外部环境的回应或反应，这是一种人格的作用。照此推断，人的意志可以决定一切，因而人要对包括自然规律在内的一切负责。事实上，决定论者（determinists）与唯意志论者（voluntarists）都有认识上的混乱。双方的结论都与他们的根据相违背。

① ［德］黑格尔：《法哲学原理》，范阳等译，商务印书馆 1982 年版，第 114 页。

② 同上书，第 144 页。

③ 同上。

决定论者建构了一种形而上的“自我”（a metaphysical self），如不受一切支配但支配一切的自然或上帝，这种“自我”具有某种因果链之外的能力，因而使之成为责任的承担者，是赞扬和被谴责的确切对象，人可以免予承担责任。决定论者否认人的自由意志，他们相信一切都是由自然决定的，而真正的自我决定是不可能的。按照这种理论，人们总是处在受控制之中，永远达不到自由控制的程度，使我们陷入了困境。于是，人们产生了一种错觉：人们并不对他们的所作所为负责。人们竟然不相信作为存在者的性质：真正的责任者。决定论者攻击非决定论者的靶子也是用了这个至高无上的“自我”，事实上，这个“自我”是一个“怪物”，一个为了使人类不承担责任而主观构建出来的怪物。这种“自我”实质上是不存在的。相应地当他面对恶行时，他会认为那是必然要发生的，无可厚非，谁也不应承担任何责任，如果某人不做那坏事，它也会自然地发生。在哲学中，这是一个极其荒谬的思想，因为自身根本无法做任何事成了人生存的一切意义。在决定论思想下，人们可以感觉到自身的存在，但不可能采取任何行动，也不可能做出任何决定，这无异于逃避责任。当然，要做到努力不去思考做任何事以及做出任何决定，也是相当困难的，因为他并不能把自己交给这个被决定的思想，那个被决定的思想早已成了被决定了的事情，他这样做显然失去了重要的意义，这个决定论也不会成为他自己的决定。由此可见，极端决定论会完全消灭人的存在及意义，事情仅仅是不断地“发生”，尔后又不断地“离去”，一切都与自身无关，他好像成了世界上的“多余人”，人类能够前进，就只有依靠那些偶然的突发性事件了。一切有目的的思想将全面瘫痪，其后果之一就是人们的生活品质严重受损，当然也毫无伦理责任信念可言。

我们不仅要反对决定论所主张的人毫无意志自由可言的“无责任观”，而且要反对绝对自由的“全部责任观”。如前文所述，萨特是绝对自由论的代表。绝对意志自由强调人的意志的绝对自由性和不受约束性，不受任何外在的必然性的支配。这样，人是自由的主体，要对一切负责。在绝对自由论者那里，自由并无善恶之分，只是表达着人的一种能力。无限度的自由使得人要承担的责任也必然是无限度的。倘若如此，无限度的自由就等于没有自由，因为在这时人人的自由都成为相互冲突的而无法实现，无限度的责任就等于没有责任，“负责”就成了一句不负责任的空话。主张绝对自由本身就是一种不负责任的态度，在客观上只会造成取消自由，进而取消责任的恶果。这样，一方面，整个社会就成为了一个逃避责任的无责任感的社会，人的自由也将不复存在；而另一方面，人们为所欲为，做着无尽的破坏或伤害他人、社会及自然的事情，一种无序与混乱充斥人间，人的生活甚至生存就会被“风险”所笼罩。

实际上，只要人存在着，就不可能没有自己的意志，这正是人与动物的区别所在。正是因为人具有的意志自由，才能使人感到他们是需要负责任的。“自我是真正负责任的”是人们的意志承诺。人，作为这个世界上的存在者，他存在着，就会有一种深刻的自由意志的轮廓，作为行动的规划者，要求把自己看作是能为意志承担责任的原创者。因为，人们的思想总是按照“我”的意向自然地不可避免地发生着。对这个“我”的意向是对一个真正负责任的自我决定的某个人的意向。在斯特劳森看来，人的存在表明他能够自由决定与行动时，他是正确的。人是自在性存在与自为性存在的统一，因而人既具有自为性和主动性，具有意志上的自由，同时也要受客观自然的规律的影响，因此人的意志是相对的自由。但资本主义所追求的意志自由，却忽略了自由的限度。

3. 资本主义意志自由与社会风险责任的承担

马克思指出：“意志自由只是借助于对事物的认识来作出决定的那种能力。”[①] 人的认识并非盲目地进行着，而是审慎权衡的结果。换言之，人根据对世界的认识来作出决定的能力是有限度的，人的意志自由不可能超越这个限度。

然而，当苏格拉底将德性建立在知识的基础之上后，理性便被人们利用来塑造自然世界与人类社会的浩大工程，到了近代的资本主义入口处，培根高举着用理性谱写的“知识就是力量”的大旗，“人是万物的尺度”的口号响彻云霄。从此，人的意志自由得到极度的扩张，理性与知识便成为“力量”的同义语，开始了探索与征服世界的漫漫战役。工业资本主义所表达的意志自由具有狂妄性，他们认为人可以依照自己的意志做任何事情，相信人的能力是无穷的，“能够就意味着可以”便成为工业文明的主导价值观，被人们推崇备至。“启蒙运动使新神即位，即大自然（the Nature）登临大宝，科学的合法化成为启蒙运动惟一的正统信仰，而科学家则成为它的先知和神父。原则上，一切都可以进行客观的研究；而且一

---

① 《马克思恩格斯选集》第三卷，人民出版社 1995 年版，第 455 页。

切都是可知的——可靠并真实的可知。”[①] 其结果是，意识超越了自然和历史发展的规律，给人类自身带来了毁灭的威胁。工业资本主义本身就是一个巨大的组织，这种超越意志自由限度的做法就是一种不折不扣的“组织化不负责任”的行为。鲍曼指出，这种连续不断、处处存在的责任被不停地转移，所造成的全部后果就将是造就一种“自由漂流的责任”，在这种情境当中，组织中的每个主体都相信，并且在被质问时都会说他是受别人操纵的，而被别人指认为是承担责任的人又会把责任再次推诿给其他人。这样，组织在整体上就成为一种湮没责任的工具。[②] 工业资本主义的意志自由是在执行残酷的行为，责任在本质上被“悬搁”起来了，道德权威尚未被公开就遭到否定而不再起作用。

“资本主义的历史具有在生活步伐方面加速的特征，而同时又克服了空间上的各种障碍，以致世界有时显得是内在地朝着我们崩溃了。”[③] 通过对时间与空间的压缩来达到加速的目的，正体现了资本主义自由无限度扩展的意图。在此意志推动力之下，世界成了一个“地球村”，形成了一个经济上与生态上具有极大依存度的“宇宙飞船地球”。资本主义通过控制时间与空间的意图进而实现了控制金钱的社会力量资源。追求资本增值的意志不再考虑社会的、经济的、政治的和生态的不良后果和责任，形成了资本主义意识形态的基石：单面地追求增长。“危机于是被界定为增长的缺乏。”[④] 为了增长，他们只好对生产中活的劳动进行剥削，对自然资源进行掠夺。基于意志自由，资本主义生产方式在技术上和组织上充分发挥人的主动性与能动性，把资本家引入相互竞争和相互创新的系统之中，通过科技上与组织上的不断创新，认为“进步”是很好的和必然的意识形态。于是，这样过度地积累就产生了一次又一次的经济危机，从而引发一次又一次的政治危机，为了挽回败局，他们不得不制造一次又一次的生态危机。可是，在这意志无限扩张和对自由滥用的过程中，始终缺乏的就是伦理责任的承担。他们丢弃了意志自由决定伦理责任的真理，责任的

---

① ［英］齐格蒙特·鲍曼：《现代性与大屠杀》，杨渝东等译，译林出版社 2002 年版，第 92 页。

② 参见［英］齐格蒙特·鲍曼：《现代性与大屠杀》，杨渝东等译，译林出版社 2002 年版，第 213—214 页。

③ ［美］哈维：《后现代的状况：对文化变迁之缘起的探究》，阎嘉译，商务印书馆 2003 年版，第 300 页。

④ 同上书，第 227 页。

“绝对命令”丝毫不起作用，理性被非理性打败了，而且输得很惨。正如哈维指出的：“失控的破产和大规模贬值却以一种过分残忍的方式暴露了资本主义理性的非理性一面。”① 理性与非理性同时存在着，当人们理性地对待生活的一部分时，在另一部分就会呈现出非理性形态；当经济理性、技术理性、科学研究理性、军事训练理性、法律与制度理性都理性地从不同角度追求终极价值时，非理性作为理性结果的对立面正在接踵而至。

然而，意志自由并非绝对自由，而应当是相对的自由。在这方面，相容论是具有启发意义的。人的意志一方面显示出人的主动性与能动性的自由，而另一方面又受客观规律的制约。超越自由的限度不仅体现了人的意志，而且破坏了客观规律的作用，因而会受到规律的反作用力的影响。“如果我们问德性表现何种现象之中，最明确的答案就是它表现在意愿行为——就其是有意图的而言——之中，或者更简单地说，表现在意志之中。”② 因此，工业文明要对出自片面追求利润的意志的行为负责。康德也指出，道德律与自由意志相一致，我们的目的才是神圣的。自由意志如果仅仅从资本增值的偏好出发，是不具有普遍效力的，唯有服从道德律，自由意志才符合德性。“这个道德律是建立在他的意志的自律之上的，而他的意志乃是一个自由意志，它根据自己的普遍法则，必然能够同时与它应当服从的东西相一致。”③ 意志自由意味着责任，在伦理责任框架下的意志才符合道德律所要求的普遍法则。

从人与社会的关系看，自由是我的自由，但只有在与他人共在的“被抛”境况中，我的自由才是可能的，此在才可能去筹划其最本己的“能在”。因为“‘他人’并不等于说在我之外的全体余数，而这个我则从这全部余数中兀然特立；他人倒是我们本身多半与之无别、我们也在其中的那些人。”④ 这也正表明了我的现实性必须在他人认可的情况下才能获取，与他人共在的“在世”是“此在”获取自由的必要条件，我与他人

① ［美］哈维：《后现代的状况：对文化变迁之缘起的探究》，阎嘉译，商务印书馆2003年版，第229页。

② ［英］西季威克：《伦理学方法》，廖申白译，中国社会科学出版社1997年版，第241页。

③ ［德］康德：《实践理性批判》，邓晓芒译，人民出版社2003年版，第180页。

④ ［德］海德格尔：《存在与时间》，陈嘉映等译，生活·读书·新知三联书店2006年版，第137页。

彼此认同才可能实现。现代性所制造的严重后果风险，是在资本追逐利润的私利意图下进行的，并未获得他人尤其是被剥削者的认同，因而应当以一种负责任的态度来对待。

从人与自然的关系看，我们对大自然表达出谦卑，就是遵循德性法则和负责任的表现。人的存在应当与自然万物同在。我们不能在大自然面前表现得过于自大，人类为了自身利益，就是人类自身所表现的情感的偏好，它与德性法则比较，人类会感到谦卑，人类为自己的利益而产生的意志对整个我们生活的范围来看，是否定性的，是应当唤起敬重的。“好以其表象作为我们意志的规定根据在我们的自我意识中使我们感谦卑的东西，就其是肯定的并且是规定根据而言，就为自己唤起敬重。”① 现代性自身应当把这种抛却自然的自爱排除在任何至上立法之外，不允许把此种实践情感和道德情感假定为先于道德法则并为其奠定基础。“如果现代男人和女人们确实不能克制满足，不能在各种享乐中作出选择，这将意味着人格本身的分裂。”② 换一个角度看，决定论认为，人类是自然界的一部分。从这个意义上讲，人类的责任也是存在的，对自然负责任就是对人自身负责。资本增值的贪欲需要遵循这样的责任法则，这是世界风险社会给工业文明的严重警告。

从未来性的视角看，自由意志与我们对“开放的未来”和“生活的希望”有着紧密联系。我们对生活抱有一定的希望，它取决于我们对生活的理想与意定的目标，而这种希望与目标的实现则取决于未来的可能性。在封闭的社会里与在开放的世界中，我们的理想实现的可能性是不一样的。开放的世界中我们的目标实现的可能较大，但与封闭的社会相比，是不确定的。为了生活得更有意义，现代性需要反思自己的希望是否会落空，自己的欲望是否会得到满足，自己的意志所支配的行为选择是否会给世界带来灾难，不确定性告诉我们，在做出选择时应有充分的心理准备，应当预料到我们的意志会导致的可能性后果，并为之肩负起责任。

我们能够支配自己的思想，我们有能力自由行动，我们的行为是由我们的思想决定的，因而，我们要对自己的行为与选择负全部责任。

二　行为选择自由与伦理责任

恩格斯指出：“一个人只有在他握有意志的完全自由去行动时，他才

① ［德］康德：《实践理性批判》，邓晓芒译，人民出版社2003年版，第102页。

② ［匈］赫勒：《现代性理论》，李瑞华译，商务印书馆2005年版，第304页。

能对他的这些行为负完全的责任。”① 意志自由是承担伦理责任的基础，但是，唯有这个基础而不做出行为选择，只是表达了一种愿望和意图，这种自由只是停留在思想上，是不会对社会产生善的或恶的后果的。“意志自由只是人的意志对人的行为目的和行为方式进行选择的可能性。”② 要使这种可能性变为现实，还要考察出于意志自由的行为选择，否则，意志自由只是空虚的想象。如果说意志影响的是自身的话，那么行为选择影响的将是整个社会，它将在人与人及人与自然之间发生，因而，这种意志只有在特定的社会环境中利用外部条件才能实现，或者因某些外部环境因素的制约而无法成为现实。“行为者所意识到的一切东西将都已经得到考虑，因此构成了正如所知的那个行为（the action - as - known）的一部分，他已经把这个行为作为一个整体而加以选择。”③ 在此意义上，意志与行为选择的关系就表现为内部自由和外部自由的关系，只有将意志与行为选择相结合才能达到真正的自由。因此，只谈意志而不谈行为选择就是毫无意义的空谈，要追究责任，必然要落实到主体的行为与选择方面，行为选择自由成为承担责任的直接根据。“按照自由的意志来行动就是满足为一个人的行为承担责任的形而上学条件。”④ 这样，人对其实践行为的后果承担责任，就有了形而上学的根据，同时也是人因持久性的努力和创造性的工作而取得的自己的成就而获得奖赏的根据，是人具有自主性和获得尊严的根据，是我们给予爱的根据。

1. 选择自由：责任承担的直接根据

自古希腊以来，选择自由就与责任纠结在一起成为伦理学家们的研究对象。斯多葛派所要求的责任感来自于对自由选择的承认。亚里士多德认为，来自人格本身而又充分理解各种关系的人的行为，才能算是完全自愿的行为，而只有自愿性概念才能导致对行为负责。文德尔班分析说，在自愿行为中，人要负责任的只能是那些所选择的行为，因而，要考虑目的与

---

① 《马克思恩格斯选集》第四卷，人民出版社 1995 年版，第 78 页。

② 罗国杰：《中国伦理学百科全书 · 伦理学原著卷》，吉林人民出版社 1993 年版，第 338 页。

③ ［澳］麦凯：《伦理学：发明对与错》，丁三东译，上海译文出版社 2007 年版，第 208 页。

④ 蒂莫西 · 奥康纳：《自由意志》，徐向东：《自由意志与道德责任》，段素革译，江苏人民出版社 2006 年版，第 39 页。

手段而进行选择自由，是道德上应当负责任的先决条件。[①] 无疑，这些理论都为人的自由选择的责任提供了强有力的根据。

康德从自由与必然的关系出发，论证了责任的追究是需要服从于行为自由的。自由是与必然相对的概念，自由的原因性不同于必然性的因果性。由于必然性，我们被控制去行动，永远只能按照事先规定好的秩序去延续，不是自我支配，而是受制于不断绵延的自然链条，此时我的因果性是必然性而非自由。在康德看来，如果我们欲将自由赋予一个它的存有在时间中被规定了的存在者，我们就不可能将必然性排除于一切行动之外，否则就剩下或然性了。然而，康德认为，自然必然性与自由有着重大区别的，自然必然性的因果性被赋予现象，自由则应被赋予“作为自在之物本身的同一个存在者”，其地位与自在之物看齐了；否则，一切行为都受必然性支配，就不可奢谈任何自由了。在这里，我们发现，自由是优先于必然性的，不能认为必然的自然根据存在于存在者内部，但存在于存在者内部的则可以叫作自由的结果。换言之，只要通过自己力量而产生的表象，尽管在其时间中先行着必然性，但只要是来自于内部，都可称之为自由，因为它没有受到外部的任何东西的推动。因而，康德实现了道德律之下的责任追究须依从于自由，而不是服从于自然必然性。在追问行为选择自由何以成为一切道德律及与之相应的责任追究的根据时，并不取决于必然性的因果性是由于处在主体之中还是由于处在主体之外，尽管这种必然性的因果性是自然的，当它处于主体之中时，也不取决于本能冲动抑或非理性的思考。因为，在他那里，自由是先天的。他说：“没有这种惟一是先天实践性的（在最后这种真正意义上的）自由，任何道德律、任何根据道德律的责任追究都是不可能的。”[②] 由此看来，责任追究必须依据自由的行为选择，而不是依据因果性的自然法则的机械作用。

黑格尔从自我意志的矛盾性出发，证明了人要为自己行为选择负责的原因。他说：“当自我意识把其他一切有效的规定都贬低为空虚，而把自己贬低为意志的纯内在性时，它就有可能或者把自在自为的普遍物作为它的原则，或者把任性即自己的特殊性提升到普遍物之上，而把这个作为它

① 参见［德］文德尔班《哲学史教程》（上卷），罗达仁译，商务印书馆1997年版，第258页。

② ［德］康德：《实践理性批判》，邓晓芒译，人民出版社2003年版，第132页。

的原则，并通过行为来实现它，即有可能为非作歹。”[①] 恶行来源于人类自身而非外部世界，人类理应承担自己的责任。在别的地方他还说：“行为破坏着伦理世界的安定组织和平稳运动。”[②] 行为选择就是人的自我意识的表现，人有了行为选择，就会破坏既有的伦理秩序，因而责任必然寓于其中。善与恶在自我意识中有着共同的根源，作为主观性的良心如果成为普遍有效的东西，它就处于德性与作恶的十字路口，既可偏向德性又可偏向作恶，就等于站在了作恶的待发点上。善与恶都成为行为选择的结果，行为者的责任便来源于此。每个人的自由意志都体现出意志的特殊性，自我的这种特殊性内含着矛盾，这样，“作为自我矛盾并在这个对立中同自己不两立而达到实存的，正是意志的这种自然性，而且正是意志本身的这种特殊性，随后把自己规定为恶。”[③] 在这里，黑格尔深刻地揭示出意志的两面性：自然性与内在性，这两种特性是在自我中处于对立的格局。意志的内在性表征着意志的自为的存在，它受情欲等情感因素影响，在其驱动下所施行的活动，有可能为善，也有可能为恶。当行为偏向于恶时，意志就远离了作为内在客观物的普遍物并与之形成对立。这种恶是应当存在的，因而是要被抛弃的。从这个出发点上看，自由意志不能死抓住个体的特殊性，不能误将这个特殊性作为本质，而应当努力加以克服以趋向普遍的善。这个自由意志的主观性表明了人的任性，因而，作为主体的个体对自己的恶行和恶果是绝对要负责任的。

西方伦理史上，有哲学家主张决定论，其主要理论有物理决定论、心理决定论、神学决定论、逻辑决定论，此外还有较特殊的决定论，如经济决定论、社会生物学决定论及文化决定论，他们主张人的存在的某些特征是由外部的东西所决定了的，并不在人的控制之下，其用意在于否定人类的责任，因为人们在外力的作用下是无能为力的。决定论与自由意志决定论形成了对立的观点。在德国哲学语境中，“自由意志决定论”反对决定论，但伴随着“意志”不再重要，不再被纳入哲学现实的范围，非决定论的观点被“自由论”所取代（并不是美国政治所强调的自由）。自由论认为，我们总有行为和决定不是被决定的。他们之所以拒绝决定论，是因为：“（1）决定论与道德责任（的事实）是不一致的；（2）我们每一个

① ［德］黑格尔：《法哲学原理》，范阳等译，商务印书馆 1982 年版，第 142—143 页。
② ［德］黑格尔：《精神现象学》（下卷），贺麟等译，商务印书馆 2009 年版，第 23 页。
③ ［德］黑格尔：《法哲学原理》，范阳等译，商务印书馆 1982 年版，第 143 页。

人都在自己的选择中直接经验到自由。”① 是的，如果外部的原因在控制人的行为，人没有选择的自由，人类的行为就像被管理的机器，最终却要人来负责任，是一种荒谬的理论。“物理主义以严格的因果决定论为根据，强调结果只是被先前原因所决定，没有给紧急情况、偶然性留有空间，或者没有涉及物理的或精神的王国。”② 如果一切都与人的行为选择无关，被动的人又何以具有责任呢？

行为选择所要求的原创性就是对“个性”（individuality）和“独特性”（uniqueness）的追求。然而，按照决定论的观点，我们的一切行为都是被自然或神灵决定的，那么我们的行为就不能按我们既定的意愿去自由地选择，也不能按我们独有的东西来进行说明，我们也就失去了个性感。因此，要使我们自己的行动成为独特的产物，就得重视作为个体的重要性。正如赛亚·伯林所言，个性的丧失要比在思想与行为上被他人操控更可怕，这是因为我们不愿意看到，自己因受着各式各样的决定论的规律的统治而成为没有个性的存在者，与之相反，我们要与众不同，但这个愿望在一个由决定论所控制的世界里是不可能实现的。③ 个性与独特性成为我们理解人的尊严及行为选择的重要切入点，同时亦成为行动的重要内容。

哲学家们对自由意志的论争主要在于人是否拥有它及如何论证，但并不否定行为选择在人们实践活动中的参与，即使决定论者也不怀疑这一点。在这一点上，相容论者始终坚持决定论与选择自由的相容性。的确，我们的选择与行动表现出了“自由”。行为选择自由表达着一种能力，既指决定选择一个行动的能力，也指选择为实现其欲望的手段的能力。这样看来，似乎行为自由与动物的某些目的指向相似，但我们认为动物并不属于道德责任的承担者。因为动物没有道德意识，不会进行反思，没有自我概念，不能对自己的未来做出计划并努力实现其目的。与动物不同，人有意图、愿望、目的、欲望，行动是实现它们的必由之路，慎思是行为的必

① 洛伊·韦瑟福德：《决定论及其道德意义》，段素革译，见徐向东《自由意志与道德责任》，江苏人民出版社2006年版，第22页。

② Strachan Donnelley, *Natural Responsibility: Philosophy, Biology, and Ethics in Ernst Mayr and Hans Jonas*, Hastings Center Report 32, No. 4 (2002): 39.

③ See Isaiah Berlin, “Historical Inevitability”, in Berlin, *Four Essays on Liberty*, Oxford, Oxford University Press, 1969.

要前提，选择是行动的前奏。我们选择、慎思与行动，在伦理上，我们对自己的行动负责。这就是人具有自由选择的独特性。人的理性本性告诉我们："我们能够把某些目的判断为好的或者值得追求的，而且，即便满足那些目的会导致相当程度的不快，我们也对它们予以珍视。"① 当然，这样的判断只是关注了行动的自由，并不包含伦理性的考虑。托马斯·阿奎那认为，人的意欲在本性中是以善为最高目的的一般目的。因而，行为选择应当根据自己的善的概念来慎思，由此选择可能的行动，这样的选择必然包含着善的内容。那种将"自由"理解为随意行动的能力，将成为恶的源泉。柏拉图指出，灵魂包含着理性、精神与欲望，而意愿仅仅出自于较高级的和理性的部分。这就表明了"自由"是有边界的，超越了边界的自由便成为不自由。行为人只有在选择真与善的情况下，其行动才能称为自由的。动物性的欲望满足并不考虑伦理性因素，它是与人的理性有着极大区别的。

选择来源于自由意志，选择产生了一种自由行为的感受，表达出一种完全自我控制的感受，这种感受也表明了在自我导向上能够承担责任。斯特劳森认为："在大多数日常的选择情况下，我们不能不认为我们将能够真正地或绝对地对我们的选择负责，无论我们选择了什么。"② 这表明正常人对自己及其能动性的责任，只要是自我决定，就要对自己的选择负责。当一个主体具有正常的成年人的能力去审察自己所处的形势时，他可以自由地去行为，即使他分辨不出这件事是否正确，都将从道德上对他意图想做的事负责。③

主体独立地主动地做出某个行为，是依赖于对自由的意识的，而对自由的意识则是对于他对自己的欲望而行动过的知识。这是责任的主观感受，是主体自己感受到有责任的时候。一个人自己的欲望不是外部强加的，而是出于一定的情况与一个人的性格规律性根源相碰撞的结果。由于自己的欲望的驱迫，使能够承担责任的感觉（the feeling of responsibility）

---

① 蒂莫西·奥康纳：《自由意志》，段素革译，见徐向东《自由意志与道德责任》，江苏人民出版社2006年版，第41页。

② 盖伦·斯特劳森：《论"自由与怨恨"》，张亚月译，见徐向东《自由意志与道德责任》，江苏人民出版社2006年版，第301页。

③ See Randolph Ckarke, *Free Will and Moral Responsibility*, Philosophical Studies 66, 1992: 59.

证明自己的行动是自由的。当然，能够承担责任的感觉并不直接表明有责任感（the sense of duty）。也正是由于这种感觉，我认识到应当对自己的行为而受到责备或自我责备，并承认我本可以通过其他方式行为，也可以避免不良后果的发生，就意味着那个其他方式行为是与选择自由相容的。如此，个人就可以认识到我自己的选择的存在是让我遭遇到痛苦的根源所在，从而可以防止那种不幸发生。在此意义上，自责就意味着自我要改进动机。因而，对责任的感觉表明了主体对自我的认识，动机须运用于精神过程以便能控制其自身的行为。

人的生活与行动不可分离，离开了行动，人就会失去希望，因此，我们要考虑到行动的和自我承担责任的伦理学。人应当对自己的行为选择负责，这个行为选择会关涉到自己，也有可能关涉到他人，他人会构成自己行为选择时的参照，但无论如何，都要对自己的选择承担相应的后果责任。“生活，对于个人来说，成为意识到自身是存在的人的责任。”① 人以建设性的方式、以合目的性的方式去做的一切，都是出于行为选择自由产生的存在方式，因而，人对其所做的一切的责任是不可推诿的。资本主义工业化就是这样一类风险选择。

2. 工业化的选择：不可推卸的风险责任

尽管意志自由与行为选择有着紧密的联系，但它们毕竟是两个不尽一致的概念。在意志上我们意欲着一个目的，但这个目的能否变现，部分地在于我们控制之外的外在因素所决定着，我们能有意义地设法进行选择及付诸行动的范围也避免不了有外在的限制。因而，外部的条件与限制制约着我们的实践行动，这些制约性的条件是否出现或何时出现，并非我们的责任，我们只对自己的“选择”（choices）或“意愿”（willings）负责。然而，笛卡尔认为，由于意志的本性是自由的，因而它永远不可能受到任何限制。他的这种思想对后世影响极为深刻，是不断追求贪欲满足的人类中心主义的极端表现。人类“征服一切”的行为选择，无视外部条件的存在，也就不计任何后果，这似乎成了风险社会的滥觞。

人选择了自由就意味着选择了责任。“自由不仅意味着个人拥有选择的机会并承受选择的重负，而且还意味着他必须承担其行动的后果，接受

① ［德］卡尔·雅斯贝斯：《时代的精神状况》，王德峰译，上海译文出版社2008年版，第168页。

对其行动的赞扬或谴责。自由与责任（responsibility）实不可分。”① 工业资本主义为人们的生活提供了选择的机会，但同时也摧毁了人们可以选择的权利和自由。“工业—技术社会的制度和结构严重地限制了我们的选择，它们迫使社会以及个人重视我们在严肃的道德思考中从未重视的，甚至可能具有高度摧毁性的工具主义理性。”② 由工具主义理性而建造起来的社会不仅给个人的自由带来极大的损失，而且给作为群体的社会的自由造成了极大的损害，它以一种极端的力量来影响着社会决策。

正是由于人滥用了甚至超越了选择自由的权利，才导致了人与自然的紧张。“自然的东西自在地是天真的，既不善也不恶，但是一旦它与作为自由的和认识自由的意志相关时，它就含有不自由的规定，从而是恶的。”③ 自然的东西本无善恶之分，但渗透了人的意志与选择的因素后，原本纯粹的东西就被抛进了价值评价之中了。人声称要立足于世界之上，在人类中心主义的大旗下，高呼人的自由意志，就暴露了人开始朝着自己的欲求大肆进军，从而使这种自然的东西变得不纯粹了，成为与善相对抗的否定性的东西。因此，恶的根源在于人的欲求，这种欲求将恶果纳入了人的主观性中。但是，人并不是不可避免地要实现恶，善恶对比，恶大于善的行为是可以得到克服的。如果做不到这一点，那么责任就不证自明了，因为“一种行动之被称为一种行为（或道德行为），那是由于这种行为服从于责任的法则，而且，这行为的主体也被看作当他在行使他的意志时，他有选择的自由。那个当事人（作为行为者或道德行为的行动者）通过这种行为，被看作是该行为效果的制造者。”④ 每个人追求其目的的行为也就是出于选择的行为，他的选择如果不是出于无知，他就对他的意图与选择负有责任。

决定论不承认人们有自己的选择，这在人与自然的关系范畴看来是多么的错误。物理学家依赖于自然的因果知识，强调一种自然决定论，是逃避责任的表现。如果换一个视角，我们就会发现，决定论的不负责任的观

---

① ［英］冯·哈耶克：《自由秩序原理》（上），邓正来译，生活·读书·新知三联书店1997年版，第83页。

② ［加］泰勒：《现代性之隐忧》，程炼译，中央编译出版社2001年版，第10页。

③ ［德］黑格尔：《法哲学原理》，范阳等译，商务印书馆1982年版，第145页。

④ ［德］康德：《法的形而上学原理——权利的科学》，沈叔平译，商务印书馆2009年版，第26页。

点是站不住脚的。倘若我们以因果决定论为前提，人们的一切行为都必须依照自然规律行事。缺乏了这样的知识就表明没有真正掌握自然规律，具备了这样的知识但仍不按规律行事就是违背了规律，这就意味着谁违背规律谁就承担相应的责任。这就表明“不按规律行事”的选择是不被决定的。如果人违背了支配决定论的规律，人类就会遭到报复，这个报复的力量来自大自然，是人之外的大自然的力量所决定而不以人的意志为转移的，但细究起来，我们发现，大自然的报复的原因在于人们做出了过度掠夺大自然的选择，这样，那股被决定的力量中加入了人的意志了。由此可见，困果决定论也不可能将责任排除在外。人为风险的制造者正是选择了破坏自然规律才导致了今天的生态恶化的恶果，责任当然在所难免。

“审慎”是人们行为选择时需要把握的伦理原则，也是做出行为选择时要履行的责任。“绝不能在欲望和兴趣一出现的时候就把它们当作最终的、不可改变的东西，相反必须把它们当作手段，也就是说，必须要根据在实践中它们可能产生的结果来对它们做出鉴定与评估，进而构建对象、构建所期待的结果。”① 工业社会的发展没有做到“三思而后行”，而是鲁莽行事了，以至于人为地制造了许多副产品出来。因而，在现代化发展进程中“要考虑后果”，仅有一种永远无法满足的欲望，以勇往直前义无反顾的姿态鲁莽行事，其产生的结果将是对人类具有负价值的。对这种不良后果进行评估与鉴定，才能真正构建起现代化所期待的结果。“如果按照被确立的特定的所期待的结果行动的话，那么就会满足现存的需要，满足那些由匮乏所构成的各种要求，就会通过指导活动而消除冲突，以开创一种统一的局面。”② 换言之，如果人们对其行为选择有一种伦理上的责任感，按所期待的“善”的结果行动，人类的生存与幸福生活将会得到满足，现代性所导致的各种具有高度威胁性的风险也会被消除。进行善的选择追求善的结果是我们义不容辞的责任，因为“断言一个行为是义务，就是断言它是这样一种可能的行为，即在某些已知条件下，它总会比任何其他行为产生一些较好的结果。”③ 我们的行为选择要经得起评价和鉴定，其价值目标应当是人类自身的“好”。“如果行为者不得不在两个行为之

① ［美］约翰·杜威：《评价理论》，冯平等译，上海译文出版社 2007 年版，第 38 页。

② 同上书，第 41 页。

③ ［英］乔治·爱德华·摩尔：《伦理学原理》，长河译，上海世纪出版集团 2003 年版，第 226 页。

间作出选择，并且它们各自的唯一结果一善一恶的话，那么所有行为者的义务就永远是首先选择具有较善结果的行为，而不选择具有较恶结果的行为。”① 就工业现代性为人类带来了物质财富和各种便利这方面看，是为善，但同时也附带地产生了一些高危险副产品，是为恶，这一善一恶同时出现在现代社会中，此情此景，毫无疑问我们要选择的是“善”而不是“恶”，是“安全”而不是“风险”。这便是现代化选择的一切责任和责任的一切，它真正表征着风险与责任的勾连。

三 风险与责任的勾连

当人类面临着各式各样风险威胁的时候，就自然会想到我们的生活为什么会这样？这是谁造成的？应当由谁来对我们的安全与幸福负责？这样，风险与责任的关系就被勾连在一起了。当风险来临之际，只有一种理念可以使芸芸众生倍加关注，那就是伦理责任。伦理复为人们所关注是21世纪的时代要求，只有一个信奉效率、成功、变通及伦理责任的新文化才不是一个空想的乌托邦。

1. 文化风险与责任

如果说我们今天所面临的风险是外部风险，即来自于大自然，那么它与人的行为没有关系，而是因人的能力之外的力量所导致，因而不可归责于人类。外部风险与伦理责任是不相容的，既然一切力量都是由自然决定的，那么也就无须人类承担任何责任。在法学上，外部力量如地震、海啸、战争、社会骚乱等都归于不可抗力，不可抗力加之于谁就由谁承担。比如因地震而毁灭了一家工厂，其损失的责任就由这家工厂自行承受。从伦理上讲，自然不可能作为责任主体为来自人类之外的自然之力承担责任。关于这一点，决定论者已阐述得很清楚了。

反思风险社会，无论我们界说它为恐惧社会、实验社会、后自然社会、后传统社会、风险文化社会等，都表达了一个共同的意思：风险社会的人为性，即文化性。文化的风险不是自在的风险，而是自为的风险，是制度性风险，它来自于人类自身内部力量，或许我们也可以称之为内生性风险（以区别于外部风险）。我们今天所际遇的人与自然、人与社会、人与自身等各类社会风险均非来自自然天成，不是宇宙运动规律所致，而是现代性的高危险后果，是工业资本主义发展模式产生的副产品，是受资本

---

① ［英］穆尔：《伦理学》，戴杨毅译，中国人民大学出版社1985年版，第124页。

逻辑所支配的附属物，因而是人为制造的，是人类实践的不当性与不合理性带来的负面影响。因而探究其伦理责任就显得十分必要和可行。

从外部的风险（自然）向制造的风险（文化）的转变，也就产生了具有责任的风险，因为在这个转变过程中，决策、风险、责任三者之间的关系便被勾连起来。因制造而产生的风险必然产生消极的或积极的后果，相应地牵带着消极的或积极的未来风险的责任。自为性风险或内生性风险存在于决策与行为之后，而决策与行为是与责任不可分离的，当主体做出某项决策或实施某个行为后，必然会产生与之相应的可识别的结果，当然就会有与之相符的谴责与褒扬的责任，这就必然产生了归责的因果关系，为责任承担提供了根据。内生性风险只存在于人类实践意志的决定中，责任也存在于此。"行动使目前的定在发生某种变化，由于变化了的定在带有'我的东西'这一抽象谓语，所以意志一般说来对其行动是有责任的。"① 人类自身的实践活动总是在人的意志支配之下进行的，它必然会改变原有的人与自然、人与社会以及人与自身之间的关系态，产生一系列预见到的、可以预见的以及不可预见的效果，这种效果又进一步改变着人类的生产与生活境况。这一切均是在人类主动采取各种措施的行为模式下展开的，人类自身作为决定主体和行为主体，不可能将其产生的结果交给其他主体（如果还有其他主体的话）去负责，也不可能置责任于不顾而使得受害者甘于命运的屈辱。因而，在伦理上，我们要为我们的行为后果负责，无论它是积极的还是消极的。

现代性以来，人要求自主性，寻求解放和自由，世界由人类所依托的对象转化为被改造的对象。马克思说："哲学家们只是用不同的方式解释世界，而问题在于改变世界。"② 马克思的这句话本身就隐含着合理改造世界的因素，并不是要人们去毁灭世界。改造世界的前提是正确认识世界和理解世界，而不是要求人类在改造时遗忘世界的规律和抛弃实施改造的责任。就世界风险社会而言，是人类对自我的选择，这个选择是从人类认识世界和利用技术改造世界出发的，人类改造世界的不合理性成为一种不知不觉引入风险时代的可能意义，因而对风险具有深重的责任。由此可见，现代社会，各种社会风险来自内部而非外部，属于人类自为性风险，

① ［德］黑格尔：《法哲学原理》，范阳等译，商务印书馆 1982 年版，第 118 页。

② 《马克思恩格斯选集》第一卷，人民出版社 1995 年版，第 61 页。

因而，对风险承担的责任就是自为性责任。我们自己是制造风险的人，这种自为性使人们理所当然地担当这种处境所引发的关系，因为它是我们自由的结果的逻辑要求。今天，人类所面临的风险只是通过人的无限度改造世界的欲望追求才能遇到，因而责任总是与所遭遇到的事情相称的。如果风险是他人制造的，而我只是被看作一个同谋，那么，风险的存在也有我的原因。人在实施自己的行为时，也就决定了风险的预期性；人们选择了制造风险时，也就选择了一种责任。

2. 消极风险与责任

责任意味着因某人的不当行为所导致的不良后果而应承受的谴责。人们的不恰当行为所导致的不良后果就是消极风险，它潜在地威胁着人们的生存安全与生活幸福。因此，我们需要将制造消极风险的人、拥有治理风险权力但不作为的人、监督消极风险产生而不尽职责的人送上道德的审判台，责成他们为化解消极风险履行责任。

"安全是灵魂必不可少的一项需求。安全意味着灵魂不在惧怕或恐怖的重负之下——除了在偶然、很罕见和短暂的时间里。"① 风险总是与安全相对，避免风险求得安全的事谁来做呢，我们何以获取安全呢，这是处于风险中的人们关注的问题。当我们面临着由制造的不确定性而不是自然的不确定性统治的世界时，就会有一场新的关于责任的讨论。作为现代性后果的风险，并非偶然也非短暂，其威胁程度之高破坏力之强令人恐怖，人类已经生活在这种不安全的重负之下。既然这种状况是人类自身所致，那么，人类有责任改变它。人们不希望投入那种不负责任的、稚气的和冷漠的庇护所中，因为在那里我们只能得到烦恼和恐惧。

工业化以来，为了避免人为性风险的损失，以便更好地弥补与赔偿，于是将责任转移给保险公司，保险业开始应运而生。但保险公司只承担着有限责任，高度现代性使得有限责任不足以抵消人类所遇到的威胁。面对当代社会的风险，通过保险或经济方面来补偿的化解风险的模式正在过时，那些涉及人类生命的风险是无法用经济补偿来获取绝对救济的。贝克断言，当现代性与工业化的负面影响不再限于处罚具体的群体而是向每一个人进攻时，我们就已进入了一个新的时代了。风险分配打破了阶级格局

① ［法］西蒙娜·薇依：《扎根：人类责任宣言绪论》，徐卫翔译，生活·读书·新知三联书店2003年版，第27页。

与贫富差别，人们作为消费者而非生产者在体验着，平等的乌托邦让位于安全的乌托邦，稀缺问题让位于风险问题，最终，对经济平等与安全的关注、对稀缺与风险的关注变得同等重要，并在一定程度上变得同一了。那么，这些乌托邦的设想在多大程度上可以挽救风险社会还是个问题，正如利维塔斯所言："如果事情变得越来越糟而且又没有明确的出路，乌托邦就会成为对危险的一种逃避。"[①] 那么，什么可以用来解决当代风险问题呢？回答只有一个：问责。因为当人们在制造风险时，要求他们充分考虑到其应当承担的责任甚至巨额赔偿，那么责任感会驱使他们审时度势，进一步分析风险存在的概率，加强民主讨论，在一定程度上可以阻却风险的质与量。

世界风险社会中，"恐怖"的风险与"饥饿"的风险同时存在。在我们生活着的这个星球上，南北贫富差距问题没有解决，危及生命的各种风险又趁火打劫，它使本来就不安全的世界雪上加霜。我们处在阶级社会与风险社会交融的时代，因为我们认识到的问题同时表现着两种"社会"。减少风险或使风险合法化的行为正在成为核心政治问题。政治、经济与科技的联手，打造出一个令人恐怖的时代，正如贝克所指出的，我们正在迈进一个被进步的阴暗面所支配的时代。风险的合法化赶超了不平等的合法化，并成为当务之急的政治问题。这不仅是一个无边的风险与对应的政策围堵的问题，而且是一个认清风险的原因以及发展的政治与经济背景问题，更是一个揭示风险与伦理责任的勾连问题。单面的经济发展与政治竞争的背景，遮蔽了风险与伦理责任之间的紧密联系，摆在我们面前的任务是对这种关系的去蔽以使之得以显现出来。不确定性的消极风险，使文化与政治权力改变了运动方向，它瓦解了政治官僚，对科学与知识的统治提出了质疑，重新划定了政治的边界线。在一定程度上讲，风险已然成了强有力的行动主体，它对公共安全负有责任的国家制度的权威提出了挑战，使国家制度变得不稳定。于是，要求一种负责任的政治态度的呼声越来越高。亚当·斯密似乎早就听到了这呼声，他曾经说："所有角色中那最伟大与最高贵的角色，亦即，扮演某一伟大的国家的改革者与立法者，并且，以暗藏在那些被他建立起来的制度里的智慧，在他身后连续许多世

---

① 露丝·利维塔斯：《风险与乌托邦的话语》，载［英］芭芭拉·亚当、［德］乌尔里希·贝克、［英］约斯特·房·龙《风险社会及其超越：社会理论的关键议题》，赵延东等译，北京大学出版社 2005 年版，第 308 页。

代，确保国家内部的平静和同胞们的幸福。”① 我们可以说今天人类所面临的风险，与伦理责任有着不可割舍的瓜葛，只有责任感，才能确保人们生活的平衡与幸福。哈贝马斯指出，现代性还在继续向前发展。因而，我们必须用伦理责任来进一步加以引导和约束。

3. 积极风险与责任

马克思主义认为，矛盾总是相辅相成、相斗争而存在，相对立而发展的。看待事物要用全面的观点。凡事都具有积极方面与消极方面的两面性。风险亦如此，可以分为积极风险与消极风险，因而产生了两种不同的价值取向。奥特弗利德·赫费认为“危险”、“不安全”与“不确定”这些词都与风险属于同一个家族，在日常语言中很难区分。于是，他说：“我建议把下列定义部分地与决策论相连：我把‘机会’理解为可能的利益，把‘危险’理解为具有损害性的威胁，把‘风险’理解为带有或然性的、以这种或那种方式出现的损害或者利益的产物。”② 因此，在赫费那里，风险与机会属于同一家族的两位成员，它们辩证地存在着。无独有偶，吉登斯与贝克也认为，风险同时也是机遇。“不仅在哲学认识论意义上，而且在贝克对于科学活动的‘环境’后果做出悲观暗示时所提示的现实性意义上，现代性既构成了对社会的威胁，也构成为从这种威胁之中获得解放的许诺。”③ 于是，我们看到，积极风险与消极风险并列存在于风险概念之中，风险本身就内含着积极性的因子。积极风险就是与消极风险相对地可以为我所用的东西，因此，拿来为我们所用就成了我们的责任。如果对某个发展的机会没有抓住，机遇就会与我们擦肩而过，同样会给我们带来不可估量的损失，那就应当承担错失良机的责任。经济学上所讲的机会成本，本质上就是一种积极风险的责任根据。开辟一个新的空间以促进更好地发展，这也是人类自身的责任，是对积极风险的责任。

不仅如此，消极风险与积极风险在一定条件下是可以相互转化的。我们的责任就在于，如何培植恰当条件，使消极风险向积极风险转化而不是做相反的运动。风险具有未来性、不确定性和或然性，即它不必然导致损

---

① ［英］亚当·斯密：《道德情操论》，谢宗林译，中央编译出版社2008年版，第293页。

② ［德］奥特弗利德·赫费：《作为现代化之代价的道德》，刘安庆等译，上海世纪出版集团2005年版，第65页。

③ ［英］提摩太·贝维斯：《犬儒主义与后现代性》，胡继华译，上海人民出版社2008年版，第169页。

害，因此，如果考虑得周全并评估到位，那么不仅消极风险是可以避免的，而且还可以转化为积极的机遇。这就需要我们做出各种利益之间的博弈，权衡其利弊得失，从而做出正确的决策。当然，我们这里所强调的“利益”，并非指某个或少数受益者的利益，而是指大多数人甚至人类整体的利益。事实上，风险社会正是少数人只考虑到了自己的利益而忽视了大多数甚至人类整体的利益而致。因此，胸怀大多数人甚至人类整体利益的道德情操和责任感，是实现消极风险向积极风险转化的首要条件。像工业资本主义那样，只是为了一己私利和牟取暴利，不仅不会发生消极风险向积极风险的转化，反而会使消极风险如滚雪球般，毁灭性越来越大，相应地，可以抓住的发展机遇也会因无责任意识而丧失殆尽。质言之，以一种高度的责任感去面对“利益追求”，使利益与伦理联姻，则消极风险完全可以被化解，并可从另一个角度加以利用，那么，取而代之的将是积极发展的机会。

由此可见，风险社会中，伦理责任的确立具备相应的哲学基础。无论是责任不被重视的传统伦理学，还是方兴未艾的关注实践的应用伦理学，都可找到责任担当的依据。伦理学应关切人的存在形式与生活方式，拯救现代社会，从人的世界历史性存在出发，人类有责任化解一切风险，以寻求生存安全与生活幸福。人的存在表明人有意志自由和行为选择自由，“自由”存在意味着责任的存在，人类必然要为自己的行为负责。这些哲学上的根基为风险社会伦理责任的确立奠定了坚实的基础。然而，只有基础是不够的，要真正担当责任，必须筑起风险时代的伦理大厦：扬弃传统伦理责任范畴，追求一种可以治理风险、走向人文终极关怀的社会伦理责任新向度。

第三章　风险社会的伦理责任新向度

“哪怕是最抽象的范畴，虽然正是由于它们的抽象而适用于一切时代，但是就这个抽象的规定性本身来说，同样是历史条件的产物，而且只有对于这些条件并在这些条件之内才具有充分的适用性。”① 我们必须以历史主义的观点来审视伦理与时代的契合，“伦理（道德）与社会，伦理（道德）与社会生活、社会历史是内在相关的，对于历史上的伦理思想，我们不可能将其与它赖以产生的社会历史时代分离开来研究。”② 我们应当注意到一个时代、一个社会的伦理理论，必定有历史传统的承继性，但更重要的是要满足那个时代的人类社会生活需要。面对未曾出现过的现代性风险，传统伦理责任理论显得鞭长莫及，社会历史时代特征要求适应新的需要，对此前的伦理责任规范予以舍弃与保留，并在一定程度上扩展与延伸，从而确立适合这个时代要求的新的责任向度。这个新向度必然包含责任主体的复合性、责任范域的未来指向性、责任对象的整体性。

第一节　责任主体的复合性

任何责任都需要一定的主体来承担，责任就是主体的责任，缺失了主体的责任是虚无缥缈的。每一个在道德上有价值的人或由人所组成的组织，都要有所承担，那些不负任何责任的东西，是物而不是人。任何人或组织不可能具有超脱一切责任之外的特权，这是与他们的行为不可分离的。

作为社会实践性的伦理责任，不可能没有主体。从社会历史发展过程

① 《马克思恩格斯选集》第二卷，人民出版社 1995 年版，第 23 页。

② ［美］阿拉斯代尔·麦金太尔：《伦理学简史》，龚群译，商务印书馆 2004 年版，第 3 页。

看，创造历史的主体对历史的发展具有不可推卸的责任。尽管创造历史的活动受着自然规律的支配，但每一次活动无不渗透着作为主体的人的主观意志，从而表现为人类的自觉活动和自由，可以使得主体在多种可能性下进行能够满足自我意志的行为选择，在这个过程中，人不仅是受动的，而且是主动的，充分表现了主体的理性与意识性。主体的自由选择可以是善的，但同样也可能是恶的，这是由主体的自由意志所决定的。因而，在人类历史的长河中，无论主体贡献自己的力量，还是向社会索取什么，都要对自己的行为选择及其后果承担属于自己的责任，从而换来社会对其所做出的褒扬奖惩，这不是主体主观任意的产物，而是社会发展的客观需要所决定的。

风险社会的到来使得传统伦理责任主体暴露出其本身的限度，行为选择的主体呈复合性状态，使得单一责任主体将被复合责任主体所取代，这正是我们时代精神的必然。

一　复合责任主体的必然

在西方传统伦理中，论证的类型和普遍的道德准则几乎都是有关理性个体的行为和生活的，比如，讲善良就是指个人的善良，讲义务就是个人的义务，讲责任就是个人的责任。因为强调道德良心的伦理理论更注重个体对自己行为的责任感，每个人的每一行为都通过自由意志和内心的道德律而起作用，尽管个体的行为在道德性上只有在与他人和社会的关系中才得以体现。这种原子式的个体呈现出了它固有的缺陷，因而康德提出了全体理性者的“目的王国”理论，黑格尔站在国家的高度提出了“伦理实体”的实现设想，都想通过这样的理论去弥补原子化主体的不足，尽管这些理论对后世有极大的启发，但均未超越个体性的窠臼，尚未改变个体作为伦理责任主体的实质。

现代性以后，个体作为单一性责任主体的现象已然过时，责任主体需要大的转变。这是由行为选择主体的复合性和聚合性所决定的。由于现代社会中越来越复杂的生产与交换、服务与消费、创新与设计等领域及其运作过程所构成的巨大系统，像网一样相互交织着，而个人在其中就像整台机器中的零部件，单独某个部件并不能使机器转动起来，只有许多部件按一定的规则和方法组建成一台机器才能发挥其应有的效力。换言之，个人的行为空间变得越来越狭窄，“我们每个人所做的事，在活动家、行动人员的巨额的总账单中几乎等于零。可以撇开我们每一个人不谈，而且——

请您原谅——我相信，我们当中没有一个人可以说，在事物的发展过程中某种很重要的东西会因而发生改变。但是在最后结果中，我们大家都有份，即便在单纯的消费中甚至什么事都没有做。”① 我们每个人都是这个成果的行为选择者，因此在塑造世界以及未来的过程中，我们大家都以因果性力量的形式彰显出来，因而我们都成为责任主体。

现代社会中，各种人为性的风险不断地被制造出来，科技的负面效应在全球范围内展开，伤害的不仅是个人，而且是人类，将要受害的不仅是现代人，更是未来的人，损害的不仅是人的利益，而且殃及自然界和地球。但很难找出每一种风险的准确责任人。换言之，风险社会中出现的大量问题，单从个体身上去追求责任是难以准确把握的，是个体性的伦理所无法解决的，在这里，“我们”取代了“我”，整体取代了个体，有组织的团体的行为取代了自由个体的行为，决策都将“成了集体政治的问题”②。质言之，不仅科学家、工程师等个体，那些实施行为与决策行为的各种组织也不可能摆脱掉一切关系，甚至整个人类的非理性行为更要对此负责。因为当代社会尽管具有莱布尼茨的“单子”模式，但全球化与市场化的行为模式已经将每个“单子”都联系在一起了，每个单子的命运都将与整个社会的命运休戚与共，就像原始社会中个人无法摆脱对他人的生存依赖性一样。人类越来越处在相互依存和共生共亡的境地，除了个体之间外，国与国之间也必须通过协商与对话而达成共识，人与自然之间也必须消解主客体关系。人类自身处在一个共在的场域中。面临风险社会，我们必须培育主体间性的共生型人格，以及共同承担责任的复合主体范式。

所谓复合性，是指责任主体并非单指某个行为选择的直接实施者，它由组织的法定代表人、组织的成员以及行为直接实施者和间接实施者共同承担。孤立的个人并不能做出历史性的决定，那种可能抓住统治权的为一个时代而奋斗的人也不可能单独做出决策，巨大的风险的改变，只能由风险的制造者们做出，他们是由多个主体共同组成的。我们不能笼统地说让人类来承担这个责任，因为人类这个范围太大，它意味着将无人承担责任。“人类”是谁？人类是个泛指，它包含着“所指”但并不明确，因

① ［德］约纳斯：《技术、医学与伦理学：责任原理的实践》，张荣译，上海译文出版社2008年版，第273页。

② 同上书，第275页。

而，我们要找出那个“所指”才不至于使责任成为一纸空文。这个所指就是制造风险的主体。全球性的风险并非某一个人或某几个人所为，而是由许许多多大大小小的风险集合而成的，事实上某一个人或几个人也不可能制造出如此威胁性的风险；相反，它是由许多行为主体有组织地共同制造的，这就必然导致了责任主体的复合性。

风险被有组织地生产着，因而责任的承担也应当有组织地进行。个人责任与组织责任紧密地缠结在一起，组织的整体行为从一定意义上讲是由数个个体的行为集合而成，那么，作为个体的我们，是这个集体中的元素，在这个集体中发挥着相应的作用，实施着相应的行为，因此，组织的行为应当由这个组织和组织中的个体承担各自分内的责任。“各个不同的个人都分担起为了促进终极目的而必须做的各种不同的事情，每个人都在一方面为所有其他的人承担此中的一个特定部分，在另一方面则将自己的事情转交给所有其他的人。”① 在伦理上，每个主体都对自己分内的事情负责，这种有组织地分配责任的方法就是为了让每个主体各司其职，是为了人类社会安全的生存状态而生成的协议，是一种联合起来的行为模式。只有这样，让每个主体都担负起相应的责任，对风险的避免才会成为可能。这就相当于一个责任链，每个主体是这个链条上的一环，每个主体都认识到自己的责任，并为这个风险肩负起属于自己的一份责任，如果其中某一个主体逃避了责任，这个链条就会发生断裂，因而，每个环节的责任都与整个风险的责任相联系。这是一种责任的复合，这种复合也是一种责任链上的联合，是具有各种不同职责的人，在致力于达到自由、幸福、安全的人类社会的目的而出现的，每个主体的责任都是适合自己特定选择的，任何选择了其主体地位的人，也就选择了自己承担起促进避免风险、走向幸福生活的事业的一个特定方面的责任份额。

“当我们拒绝责任时，我们就会错误地躲开责任，而一旦我们要重新承担责任，责任就会像一副担子一样，太沉重以至于我们不能独自承担。”② 事实上，人类今天面临的各种风险，正是行为主体逃避自己行为责任并不断累加起来的后果，以至于我们不堪重负。导致风险的因素众多，个人、组织团体、政府在其中扮演着重要角色，同时组织机构、法律

① ［德］费希特：《伦理学体系》，梁志学等译，商务印书馆2007年版，第282页。

② ［英］齐格蒙特·鲍曼：《后现代伦理学》，张成岗译，江苏人民出版社2003年版，第11页。

制度及政治环境等无不渗透其间，对风险的制造起着重要作用。因而，责任不仅表现着个体责任，同时也表现着组织责任或团体责任，甚而言之，还有政府与国家的责任，这是由现代社会及其结构的复杂性决定的。由此，风险社会的伦理责任担当主体必然是复合的，小到一个自然人、一个法人、非法人组织，大到政府组织、国际组织，甚至整个人"类"。

二　个体：伦理责任主体的细胞

个体作为责任主体始于个体有了更多的自主选择性，要求自己掌控自己的前途和命运，借用康德的话，它是一种"走出自我造成的无知的方法"。这种自主性被启蒙哲学所开启，尔后自由意志不断地得到支持，与之相应的责任便产生了。尽管社会风险是不负责的组织行为，但个体是构成这些组织的基本成员，组织的责任意识直接或间接地代表着个体成员的责任意识，因而，对风险承担责任的最小细胞单元就是"个体"。"人，以他内在的和外在的整个行为，对高级命令负责。"① 这是作为个体的人的内在要求。

个体成为责任主体首先要求对自己负责。"我们首先要对自己尽我们的责任；我们的原始情感是以我们自身为中心的；我们所有一切本能的活动首先是为了保持自己的生存和我们的幸福。所以，第一个正义感不是产生于我们怎么对别人，而是产生于怎么对我们。"② 人首先要对自己负责任，唯其如此，才能对社会、对他人以及对自然尽到自己的责任。来自工业文明的风险不只是殃及特定的少数人，而是将每一个人都纳入了这个巨大的威胁之中。只有充分认识到自己行为对自己的后果从而负起责任，才有可能推及他人。"老吾老，以及人之老；幼吾幼，以及人之幼"说的就是这个意思。可以想象，连自己生命都不珍惜的人，是绝不会对社会与他人乃至自然界承担起责任的。

然而，如果伦理的命令只是将精神作为意志的真理，只求自我实现中的合理性，善只存在于我的思考中，那么，这种善只是空洞的和具有负价值的。这种伦理性只关注个体的信仰，并以此来作最终的辩护，丝毫不顾及他人及社会的利益，这种精神与行为依然是应受到谴责的。"我不欲成为独立的、孤单的人，我如果是这样的人，就会觉得残缺不全。……我在

---

① ［德］文德尔班：《哲学史教程》（上卷），罗达仁译，商务印书馆 1997 年版，第 233 页。

② ［法］卢梭：《爱弥尔》，商务印书馆 2001 年版，第 103 页。

别一个人身上找到了自己，即获得了他人对自己的承认，而别一个人反过来对我亦同。"① 道德的主观意志通过意图表达出来，没有意图便表达不出自我，但这种意图要实现，也必须考虑到他人的意志或他人的主观性意图，因而，"我的目的的实现包含着这种我的意志和他人的意志的同一，其实现与他人意志具有肯定的关系。"② 在此意义上，我们可以看到，我对他人或他人对我都是有"责任"的，不能将自己的意志强加于他人，在实现自我利益时也应考虑到他人的利益。正如哈贝马斯所言："在道德领域中，他人的幸福也被牵涉到而成为问题。"③"他人"的概念广泛，可以是与我们有血缘关系的人，也可以是没有血缘关系的人，甚至是陌生人，可以是我们的同代人，也可以是未来的人。"一个人要为其他人承担责任——一个人甚至要为陌生人承担责任，尽管陌生人是在一个完全不同的环境中养成自己的认同的，而且是在一迥然有别的传统中形成自己的自我理解的。"④

为他之责任并非建立于认识基础上，不是因认识而得出知识，而是源始于生存论的交互主体性存在方式，这种方式推动了我们去认识这种交互性伦理责任。在海德格尔看来："共在是每一自己的此在的一种规定性；只要他人的此在通过其世界而为一种共在开放，共同此在就标识着他人此在的特点。只有当自己的此在具有共在的本质结构，自己的此在才作为为他人照面的共同此在而存在。"⑤ 这表明我对他人是有责任的。因为与他人共在就将责任拉入了共同存在这一范畴，这个"共在"中必定有我与他人，我的存在在本质上要为他人之故而存在的。如果我们每一个人都这样看待他人，每一个人都为他人承担责任，那么这个世界就是一个充满责任意识的世界。这一点要作为生存论的本质命题去领会，即使我们不趋就他人或不需要他人，也不可能离群索居，人不可能脱离社会性而存在，必须以共在的方式而存在。海德格尔说过，共在在生存论上就是"为他人之故"。在这样的共同存在中，每个人都向对方展开着，共同参与构成我

① ［德］黑格尔：《法哲学原理》，范阳等译，商务印书馆 1982 年版，第 175 页。

② 同上书，第 114 页。

③ 同上书，第 115 页。

④ ［德］哈贝马斯：《包容他者》，曹卫东译，上海人民出版社 2002 年版，第 31 页。

⑤ ［德］海德格尔：《存在与时间》，陈嘉映等译，生活·读书·新知三联书店 2006 年版，第 140 页。

们生活的世界，谁也无法摆脱掉这种命运。“由于这种有共同性的在世之故，世界向来已经总是我和他人共同分有的世界。此在的世界是共同世界。‘在之中’就是与他人共同存在。他人的在世界之内的自在存在就是共同此在。”① 因此，我们要在自我主义与利他主义之间、个体自由与集体责任之间寻求一种平衡。

风险的制造者只为了私利而未曾考虑到他人的利益，更未关切到未来人的利益，其后果是将这个世界上的每一个人都拉到了这座“文明的火山”上了，致使人们生死与共。因此，我们每一个人只有携起手来，担负起对自己和对他人的个体责任和共同责任，才能真正消除风险。一方面，我们每个人要充分认识和了解风险，这是我们的首要责任，如果我们对风险一直处于无知状态，那么就都会成为一个不负责任的人。“如果一个人是应当对于他的无知负责任的，我们还要因这种无知本身而惩罚他。”② 另一方面，我们要站在整个人类利益的立场上，而不仅是站在自己的立场上去为化解工业文明带来负面影响而付出努力。“既然正确理解的利益是整个道德的基础，那就必须使个别人的私人利益合于全人类的利益。”③ 个人生活的圆满必以群体的生活的圆满为基础，只有每一个人都有一种社会责任感，承担起自己所肩负的伦理责任，为群体营造幸福，才是当代社会生活所最需要的。

个体的位置可以说是由一定的坐标系来确定的，我之所“是”，并非其他，而是这个坐标系确定的位置的功能：个体责任是组织责任的基础。生存本来就是整体的生存，而不是个体的孤独生存，个体只是一个变量或一个结果，也可能是某个链条上的一环，但其本质是作为整体的社会状况和历史时代的一个因子。“由于你自己是一个社会体系的构成部分，你也要让你的每一行为都成为社会生活的一个构成部分。那么，你的所有跟社会目的没有直接或间接关联的不论什么行为，就都会分裂你的生命，打破它的统一，就都有一种叛逆的性质，正像在公共集会上，一个人脱离普遍

① ［德］海德格尔：《存在与时间》，陈嘉映等译，生活·读书·新知三联书店 2006 年版，第 138 页。

② ［古希腊］亚里士多德：《尼各马可伦理学》，廖申白译，商务印书馆 2003 年版，第 73 页。

③ 《马克思恩格斯全集》第 2 卷，人民出版社 1965 年版，第 167 页。

的协议而我行我素。”① 从自我做起，正确处理好个体与集体、人类的关系以及个体与自然的关系，形成“我为人人、人人为我”的责任感，才能从根本上纠正风险社会中的个体主义、消费主义、功利主义、权力至上以及责任意识淡薄的错误倾向。这里，我十分赞同利波维茨基的看法：“压制不负责任的个人主义，重塑政治、经济、社会、企业、学校的环境以促进负责任个人主义的发展，一切并非难事。”②

三　科学抑或科技专家作为责任主体

科学与风险的关系复杂，但对于科学是否处于“价值中立”的地位存在不同的看法，科学以及科技专家是否需要对风险负责的问题备受关注，有待于进一步讨论。

1. 科学是否“价值中立”

科学在现代社会中扮演着尴尬的角色，一方面它为人类的进步与发展做出了不可磨灭的贡献，而另一方面，它与现代性风险有着不可割舍的联系。那么科学或科技专家的工作是否应当对风险承担责任，还是处于“价值中立”状态，学界意见不尽一致，有主张科学中立者，也有主张科技应当对风险承担责任者。

韦伯认为，科学不能提供一个独立的伦理行为标准；科学既不能消除价值判断也不能提供意义，不能产生伦理规则。③ 韦伯的科学价值中立的姿态不仅体现了科学的客观性，而且体现出反对将科学视为终极关怀问题的结论。他反对人类历史的科学决定论。科学只能在人们做出决定时提供知识与信息而不是为是否做出决定做出判断。最终人根据自己的判断和意识做出决定，尽管在做出选择的整个过程中科学起着重要作用。科学在人们承担伦理责任的要求方面提供自由的环境，但不能取替自由决定的任何其他力量。这里，韦伯却忽视了一个最重大的问题，即价值判断的依据尽管是主观的，但科学所提供的知识与信息为人们做出价值判断提供了重要的支撑。人们不可能凭主观臆想而得出判断结果，而是根据人们已经接受

---

① ［古罗马］奥勒留：《沉思录》，何怀宏译，中央编译出版社 2008 年版，第 148 页。

② ［法］吉尔·利波维茨基：《责任的落寞：新民主时期的无痛伦理观》，倪复生等译，中国人民大学出版社 2007 年版，导言。

③ See Günter Sbramowski, *Meaningful Life in A Disenchanted World*: *Rational Science and Ethical Responsibility* (An Interpretation of Max Webber), translated and edited by Larry W. Moore and Willian H. Swatos, Jr., The Journal of Religious Ethics, 2001.

过的和正在接受的知识作为基础，才能综合得出结论。

与韦伯不同的是，赫费则认为科学应当对风险承担责任。他说："科学，只要它的活动渗透到与社会共有的那个世界，并与那个世界相关联，它就不只是对同事们负有责任。"① 科学并非孤立存在，它干预着自然，涉及世界并与社会连在一起。对同事们的责任成为一丝不苟的精神并落实到责任之上了，也是人们在同事面前自愿承担的，这容易被察觉到。科学对社会的责任表现得缺乏，其原因在于长时间责任就像不存在一样。追溯到早期，科学研究的大多是无生命的物理及化学，而且也没有带来什么损害，即使有损害，也具有可逆转的特点，因而导致了卸责或免责。然而，只要结果与生命时间相比具有不可逆性，就会出现新的境况。比如，基因研究以生命做实验，就存在着巨大的风险。不仅如此，科学在基础研究阶段就涉及风险争论，其相对独立的系统拥有专有知识的特权，因此，科学不得不"作为一个有责任能力的主体来建制，从自身出发进行风险的争论，要不然它就丧失了一个相对自主的社会独立系统所拥有的一些特权"。② 无独有偶，海德格尔也反对科技中立，他认为，技术并非只是一种工具，其价值并非中立；现代技术具有了强有力的价值导向之作用，不仅如此，它还渗透于人类活动的一切领域，无时不对人们的行为选择以及价值取向施加着自己的意志。

我们知道，自休谟提出事实与价值二分的命题以来，"休谟问题"一直困扰着哲学家。然而，在普特南（Hilary Putnam）看来，事实与价值是互相渗透着的，事实渗透着价值，价值也负载着事实，它们处于密不可分的联系之中。他说："放弃了日常伦理观念，或者用不同意志形态与道德观取替了日常道德观的文化，我们现在的智能将会丧失，以至于无法恰当地清楚描述日常人与人之间的关系、社会事件以及政治事件的功能。"③ 由此可见，人在描述事实时不可能不带有日常道德色彩，一切概念架构的选择都预设了价值，对日常人际关系与社会事实（social facts）的描述，乃至对生活计划的思考都无一例外地涉及道德性，任何事实的框架不可能

---

① ［德］奥特弗利德·赫费：《作为现代化之代价的道德》，刘安庆等译，上海世纪出版集团2005年版，第63页。

② 同上书，第65页。

③ Hilary Putnam, *Reason, Truth and History*, Cambridge University Press, 1981, pp. 201 - 202.

只是一个"摹定"（copies）。尽管普特南哲学带有实用主义倾向，我们也不必完全消解事实与价值的二分，但必须承认的是，事实与价值之间二分的不可逾越的鸿沟是不存在的。普特南式的"描述性言说"与"评价性言说"之间并没有截然分明的界域。他指出："科学如同预设了经验和惯例一样预设了价值。"[①] 对科学而言，也将没有什么纯粹性的"描述性科学"和纯粹性的"评价性科学"，当我们一谈到科学，就当然地想到它与人类的关系，描述性科学与评价性科学之间的二分也将崩溃。质言之，科学并非中立，科学应当为自己的事业承担责任。

马克思主义认为，真理必须是有用的，是对人类有价值的。反映在科学上就要求科学家一方面要追求真理，而另一方面要诉求价值，追求善的社会效果是科学的责任。"真理的科学性反映的是真理同客体的关系，是说真理如实地反映了客观事物及其规律，是正确的；真理的价值性反映的是真理同主体的关系，说的是真理可以满足主体的某种需要，是有用的。"[②] 在科学研究及其运用方面，都不能仅从事实出发，而要关注它的善的社会效果。"如果我们不把事实与价值看作深刻地'缠结'在一起的，我们就将与逻辑实证主义者误解价值的本性一样糟糕地误解事实的本性。"[③] 科学研究及技术运用既具有事实性，又具有价值性。

科学活动是事实与价值的统一。从科学只追求真理和探索自然奥秘这一视角去考察，科学只是一个事实，但从人的意志和社会效应视角观之，它又是一个价值存在。科学只是人的事业，而不是神的职业，离开了人，"科学"这一概念便失去了它存在的根基和应有的意义。因而，一谈到科学，就离不了人的行为与思想。作为一种社会建制的科技，它也表现为一种社会活动，因而也就承载着一定的社会功能，不可能不受制于特定的社会观念的影响，因此科技并非是价值中立的。"以往的科学'客观'、'中立'的形象已日益受到冲击，在'什么'被科学地确定为'需要'和'风险'的问题上，在具体选择和使用哪种类型的'科学'这些问题上，

① ［美］希拉里·普特南：《事实与价值二分法的崩溃》，应奇译，东方出版社2006年版，第39页。

② 袁贵仁：《价值观的理论与实践》，北京师范大学出版社2006年版，第92页。

③ ［美］希拉里·普特南：《事实与价值二分法的崩溃》，应奇译，东方出版社2006年版，第59页。

始终都会包含着价值判断和伦理判断。”① 在现代社会，科技已不仅是一个追求真理的事实判断，而且是一个内含着价值判断、伦理判断和责任判断等具有多种判断职能的价值存在了。这种价值存在作为一种科技理性，在一定程度上与社会理性形成了对立的格局，不仅使科技理性与社会理性割裂开来，而且在某种意义上科技理性支配着社会理性，支配着科技发展在社会发展中的作用和意义，进而以科技理性解释着一切，包括“风险”、价值、发展等。科技理性宣称自己是中立的，但事实上它已超越了中立的范畴而偏向了具有决定性价值的一边了。科学主义者则举起科学价值中立论的旗号，证明科学是绝对好的事业，认为科学理论无好坏之分，只有真假之别，这种观点一直依赖于逻辑实证主义思维，因而割裂了事实与价值之间的联系。

2. 科学的责任抑或科技专家的责任

现代性发展所体现的科技理性给我们留下了深刻的教训。“前人的错误给我们的教益不亚于他们的积极的成就给我们的教益。其实教益更多，因为错误构成那通向普遍世界观的楼梯的梯级。”② 科学的社会功能的实现是要将其成果应用于人类的实践，这个实践要通过技术转化为生产力才能完成，在这个过程中，求真向善应当成为科学的真正目的，这是工业社会中诸多错误给我们的教益。

西方文化中那种持续数千年的“除魅”过程中，科学被推崇备至。人们有一种信念，只要想知道的东西都能够知道，一切神秘莫测的、无法计算的东西都将成为历史，人们通过计算可以掌握一切，似乎一切都是确定无疑的，这就是韦伯所称的“为世界除魅”的魅力所在。文明人的生活被嵌入了无限的“进步”之中。然而，科学除了为技术服务之外，“进步”的意义和科学的价值受到了质疑。启蒙以来，科技成为人类社会发展的手段一直作为主旋律一路高歌猛进，20 世纪的人类历程，撼动了其作为社会进步的基础的主张，以至于科技对人类生活的改善受到了质疑。美国是利用科技推动社会进步的最大受惠国之一，尽管如此，曾担任美国国务院政策规划处副主任的弗朗西斯·福山认为：“技术能否改善人类的生活，关键在于人类道德是否能同步进步。没有道德的进步，技术的力量

---

① 张彦：《现代科技的风险类型及其博弈研究》，《新华文摘》2010 年第 18 期。

② ［德］狄慈根：《狄慈根哲学著作选集》，杨东纯译，生活·读书·新知三联书店 1978 年版，第 201 页。

只会成为邪恶的工具，而且人类的处境也会每况愈下。”① 是的，利用科技进行的世界大战就是最可怕的科技进步。现代科技带来了梦幻般的经济增长，与之相伴的是人们业已感受到的负面影响，以至于人们不知道该朝什么方向前进，也不知道什么叫进步了。

知识理性、科技理性与工具理性不应占据人类发展的整个地盘，我们要从这种狭隘性思维中解放出来，继续前行，去追求更高层次的现代，追求自觉的生命与自觉的价值。科学在为人类提升力量的同时，也将人类的力量引向了不正常的傲慢，这也正是它给我们带来的弊端，因而关于责任问题，不能像雅典娜的猫头鹰只是到了黄昏时才起飞。要使发展的权力道德化，促进权力意志的傲慢向仁慈意志的谦卑转化。“一个聪明的建议，而且诚实的戒律是，科学展示出一种新的自明性。即使不放弃人文的主导目标，科学也应承认它们的实际成就是矛盾的，此外，应尝试将文明进程纳入为人所愿的方向，尽管这种可能只是有限的。”② 无论是职务责任，还是涉及行为的普遍责任，也无论是自己的责任还是连带责任，都需要担当起来。

科学及科学专家作为风险社会伦理责任主体，主要承担如下责任：

第一，为科学而科学。

柏拉图在《理想国》中的“洞喻”隐含了科学要“为科学而科学”、要为“真正的存在”而科学的哲理。洞穴里的人看不到光源，只能看到岩石上的影子，显得十分愚昧。当有人挣脱脚镣，看到了太阳后，欲回到洞中将洞中的人都带出洞外，使他们回到光明之中。追求太阳则表明了他们追求真理的行为，使人们摆脱愚昧和无知。科学的真正目的与责任便在于此：为科学而科学，追求知识，追求真、善、美的统一。科学追求真理的责任决定了科学家要遵守其职责。科学社会学的创始人默顿将科学的精神气质归纳为普遍性、公有性、无私利性和有条理的怀疑主义，很好地回答了科学家的伦理责任定位。这些精神气质一方面起到调节科学家内部行为的作用，另一方面也捍卫了科技共同体的神圣职能，是一种高尚的职业伦理责任。在赫费看来，科学的责任应当是，由一种所谓的知识去构成一

① ［美］弗朗西斯·福山：《历史的终结及最后之人》，黄胜强等译，中国社会科学出版社2003年版，第8页。

② ［德］奥特弗利德·赫费：《作为现代化之代价的道德》，刘安庆等译，上海世纪出版集团2005年版，第260页。

种事实性的知识，从一种基本性的知识去构成一种扩展性知识。“在一个按功能划分的社会中，科学负责知识文化：责任标准、主题范围，还负责主导性认识旨趣。同时，科学也为一种生活提供榜样，在这种生活中，经济的和政治的力量不算数，算数的是可以审核的认识以及理智的创造性。”① 由此可见，追求真知、消除愚昧、构建扩展性知识，无疑成为科学责任的重要表现。

第二，界定风险、告知风险并为治理风险做出贡献。

科学可以提供最有效率的指导实践的知识，因坚持实证原则而具有良好的自我纠错机制，但这种纠错机制不是科学知识自身运动的结果，而是出自于科学家的良知。正是这种良知提供了判断善恶是非并择善而行的意识与标准。择善与自我利益追求之间并不互相矛盾，只要日常道德底线还没有被清除掉，那种“己所不欲，勿施于人”的良知就会使道德底线规范发挥重要作用。科学家在科技发展方面拥有权威，接受这一权威的使命就意味着接受了相应的规则，这些规则给了他们以某些方式行动的权利，也就是以某种方式行动的责任。

科学家是本领域的专家，在风险社会中，理应承担起确定风险、预见风险、通告风险和向人们提出合理性建议的伦理责任。科学具有独特的知识要求，因而从事科技工作的人员在某一领域具有专门的科技知识，他们会比普通人更早、更全面、更深刻地洞察出一项科技可能为人类带来多大的福利，或者会导致多大可能性的危险。对风险的评估能力决定了他们应当承担“预知”的伦理责任，在他们的工作中要体现出有意识地综合考量某一科技对社会带来的效果，思考并预见从事科技活动会引发的种种不利后果，由此主动调整方向，把握科技发展的良性指向。不能像贝克所揭示的因科学对风险的定义而使之具有不确定性。“缺乏认真，责任之说总是一句干巴巴的保证；对于新的任务缺乏敏感，责任永远是跛行于后的；一方面没有一种较高级的判断力，另一方面没有形成新的责任承担者，责任永远只是一个虔诚的愿望。”② 科学家及工程学家将其预见到的风险进谏到相关决定部门，在可能的情况下参与到决定的过程中去，以便提出对人类生存负责的建议，达到影响决策方向的效能，这便是他们履行伦理责

① ［德］奥特弗利德·赫费：《作为现代化之代价的道德》，刘安庆等译，上海世纪出版集团 2005 年版，第 258—259 页。

② 同上书，第 258 页。

任的忠实表现。因而，履行通知、劝告、建议是科学家们在追求真理时相伴而行的伦理责任。权衡利弊得失是他们应尽的职责，预见到科技活动的危害性而不停止，就是亵渎了他们神圣的责任，知道科技活动的威胁而不及时指出并向公众和政府发出警示，同样应受到了良心的谴责。不仅如此，有效地向公众传播科学、增强风险意识，以使公众在科学的指引下行动，不仅能提高全民的风险责任感，而且对树立科学的权威，增强科学家和专家在公众心中的信任度将起到不可估量的作用。

第三，为人的实践、生命和种的保存付出努力。

科学在原初意义上，是一种追求知识的满足，而如今，变成了实用技术的价值关怀。科学意在追求真理、探究和理解世界，它要求系统地挖掘世界的奥秘，因而要以尽可能严密地逻辑和深刻的理论，力求按照事物本来的面目去认识事物和解释事物，并严格地在实践中进行检验，力求每一个假说都要得到来自实验观察的结果去支撑理论。而技术是人们在干预、改造以及控制事物的过程中所使用的操作方法和程序，并不要求有多么严密的理论。然而，科技时代的到来，让我们注意到了科学与技术的联手，成为了征服自然与控制自然的工具，并服务于商业、军事和政治领域。而也不得不成为技术的奴婢。在人类生活中，科学与技术以不同的姿态呈现着，"在对自然界进行观察以及在与自然对话的过程中，科学总是表现谦恭、深沉，同时又是令人满怀敬意的，而技术则总是高高在上，做出主宰一切的姿态。"① 这种描述的确有道理！今天，技术几乎进入了官僚领域，它们野心勃勃、无所顾忌，制造着一起又一起的破坏性"惨案"。巴西环保主义者、诺贝尔奖获得者何塞·卢岑贝格认为，科学来不得半点的虚伪和骄傲，无法容忍谎言的存在，科学家是不允许说谎、虚构或进行欺骗行为的，但技术却充溢着谎言。在今天的技术发展看来，"实用主义"的技术遍布各个领域，忠实地为着进一步集中权力服务着。

"科学越是毫无顾忌和大公无私，它就越符合工人的利益和愿望。"②科学要成为对人的实践、生命的保存以及种的保存有益而不是有害的东西，才能真正为人类做出贡献。科学不能只对实用者有意义，不是仅仅为了他人可借此取得商业上或技术上的成功手段。现代企业并不是因为对抽

---

① ［巴西］何塞·卢岑贝格：《自然不可改良》，黄凤祝译，生活·读书·新知三联书店1999年版，第64页。

② 《马克思恩格斯选集》第四卷，人民出版社1995年版，第258页。

象知识的热爱才资助研究人员，而是为了获取利润。经济的增长的欲望支配着它们，成为当今社会普遍存在的特征，因而显示出科学的重要性。然而，人们对科学的规定并不包含任何道德或精神的价值。亚当·斯密、马克思、涂尔干和韦伯均强调了现代生活的这种特征。科学在提高经济生产力的能力的同时并未使人有道德、更幸福，并未在其中设定伦理责任。这就是工业社会演变为风险社会的重要成因。然而，历史是否可以逆转呢？现代社会是否要回归到“前现代”或“前科学”时代呢？当然不能，挽救我们的只有责任感，我们只能前进，继续前行，但要以一种可以产生善的社会效果的责任意识去完成发展的目标。

尽管科学与科学家表征着不同的主体，但科学离不开科学家，没有科学家，科学概念便不存在。“科学——为了支配自然而改造自然的概念——属于‘手段’这一类。”① 科学并不是目的，而是为人类服务的手段。真正的目的是为人类带来福祉，这个目的在于人，而“人的‘目的’和‘意志’应该同以总体为目标的意图同步增长。”② 人的总体目标要求排除使用科技工具所带来的不幸。从某种意义上讲，科学的统治权在科学专家手中，因而避免科学的负面影响就成为科学专家们的责任。“选择要求担责任，学者和科学家们正是一些通过选择活动来承担他们对其首先提出的主张、要求、猜想、建议等所负有责任的人。”③

科学家从事着某一领域的专门研究，其研究不仅要忠实于美与真理，而且要忠实于价值，即忠实于善。从伦理上看，科学家的向善责任是不可推卸的。其研究成果要对社会发展起贡献作用，至少不能损害或给社会带来不良的危险。作为知识体系的科学本身是无涉价值的或中立的，但一旦涉入研究活动或社会建制，就必然是承载伦理的和负荷价值的。科学家在科学研究中追求真理的天职，体悟美的神韵，就意味着应该承担善的责任。科学研究的成果最终要应用于人类社会，因而，其研究的动机和研究的出发点的确立，从诸多课题中进行取舍，其假设的提出和理论架构的形成，到对理论进行风险评估，再到科学成果转化为技术的各个环节中，无不负载着善的价值取向。任何一项科学研究的目的都在于确保人类的生存

① ［德］尼采：《权力意志：重估一切价值的尝试》，张念东等译，中央编译出版社 2005 年版，第 21 页。

② 同上书。

③ ［美］沃勒斯坦：《知识的不确定性》，王昺等译，山东大学出版社 2006 年版，第 32 页。

和推进人类社会的和谐发展作为其终极价值目标。只懂得研究和将成果转化为技术运用是远远不够的，问题在于要看它是否关心人本身的生存境遇，要保证其研究成果能够造福人类，而不是给人类带来灾难。

四　政府作为责任主体

在风险社会中，政府作为最强有力的特殊组织，其意志、选择、决定将影响到一个民族国家甚至全人类的安全与幸福，因此，政府是否应当承担人类和谐发展的伦理责任，其责任主体地位如何确立，便成为风险时代的重要课题。

亚里士多德早就强调，正义是同国家联系在一起的，它体现在国家管理活动中。同样，鲍曼也认为："只有在国家中，也只有通过国家，善与恶的观念才会在共同生活的公正秩序中出现。"① 人与动物的不同之处在于人具有社会性，"只有野兽或上帝"才不需要社会。因而，对正义的寻求，使人类共处在一个民族国家之中，这是必然的结果，而生活在政治组织之中则构成了人性的必要条件，它是先验的和受历史影响的，是不证自明的。在黑格尔看来，"政府是自身反思的、现实的精神，是全部伦理实体的单一的自我。"② 由此，我们可以看出，善与恶的观点同政治组织（polity）不可分离，政府必然成为对其成员及社会正态秩序承担伦理责任的主体。这无疑表明政府有责任在其职责范围内实现正义，并推动善政发展。良好的社会秩序离不开政府的有效监管与决策，实现了善的管理才是正义的管理；反之则为恶的管理。

政府的公共性决定了其有责任进行善政发展。作为公共组织的现代政府，其权力来源于公民的协商与同意和公民权利的合理让渡，因而政府成为人民权力的授意者和委托者。这种权力属于稀缺资源，只有在有效责任范围内行使，才能保证不被滥用，才能显示出公共性权力行使的合法性。换言之，政府应当以高度的责任感来行使权力。这就意味着政府行使职能的一半是权力，另一半是责任。不仅如此，权力因责任而生，接受公民的委托首先代表着责任：为公共政策和公民利益负责，它是政府行为存在的基础与根本性条件，尔后才会产生因履行责任而需要行使的权力。权力并不是政府一产生就存在的，行使权力的目的在于实现责任，责任是权力的

① ［英］齐格蒙特·鲍曼：《被围困的社会》，郇建业译，江苏人民出版社2005年版，第37页。

② ［德］黑格尔：《精神现象学》（下卷），贺麟等译，商务印书馆2009年版，第14页。

基础，权力是责任的保障。责任成为政府形成与构建的逻辑起点。“一个真正的、世界范围的、创造性的行动共同体必须以下述条件为前提：命令的发出者是以一种彻底的责任感来发命令的，而命令的服从者则完全地理解他正在做的事情的理由。”① 责任命令成为政府行使职能的原初动因，这个原初动因正是来自于公民的意志，因此按公民的意志行使权力，才能建立起公民与政府之间的信任与沟通、管理好代表公民共同利益的公共事务、有效地预防与治理风险、维护好公民的利益和安全、实现良序和谐的社会状态，最终实现人与社会的全面发展。

然而，在风险社会，资产阶级政府未能做到“善政”，未能做到真正的改善民生问题，这主要表现为政治与经济的联姻，以牺牲一部分人的健康甚至生命为代价，而使得整个世界都充满着风险的威胁。工业文明所附带的危险后果，正是政治与经济联手去实现“利益最大化”的结晶。在政府的决策下，由于资本主义生产模式的运作，那些以商业谋略为目标去考虑、预测、发展与探索可能的经济效用的人们，根本无视危机的存在，使得风险被成倍地输出，借用贝克的话说：“首先，风险的科学化程度在增加；其次，并与之相互联系，与风险的交往在增长。对现代化危险和风险的证明远不仅仅是批判，它也是一种首要的经济发展要素。”② 工业化在密集地运用技术和发明新的机器时，也在运用社会组织极力地发挥着人的工具理性，在发明机器和组织生产方面已超过了早期科学方法的预料，建立起了一系列使生产可能性不断发展的境界，进而不断地调整着经济发展的方向。由于生产与消费不断上升，达到了一个全新的层次，风险的积累就会越来越多。“可以说在风险的生产中，发达资本主义吸收、普遍化、日常化了战争的破坏力量。”③ 这就足以见到资本主义在生产着财富的同时，也在不停地生产着风险。工业社会在通过风险的成倍增长和对风险的经济开发过程中，系统地产生了自己的危险，置自己于危境之中，因而对自身提出了质疑。

二战以来，科学几乎成为每个国家极为关切的政治因素，科学资源的能力明显成为一个国家政治与经济的主导，到处都在制定科技发展的策

---

① ［德］卡尔·雅斯贝斯：《时代的精神状况》，王德峰译，上海译文出版社2008年版，第23—24页。

② ［德］乌尔里希·贝克：《风险社会》，何傅闻译，译林出版社2003年版，第65页。

③ 同上。

略，科学研究的组织越来越集中化，形成了科技与政治、经济的联姻格局。导致“工业社会的社会机制已经面临着历史上前所未有的一种可能性，即一项决策可能会毁灭我们人类赖以生存的这颗行星上的所有生命。”① 政府机构与经济组织联姻，只顾及眼前利益而忽略了长远利益，只顾及少数人的利益而忽略了整体的利益。不仅如此，一些组织如政府、企业等为了自己利益的无限增值或为了某些“特殊”利益考虑，而找出种种理由推卸责任的承担。

由此可见，在工业文明中，财富被资本主义有组织地生产着，风险也以同样的方式被生产着，但责任却被束之高阁。无论是追求经济利益的增长，还是政治权力之争；无论是战争的破坏，还是生态的恶化；无论是科技理性推动生产力的发展，还是科技理性毁灭了人的生存境遇，这一切都与资本主义制度以及其执行者——政府——的决策力分不开的。“受到谴责的是由我们自己的原因造成的恶，而不是我们不能对之负责任的那些恶。”② 因而政府成为风险社会伦理责任主体是毋庸置疑的事。

现代政府应当是责任政府。政府具有不可推卸的“决策正确”的责任。作为决策者的政府对待知识的态度应是合理的，应以保障人类和自然的可持续发展为最高原则，而不是以损害社会公众利益为代价去谋取片刻的巨利。在科研立项、资助范围上兼顾到科技的发展和风险评估，增强责任意识，尽力避免及化解可能发生的风险。政府及其他决策者不仅要承担起预防风险的责任，而且要承担起积极应对风险并加以治理的责任。国家在制定科技发展的法律法规和管理目标时，综合考虑将组织的利益与全球及整个人类的利益统一起来，将现实利益与未来利益统一起来，将追求真理的科技精神与追求科技的价值统一起来，将科技活动的发展与责任统一起来，避免因一部分人的利益而损害另一部分人的利益的情形发生，这些都决定了政府在这方面应承担的“保障”责任。科技可以转化为第一生产力，可以推动经济的发展，因而政府为了民生的利益而十分关注这一点无疑是十分正确的，但不可以只看到事物的一方面而忽视另一方面，在追求物质财富增长的同时，不能忽视因此而产生风险的可能性，不可以因为有利可图就无视风险的存在。因而，在确立科技发展、政策管理与成果控

① ［德］贝克：《从工业社会到风险社会》，《马克思主义与现实》2003 年第 3 期。

② ［古希腊］亚里士多德：《尼各马可伦理学》，廖申白译，商务印书馆 2003 年版，第 74 页。

制方面，政府应发挥积极的导向作用，明确规定哪种科技活动必须关闭，哪种科技行为可先行等，都应当在责任政府的决策控制之下运行。

值得注意的是，迎接风险抓住机遇成为责任政府的另一重责任。中国有句成语“塞翁失马，焉知祸福”（《淮南子·人间训》），“祸兮福所倚，福兮祸所伏。优喜聚门兮，吉凶同域。”（《文选·贾谊〈鹏鸟赋〉》）我们用历史唯物主义的方法去看待风险社会，可以发现风险既是挑战又是机遇，一方面，它考验我们应对风险、抵御各种危险的能力，反思现代制度，与时俱进，不断提高发现问题与解决问题的能力，提高决策的安全性，建设高效的负责任的政府。另一方面，它预示着社会是动态向前发展的，看清形势，以此为契机，改进我们的制度以适应时代的需要，将现代性推向“更现代”或“新现代”——一种以人类幸福生活而不是“文明危机”为向路的现代化。

需要明确的是，政府作为一个组织本身并没有行为能力，其行为要通过政府的代表——如政治家及官员——来完成，因而，政府的责任是通过政治家及官员的责任实现来实现的。韦伯指出：“政治领袖，即处在领导地位的政治家，他的荣誉恰恰在于，他对自己的所作所为，要完全承担起个人责任，他无法，也不可以拒绝或转嫁这一责任。”① 政治家承担的应当是双重责任：个人责任与代表责任。我们不要忘记官员们的工作行为是代表政府的，在这里，责任成了分内之事——职责。当代社会，应该由那些具有强烈责任心的人而不是想逃避责任的人在政治组织中起作用。“‘政治人格’的‘强大’，首先就是指拥有激情、责任心和恰如其分的判断力这些素质。”② 凡是能够尽自己最大努力使所有人的生活都有所依凭的人，都是具有责任意识的人。“凡在内心深处认识到自己有责任在这一领域中尽其所能的人，是正视人的实存问题的人。”③ 政治家如此，官员亦如此。

政府的联合，便构成了另一种组织责任的必要，那便是国际共同体所显示的合作责任。

---

① ［德］马克斯·韦伯：《学术与政治》，冯克利译，生活·读书·新知三联书店 2005 年版，第 76 页。

② 同上书，第 101 页。

③ ［德］卡尔·雅斯贝斯：《时代的精神状况》，王德峰译，上海译文出版社 2008 年版，第 65 页。

五　国际共同体作为责任的主体

世界风险社会的到来是与全球化紧密相连的，而全球化又是工业资本主义发展的必然结果。马克思早就指出，资本掠夺的本性决定了他们要将爪牙伸向世界各个角落，从而使历史进入了世界历史，民族化演变为全球化。罗宾·科恩和保罗·肯尼迪在《全球社会学》中对"全球化"给出了6条线索："1. 时空概念的变化；2. 文化互动的增长；3. 面向所有世界居民的共同问题；4. 相互联系和相互依存的增长；5. 强大的跨国行动者和不断增长的组织网络；6. 全球化中全方位的一体化。"① 不可否认来自全球的强大合力与交流，使我们生活着的世界正日益成为一个村庄或一个体系，时空观念正在接受着巨大变化。工业资本主义不断地创新着科技，并利用"这些技术创新和社会组织创新共同作用，戏剧性地重组和压缩了人和地域之间的时空维度。"② 二战以来，正是跨国行动者和跨国组织越过国界迅速扩张和强化自己的势力，最终导致了全球经济、政治、技术、社会和文化几乎同时凝聚在一起，其发展势力不断强化并持续地扩大对他人的影响。世界各地的文化流正在以前所未有的形式、数量、速度和频率迅猛展开，使得"文化"（culture）一词具有了多重含义。来自世界不同国家与民族的居民感受到来自各方面的问题在这个交织着的全球化网络中也在不断增多。资本逻辑主导的现代性创造了一个"全球时代"，同时创造了一股庞大的和失控的"毁灭力"（juggernaut）（吉登斯语）。工业现代性的副作用带给人的威胁不是局限于某一个民族国家，而是殃及世界上的每一个人。全球化把整个人类连在一起，使得严重后果风险在全球范围内得到了扩散与分配，生活在这个星球上的每个人都无法幸免。

严重后果风险的存在引发了实质性的伦理问题。对现代性的反思，面临全球性的社会风险和人类风险，使我们深刻认识到，人类作为类主体应当具备的责任意识的确不是靠单个人或单个国家可以完成的使命。"环境正义"问题、地球问题不是某一个民族国家以及它们的公民所面临的问题，它将这个星球上所有的国家绑在一起，每个成员都成为这棵

① ［英］罗宾·科恩、保罗·肯尼迪：《全球社会学》，文军等译，社会科学文献出版社2001年版，第35页。

② ［英］约翰·厄里：《全球复杂性》，李冠福译，北京师范大学出版社2009年版，第1页。

树上的蚂蚱。风险的承担者以及那些受影响的人，在今天已经超越了阶级、民族、种族与性别的界限。“我们”已变成了一个整体，每个部分之间已形成相互联系并相互依存的纽带。因此，在考虑问题时不能从某个主体单方面入手，而是要从全球范围内通盘筹划，把整个人类作为一个统一体来考虑。任何一个独立的民族国家孤立地发展都将显得十分微弱，它要求新的合作方式和全球性责任模式产生。责任命令是一切人同样固有的，是与人的生存本能分不开的，它是人类社会的道德命令，是历史证明了的人类的自觉意识。这就要求全人类团结起来，共同为预防与治理风险付出努力。

斯多葛主义提出了“世界主义”，即“世界公民权责”的观点，直接从人类伦理集体视角，超越了民族国家的地理与政治界域，规定了正义和普遍的人类之家来自于理性领域的最高责任的真谛。文德尔班高度评价斯多葛伦理，他说：“光荣仍应属于斯多葛伦理学，这个光荣是：在斯多葛伦理学里，古代伦理生活所产生并借此超越自身指向未来的最成熟最高尚的东西获得了自己最好的表达形式。道德人格的内在价值，克服世界体现于人的自我克服，个人服从于宇宙的神圣规律；人的气质表现于理想的精神统一中，并借此远远拔高于尘世生活；与此相联，强烈的责任感教育人在现实生活中要强有力地履行自己的责任。”① 这种赞誉一点也不过分，这是人类责任观的特征，它从科学观点出发，表现了人类生活概念中最强有力的、意义最深远的道德命令。

“人类责任因此首次成了整个宇宙的责任。”② 随着不可逆的风险的全球化，可持续性责任清楚表明，容易受到现代性制度与高科技伤害或欺骗，甚至需要对科技进行更加民主的治理的“后国家风险共同体”（贝克语）正在出现。这种共同体是与世界风险社会中各种风险相伴而生的。“如果没有道德，没有起着普遍约束作用的伦理规范，也没有‘全球性标准’，那么，各国家将面临着这样的危险，既由于数十年以来积累的问题，各国家将自己引入一种危机，而这一危机最终可能将这些国家引向国家的虚脱，也就是说，可能将这些国家引向经济的崩溃，引向社会的瓦解

① ［德］文德尔班：《哲学史教程》（上卷），罗达仁译，商务印书馆 1997 年版，第 237—238 页。

② ［德］汉斯·约纳斯：《技术、医学与伦理学：责任原理的实践》，张荣译，上海译文出版社 2008 年版，第 29 页。

以致引向政治上的灾难。"[①] 最近几年举行的经济"峰会"、气候"峰会"等，无一不表明任何一个民族国家力量的孤单与各国政府共同治理的重要性与必要性，也开启了"后国家风险共同体"作为国际共同体形式成为风险社会伦理责任主体新的范域，共同责任或联合责任成为它们承担责任的主要形式。

新的全球性的伦理秩序要求国际共同体与民族国家一道，为科学、技术以及医学的负面效应所带来的风险承担责任。风险问题既是一种挑战，也是全球化合作的强大动力，它使我们走向一个社会的、政治的和文化的责任全球化。在哈贝马斯看来，全球化运动、全球话语、全球觉醒、全球框架等全球化认同模式与跨国制度的协商机制，都可能为人类事务在全球范围内的转变提供最清晰的内在指示，也给在急剧变化的条件下建立规制提供了希望。不仅如此，这种跨国合作模式为建立相应的责任制度提供了充分的条件。可持续性责任将在一个相互依赖的世界或全球社会出现，将拥有一个可以跟得上全球网络以及对全球网络划定界限的全球责任体制。

从本质上讲，国际共同体责任是当代沟通性、对话性与反思性相融合的责任模式。20 世纪以来，有关核风险、环境风险及经济风险国际组织的数量明显增长，联合国在这个过程中亦起到了关键作用。但由于民族国家间的政治与经济斗争，使得这些国际联盟的责任的承担上没有得到落实，相应的规范性制度也未得到全面的建立，已经建立起来的法律制度也未得到全面的执行。世界风险社会的到来，对人类所面临的各类风险的责任问题日益暴露。因而，沟通性的、对话性的及反思性的共同责任模式愈显重要。

不同主体有其不同的责任范畴，这是主体的社会地位和职能所决定的。但是，某个单一主体的力量毕竟是有限的，只有个体、法人、政府、人"类"等各方主体既在自己职责范围内尽责，又相互通力合作，从而形成合力，美好的希望才不会化作泡影。这就是复合主体的责任力量。

随着时代的变迁和社会的发展，伦理的传统范畴应当得到进一步的扩展，要超越社会关系范围，进入生物界甚至自然界。这是由"人是自然界的一部分"的属性所决定的。损害自然界就是在损害人本身，因而人

---

① ［瑞士］汉斯·昆：《世界伦理构想》，周艺译，生活·读书·新知三联书店 2002 年版，第 32 页。

要“善”待自然。换言之，伦理所涉及的不仅是人与人之间的关系，而且涉及群体、集体、社会、国家、人类甚至自然界的相互关系。伦理范畴内的应当、责任与义务相应地需要扩展，需要超越传统道德价值的时代性。“应当”、“责任”与“义务”的范畴不仅指向当下的社会关系，还要指向未来的人的生存、社会关系与自然界的和谐。进言之，调和风险社会的人与自然、人与他人、人与自身冲突与矛盾的伦理应当是和谐伦理，道德则表现为这种和谐伦理本身所具有的人之风尚、德性和调节规范。风险责任是和谐伦理和道德规范的题中应有之义，风险的未来性表征着责任的未来指向。

第二节 责任范域的未来指向性

责任是一个历史性范畴，不同时代和社会中责任指向的维度有所不同。由于现代性将时间与空间延伸了，使得风险威胁具有了未来性，影响到未来的生命安全与生态和谐，因而，在严重后果风险时代，考察伦理责任时就要将未来的指向性维度纳入承担的范畴。这是因风险的不确定性给未来的生命和生存境遇招致的影响所决定的。

一 不确定的知识与未来风险

工业资本主义的发端起始于对人的力量的发挥和对自然的征服，这就必然要求对知识的求索和知识应用的科技创新，于是人的生存与生活处境有了新的领域，与之相伴的与前现代旧风险相区别的新风险应运而生，使得人类生活在“文明的火山上”。换言之，工业文明和后工业文明的副产品——未来风险——是与知识及知识应用的科技发展勾连在一起的。因此，对知识的不确定性的探究成为对风险未来性揭示的必由之路。

今天，我们称这个时代为“知识社会”，意味着知识是一切行动的基础和依托，它指导着我们前行的方向。称它为知识社会，还因为在这个社会里，知识比以往社会更常见或更流行，能够引起更多的注意，还因为知识在权力结构中的作用比以前任何社会更大。由此，知识在社会中的地位越来越重要。当然，并非所有的知识，而是一些知识的作用在上升，而另一些知识的作用在下降，但无论如何，我们对知识的依赖性越来越强，这是不争的事实，似乎没有了知识，我们就没有了力量，培根断言的“知识就是力量”仍然主宰着我们的时代，推动着人类向前迈进，我们不能后退半步。然而，面对潜在的风险，这个基础开始动摇了，它受到了极大的挑战，知识的力量在不断被弱化，非知识与无意识正在不断增长。在此背景下，决策者只能在不确定性的语境下做决定，这种决策的合法性危机与合理性危机便显露无遗。

正因如此，知识政策的做出就会显现出一定的难度。斯德哥尔摩皇家技术学院哲学教授斯万·欧维·汉森（Sven Ove Hansson）将对后果不确定的“知识决策”分为四个等级①，第一是“风险决策”，即人们已经知道了后果以及这些后果出现的概率，这是最低限度的后果不确定性；第二是“不确定性决策”，这种决策是在后果出现的概率并不十分清楚的情况下做出的；第三是“无知决策”，是指人们知道采用不同的选择就会出现不同的后果，但除了知道这些可能性后果的出现概率不是零以外，别无其他；第四种是最高等级的不确定性，他称为“盲目决策”，人们对什么后果以及发生概率一概不知。这四种决策在决策理论中是比较常见的，众所周知，无论哪种决策，都需要专家系统，都取决于专家的专业技能及其所受到的教育和所积累的经验。福柯、霍克海默、阿多诺等法兰克福学派社会理论家均将现代社会描绘成一个专家知识统治的牢笼，遵循着专家治国的科层制，这个科层制如同一架机器，其操控者是科学技术的专家，而个人只是这台机器上的一个齿轮。然而，专家有时也会出错，这就使知识决策中，本身内含着无法预见到的灾难性后果，这就是我们这个时代的知识政策的风险。

在世界风险社会中，“知识与无意识的合题”（贝克语）构成了风险的不确定性。一方面，不断丰富的和不断优化的知识成为风险的发源地，当越来越多的知识领域被开启时，科学也在创造出越来越多的风险类型；而另一方面，由于缺乏知识而导致的无意识（没有知识）会产生大量的风险，这种不知道或不再知道的“无意识”表征着一种潜在的知识，一种有待进一步开发的知识，它暗含着一种未说明的确定性。换言之，依赖于经验知识的风险评估与在不确定性与非决定性的条件下所开展的风险决策与行动，表明了“知识”与“无意识”在一定程度上的合并。这种

① ［瑞典］斯万·欧维·汉森：《知识社会中的不确定性》，刘北成译，《国际社会科学》2003 年第 1 期。

合题表达了风险社会中知识政策的悖论：我们需要高度发达的专家理性与知识的确定性，而风险专家们又对他们所进行的概率计算表示怀疑。借用韦伯的一个词，我们陷入知识的“铁笼”之中。知识的扩展一方面为人们带来利益，而另一方面，又被认为是人为的不确定性的风险的源泉。我们为了让生命的机器能够得到支撑，就得不断地、有意识地去了解相关的知识，然而，随着科学知识不断地为我们提供新的机会，也使世界变得越来越复杂，新的风险不断增多。其不确定性使得专家之间争论不休，莫衷一是，更不用说普通个人了。

为了证明知识的正确性和科学性，科学家们制造出了风险的“可接受值”概念，以此表明事件危险性的底线。贝克举了“生产毒素”的例子来批判这种“可接受值”。在他看来，对毒素的生产不仅只是某一个产业部门的问题，而且更是确定可接受值的问题，这是一个跨越了制度与体系边界，跨越了政治的、部门的和产业的界限而制造出来的合作性生产问题。换言之，确定可接受值的问题是有组织地生产出来的，是一种“有组织的不负责任”的行为。可接受值被认为是一个安全的标准，但事实上它只是人为的，只能给人一种心灵的慰藉，风险依然藏匿于其中，会按照自身的规律发展，并最终威胁到人的健康。本质上，这种可接受值的定义，是在制造道德上的双重标准，人为地制造出一种最低危险值，其目的在于让人们容忍。一种最低限度的规则取代了伦理，人们不再去关心伦理，而是被指引去关心这个最低值。只要被告知有一种副作用是可允许的，人们就会接受，然而，多大的副作用或多少有害物质是可“允许的”仍然是一个未决的问题。所有这些都是在“科学理性”的名义下完成的。哈姆雷特喊出的“生存还是毁灭?”似乎在这里震慑着每一位专家、政治家，它召唤着专家们和政治家们制定出负责任的“可接受值”。在有关风险的定义、确认与管理方面，知识的确表现得力不从心。面对风险的冲突，政治家们不想再启用科学专家。在贝克看来，原因首先在于，受风险影响的个体或集团之间存在着不同的观点甚至矛盾，他们对风险有着不同的定义，这样，由风险产生的知识之间的冲突便表现为专家的不同观点上。同时，专家们也只能或多或少地提供一些有关风险的可能性的信息，但永远不能确切地回答哪种风险可接受而哪些风险不可接受。当然，此时政治家是不能采纳专家的意见的，否则就会陷入不确定性或错误之中，使他们进退维谷，进而引起对知识的怀疑。于是贝克得出结论：“风险社会的教训是：政治和道德正在获得——必须获得！——替换科学论证的优先权。”①

在一些哲学家看来，科学家们所做的事就像在赌博。由于科学家们接受了政治家与公众的资助，因此便不得不作出正确的表示，尽管他们自己也不知道要发生什么。这一改前风险社会的常态：无论在研究与理论之间，还是在理论与技术之间，都存在着明显的界限，对科学发现的每种逻辑在开始交付实践前须进行检验。然而，在风险社会中，由于检验的标准无法确定，因而这种检验是不可能准备进行的，接下来可能会发生的就是毁灭性的大灾难。因此，科学家们不得不调控实验，以防严重后果的发生。风险社会成了实验社会，但实验的结果依然无法确定风险的可能性有多大。

由此我们可看出，“科学不再享有它两个世纪以来一直享有的那种作为真理的最可靠形式的无可争议的威望，而对很多人来说它是惟一的、最可靠的真理形式。”② 科学被指责为不可靠的主观形态，是产生风险的源头。“这种不确定性无疑造成了社会的不稳定，而疑虑本身也只能加重危险。”③ 这种危险左右着我们当下的行为选择，其影响力与威胁成正比，将直接殃及未来人的生存与生活。这种知识的不确定性直接导致了对知识应用的科学技术的不确定。

科学可以为我们提供新知识的同时，又会带来颇多的不确定性。科学可以用来回答一些问题，但它仍然赶不上新问题产生的速度，而这些新问题本身的源头就是知识。因此，风险社会的不确定性在一定程度上是由知识的不确定性和不完备性所决定的。“完备的意思就是搜罗属于某一领域的东西的一切细节使无遗漏，从这一含义说，没有一种科学和知识能说得上是完备的。”④ 知识的不完备性的重要原因在于知识的复杂性，对一个事件来说，其涉及的知识就相当多，它们相互交织，共同构成了一张具有千丝万缕联系的网络，每个网点彼此互动，任何一个网点的不可预测都会影响到整个知识网络体系，这就确定了知识内在的非完备性和非确定性。这也证明了，我们尚不存在十分完美的科学模式。正是由于知识的这种特

---

① ［德］贝克：《风险社会政治学》，刘宁宁等译，《马克思主义与现实》2005 年第 3 期。

② ［美］沃勒斯坦：《知识的不确定性》，王昺等译，山东大学出版社 2006 年版，第 3 页。

③ 同上书，第 20 页。

④ ［德］黑格尔：《法哲学原理》，范阳等译，商务印书馆 1982 年版，第 226 页。

性，因此而引发的风险的计算与预测的难度增大了，在风险水平的探测与评估中，存在着可接受风险与不可接受风险之间的伦理差距，但这种伦理差距绝大多数情况下是被遮蔽的，尚未被揭示出来，“即使在风险人群中没有发现有害后果，风险后果依然可能比通常所建议的关注底线或可接受水平高出100倍到1000倍。”①

我们看到，在风险社会中，那种不明确的和无法预料的威胁性后果已经成为历史和社会发展的主宰力量。这种力量会超越世代，今天的实践，其孕育的危机与威胁可能殃及下一代或以后几代人。已经发生的破坏作用，预示着未来发生风险的潜在性，表征着一种将来的倾向和内容，暗含着一个需要人类避免的未来。与财富的可感性相比，指向未来的风险是不可感知的。由于激进现代性对社会的刺激，具有破坏性的风险一旦变现，就意味着规模大到不可能采取任何行动的程度。风险冲毁了确定性的堤坝，传统工业社会精心打造出来的计算编码已然过时，风险变得越来越不可确定和难以预测。这样的风险并非属于事实性范畴，并非是现实存在关系运动变化的一种必然结论。因此，风险是一种“不确定性回归到社会中”，“生活和行动在不确定性中成为一种基本体验。”②

为了人类的未来，我们需要科学知识，也需要技术。但是，我们主张科学，却要反对科学主义。科学不能片面地发展，而是要与人文关怀相融合，更确切地说，要在人文关怀的框架下去发展科技。正是对未来知之甚少，致使我们预测未来的能力远远小于我们创造未来的能力，这中间有一个巨大的差距，正是这一差距使未来那不堪想象的后果成为可能。因此，我们需要可以给人类带来幸福并尽可能减少危害的科学知识，一种关注未来生活境况的知识，一种可以测量风险值并在此基础上进一步化解风险的知识。

总之，“在一个离开过去，离开传统的行为方式，而将其本身面对一个问题式的未来的社会当中，风险的概念便成了一个核心概念。”③ 我们

① ［瑞典］斯万·欧维·汉森：《知识社会中的不确定性》，刘北成译，《国际社会科学》2003年第1期。

② ［德］贝克、［英］吉登斯、［英］拉什：《自反性现代化：现代社会秩序中的政治、传统与美学》，赵文书译，商务印书馆2001年版，第17页。

③ ［英］安东尼·吉登斯：《现代性与自我认同》，赵旭东等译，生活·读书·新知三联书店1998年版，第128页。

不再具有“保险性”系数，风险的被感知和意识已被渗入到几乎每个人的活动中去了。科技的迅猛发展，把人们远远地抛在脑后，我们控制与理解我们所依赖的机器的能力减弱了，知识的不确定性和风险的难以测准的特性越来越明朗，未来显得是那么的不可预测。感觉到无法预测的风险，我们就会为未来的人的处境感到担忧。可是，无人表示对未来负责。

二　未来责任的缺位与虚位

工业文明使得知识与风险之间出现了两难境地，一方面我们需要增加知识，而另一方面又要关注知识所带来的风险。与此同时，风险伦理上的困境也随之产生。“关于现存‘伦理困境’强化的讨论隐含了对积累足够的知识以便最大限度地减少同样由于知识的增长而产生的风险的可能性的深层关切。”① 增加知识以降低风险在理论上是可能的，但这种知识的增长与技术的应用又产生了一种新的风险领域，于是追求知识的后果就无法预知，甚至是毫无征兆的，其可能产生的最坏后果就是巨大的灾难。因此，通过获取足够的知识去消除现存知识的技术应用产生的风险是不现实的，事实上，科学发现可能会与风险增加的量成正比，从而使得潜在的风险成为不可控制。那么，是不是我们就只好坐以待毙了呢，当然不会。我们需要以一种高度的责任感，在伦理责任框架下推进知识的增进，谋求幸福发展，在利与弊之间进行博弈，让“责任概念的内容在不断扩展并且不断与技术提供的越来越多的可能性相适应。”② 这样，指向未来的伦理困境才可得到修正。

然而，深究风险社会的伦理责任困境，我们洞悉到，有关未来风险的责任问题，存在诸多的虚位与缺位。

第一，责任主体虚位。风险并非时下就会发生，它只是具有一种未来损害的可能性，基于此，未来有可能会产生积极效果，也有可能会产生消极的不良后果，从而对未来的人类构成直接的或间接的生存与发展影响。可是，今天的决策制定者认为未来还很遥远，危险是否会变成未来的现

---

① ［英］霍华德·卡吉尔：《忧惧的仪式：生物技术与文化》，载［英］芭芭拉·亚当、［德］乌尔里希·贝克、［英］约斯特·房·龙《风险社会及其超越：社会理论的关键议题》，赵延东等译，北京大学出版社 2005 年版，第 240 页。

② ［德］伊丽莎白·贝克—格伦歇姆：《健康和责任：社会变迁与技术变化之间的往复》，载［英］芭芭拉·亚当、［德］乌尔里希·贝克、［英］约斯特·房·龙《风险社会及其超越：社会理论的关键议题》，赵延东等译，北京大学出版社 2005 年版，第 197 页。

实，其概率尚不确切，因此存在一种投机心态或侥幸心态。从风险的这种不确定性特征角度讲，未来的负面事件降临到谁的头上，仿佛看上去归因于纯粹的概率而被自然化了，灾祸的降临成了人难以控制的偶性。这无疑是一种宿命论的看法。其后果则是从本质上将风险排除在了伦理之外，使个人与集体的责任双双退出。如此，一个充满未知的与不确定状态关系的未来将无法被改写。就像在标准的资本主义话语范围内，谁胜谁负都是靠运气和市场的事一样。在此情形下，人们只能将未来的乌托邦理想寄予纯属运气的中彩了，那么，没有责任、不再内疚便成了理所当然之事了。不仅如此，世界范围内的大大小小的风险，是由众多的个人及组织联合酿制而成的，每一个主体都是这个“风险制造者”链条上的一个元素，他们相互分工、相互配合，构成了一个完整而不可侵害的系统。换言之，人为制造的风险是一个有组织的“系统工程”。这样，这个系统中所有主体都可以相互指责，最终相互推脱一走了之，使得责任终究难以真正被担负起来。退一步讲，即使责任主体得到确定，但也因其已经古老而无法得到追究，剩下的就只有未来人很不情愿但又十分无奈地接受着灾难的袭击。

第二，责任评判标准模糊。责任的评判标准是指对责任的认定的客观定格，确定责任主体在什么情况下应当承担责任，除此之外，可以免责的标杆。在风险社会，这个标准是模糊的。行为人在制定行为决策时，总是首先考虑自己的可获得利益，以及可能会给自己带来的损失，但在投机的心态下，他们几乎不会过多地思考其行为可能会给人类带来的各类威胁。除了法律明文规定的各种责任外，在道德方面，何种情况下应当承担责任，承担何种责任，在价值失衡的今天，真正能够深入人心并能召唤起人们的良知和责任感的道德规范早已被私利排挤出局了。如果说还存在一点传统责任感，人们也只是习惯了后果责任，对风险发生时的未来的责任，还存在较大的争议。在此境况下，伦理责任标准并不如传统道德被人认可的那样十分确切。并且，对未来人类的伦理责任而言，哲学家们也存在极大的纷争，由于各自所处立场不一，所构建的理论也各不相同。对风险的不同解释与界定也导致了对责任标准的认识各异。判断风险标准的权力掌握在政府与专家的手中，而专家靠知识来界定风险，但知识是不确定的，不同的专家的说法不尽一致，同一专家在不同时间所持的观点也相差甚大，风险的标准在不断地被修正，与之相随的责任标准也让人难以把握。风险的后果尚未出现，出现的是风险责任的“集体无意识”。这一切都引致了风险社会的指向未来的伦理责任评判标准变得越来越模糊并迷失了方向。

第三，责任规范难以完全适合新的需要。传统上，我们谈的责任具有一一对应关系，即对称性责任。责任建立在平等的交互性权利方面，体现为一个交互主体性关系，自然人与法人均在这个权利与责任的对称性框架下活动，有关未来人的权利并未纳入这个范畴之中。这在康德那里表现得比较明显，道德关系是对称的、相互的，道德的客体同时也是道德的主体。换言之，康德认为，人对人是有义务的，人同时具有道德主体和道德客体的双重身份，在思维着的主体中组建起了一种道德联系。由于人与远距离的人、人与物之间无法建立起一一对应的对称性责任关系，因而此前的伦理学未曾考虑过全球性及未来的事情，也未曾考虑过观照物种的生存。这是与时代特征紧密相连的。以前的伦理学并未遇到今天的时代特征，它所涉及的均是近距离的人与人之间的关系，是一种“近爱之伦理”，只要关涉当代人之间的关系，关涉同一族群或同一文化圈里的同代人之间的关系，强调“爱人如己”、“正义”、“给予”、“仁慈”、“相互尊重”、“把他人视为目的而不是手段”等道德规范与行为标准。传统伦理学在时间与空间上被限定在一定的范围之内，着眼于此时此地人际关系而展开，人们应该如何行为的问题便可以在这个规范之内得以解决，并没有给未来的人留有大的空间，遥远的未来世界与人类的生活与行为不在它的顾及范围之内。

由于时代的局限，我们不能批评也不能苛求传统伦理学家做出超越当时时代形势的事情。人类的知识与能力总是与时代紧密联系在一起的，因而其局限性是必然的，这就使他们在前现代时期无法预测到遥远的未来。对不可知的命运中可能会出现的难以预测的后果的猜测不是传统伦理学的任务，它的主要任务在于关注某个个体行为者的行为近期的道德性，并指涉人们在生活中应当注意的自己周围他人的权力问题。当然，这些伦理规范在今天的现代化时代仍然有效，只不过缺少对发展了的时代所要求的新的内容。

风险时代吁求新的伦理责任规范。一个基于知识与风险的社会具有极大的或然性与不确定性，人们不情愿地被卷入“不幸”的未来状态之中。我们无法否认风险的存在，否则就会使我们对未来更加难以估计和控制。如果我们缺乏知识，又难以抗拒风险行动的基础，这又会开启那威胁的闸门，后果将是一切都会变得更加具有风险性。如果我们增长知识，则会产生新的威胁到未来的风险领域。我们陷入了两难境地。在风险社会中，由于人们把知识当作技术来重视，科学技术得到了高速发展的技术时代，伦理学的对象已然僭越了单一主体行为范畴，一种社会化的集体行为规范和共同体责任模式要求被召回；需要超越传统伦理中责任的一一对应关系，因为当代人不可能与未来人直接进行面对面的对话，因而不可能建立起对称性责任关系，但人类绝不可以抛弃未来人的幸福生活，因而非对称性伦理责任关系必然纳入风险责任的范域之中；只关注当下的传统后果责任理论在遭遇到未来风险时显得捉襟见肘和鞭长莫及，时间的伸延与不确定性要求将前瞻责任伦理范畴之内，我们不能仅仅局限于近距离的责任，还要充分考虑到今天的行动对遥远的未来的影响并对其担负起责任。概言之，由于风险的未来指向性，决定了风险社会的伦理责任必须关切未来。

三　关切未来的伦理责任

“短距离本身并不是亲近；而大距离就其本身而言也不是疏远。”① 现代性的发展为人类开辟了新的风险领域，使得传统伦理受到了极大的挑战，从而开启了人为制造的风险的未来性向度——大距离责任。风险的不确定性和未来性要求人们在实践过程中承担起前瞻性责任，这成为风险社会在责任范域中的指向。

1. 未来伦理责任的确立

前现代被继承下来的道德，以亲近行为为主要特质，因此那种道德被称为“亲近（行为）道德”（a morality of proximity）（鲍曼语）。而在现代化条件下，人们的行为渐渐疏远了，其道德也发生了质变。汉斯·约纳斯在他的《哲学论文：从古代信条到技术人》中指出：“行为不得关心的善与恶放置在离行为很近的地方，或者是实践行为自身或者是在它紧挨的区域，而不是一个遥远的计划中的问题。目的附近既属于时间也属于空间……伦理学的宇宙由同代人和邻居组成。所有这些都发生了决然的变化。现代技术已经在新的规模上引进了行为，以前伦理学的框架已经不能包括它的目标和结果。”②

① ［德］海德格尔：《人，诗意地安居》，郜元宝译，广西师范大学出版社 2000 年版，第98页。

② 转引自［英］齐格蒙特·鲍曼《后现代伦理学》，张成岗译，江苏人民出版社 2003 年版，第255页。

风险社会的到来，使时代特征发生了根本的变化。疯狂的现代化条件下，现代性应该做什么与能够做什么之间有着深刻的矛盾，人类的行为将会产生什么样的结果，其规模已然超越了行为人的道德想象力。在有意与无意之间，我们的行为在时间与空间两个方面都被延伸了，其影响非常遥远。风险的作用与性质的变化，对传统伦理学提出了新的挑战，此前的伦理学面对新变化了的时代形势已经显得无能为力。当然，并非一味地否定传统伦理学，而是充分肯定它在传统时代担当着重要的规范任务，到了今天，它仍然在发挥着重要作用，只是针对现代社会出现的新情况与新问题，需要对传统伦理学进行必要的补充。因此，在这里，传统伦理学的时代限度便显现出来了。现代化条件下，人们似乎没有觉察到传统道德能力的限度：伦理责任被界说为只要对亲近的人履行了责任，人们的道德良知就可以满足了。人们不能"自然地"感受到其所做出的行为的深远影响，然而，这些影响的确与人类的存在纠缠在一起，因此，我们不得不面对人类自身的行为对未来产生影响的责任问题，这个责任就是对未来的伦理责任，"就是指对我们既不能看到也不了解但是在我们行为多元的、或近或远的、当下或者将来的结果中确实重要的责任。"①

约纳斯从科技视角开创了未来伦理责任范式，为风险社会的伦理责任建构提供了极大的启发性。他认为，在今天这个科技高度发达、经济生活中人们相互依赖性日益明显、生态日益遭到破坏的时代，旧的伦理已不能满足适用的需要了，这个时代新的力量种类要求新的伦理规则，在此前的义务的目录中要加入新的东西，原来那个以个体为单位的责任对象，如今要扩展到整个人类，也就是说，要对整个人类负责和尽到自己的义务，不仅要关爱现代的人，还要关爱未来的人。他说："正是这种职责被纳入了对未来人的责任。首先，它要求我们确保未来人能够生存，即使这里面没有我们自己的后代，其次，要求我们关切他们的生活条件和生活质量。"②这是一种具有前瞻性的伦理。正义不仅是当代人之间的正义，更是当代人对未来的人的正义，不仅是个体对个体的正义，更是人类对人类的正义，质言之，传统意义上的伦理规范，如正义等要走向社会化，主体之间要走

① ［英］齐格蒙特·鲍曼：《后现代伦理学》，张成岗译，江苏人民出版社2003年版，第256页。

② Hans Jonas, *The Imperative of Responsibility*: *In Search of an Ethics for the Technological Age*, The University of Chicago Press, 1984, p. 40.

向合作化。于是，约纳斯开创了一种远爱伦理学（Fernethik）（或远距离的伦理学）：“从时间上看，不仅目前活着的人是道德对象，而且那还没有出生、当然也不可能提出出生之要求的未来的人也是道德的对象。”① 由此可以看出，约纳斯开创了一个伦理学的新维度，即体认着未来的人类的关切的伦理学，这个伦理学中的核心概念就是责任，一种具有未来指向性的伦理责任。

事实上，无论是工业文明还是后工业文明，对未来负责的前瞻性责任均需要被开启。现代社会的实践已经表明，当今迅猛发展的科技预示着对我们的后代具有极大的生存性风险，今天的人对未来的人必须承担一种不可推卸的伦理责任，我们有义务关切未来人的生存环境和生存基础，并在当代人与后代人的生存之间掌握一种平衡的度，面临着风险，我们应当有所“节制”。“如果简朴是在保持地球的整体平衡这一长远视角上被要求的，那么，它就是未来责任伦理学的一个缩影。”②

现代性在压缩时空的同时又使时空得以延伸，使地球上整个人类的内部秩序显现出明显的野蛮的后果。这种后果也是穿越时空的，取消了时间与空间的距离，它们直接威胁着未来的人与自然。系统地堆积起来的危险便是直接的后果，这些危险并不能被控制以保持在特定的范围之内，它们威胁着难以数计的未来生命的安宁。未来的人与自然处于软弱的、虚弱的、没有力量的境地，“他们确实没有力量，因为他们不能偿还为他们所做的事（因为这个原因也不能报答我们所做的），他们是脆弱的，因为他们不能阻止我们做我们认为值得做的任何事；只能是这样，没有颠倒角色的希望，他们被保持在行为接受方的位置，我们是仅有的行为主体。”③ 人类一方面为现代化的功绩喝彩，而另一方面又为现代化的功绩悲伤。因为，它们并未从道德上进行严格的审查：道德上的距离的取消并未与风险的时空距离的取消同步进行，一种与风险相匹配的未来伦理责任尚未构建起来。A. J. 维特莱森（Arne Johan Vetlesen）也作了相应的论证：“所有将责任与互惠联系起来的伦理学的绝对不足。尚未出生的个体不能站出来

① 转引自甘绍平《应用伦理学前沿问题研究》，江西人民出版社 2002 年版，第 115 页。

② ［德］汉斯·约纳斯：《技术、医学与伦理学：责任原理的实践》，张荣译，上海译文出版社 2008 年版，第 46 页。

③ ［英］齐格蒙特·鲍曼：《后现代伦理学》，张成岗译，江苏人民出版社 2003 年版，第 258 页。

要求他们的权利；互惠是没有希望超出他们范围的。然而，这一经验的事实……不能排除他们作为我们责任的接收人。他们最基本的权力就是在生态意义上适于居住的星球上生活的权利；恐怕我们得小心，他们根本从来没有看到白天的阳光。”①

风险社会将“责任”推到了伦理理论的中心位置。现代性所带来的负面影响是全球性的，不再是某一地域内的，将空间扩展了，同时，其影响具有长远性与未来性，将时间拉长了。因此，我们必须突破现有伦理学的范围，在时间与空间上予以伸延，关心未来、关心自然、关心后代、关心整个生命界已然成了现代社会的伦理使命。这种伦理的目的并不在于使未来的人类生活得更好，而是为了保护甚至挽救他们生存的基础，这是指向未来性的伦理学的“善”的内容，是对后代或未来人类承担伦理责任的“善”。正如约纳斯所指出的那样，人的行为涉及我们生活的整个星球，其后果会影响到未来社会，因而，人类为此应当承担的义务应当同步地增长。人类整体上是一个集体，我们每个人都是参与者，我们享受着这一集体行为所带来的丰硕成果，然而，现在的我们必须节制自己手中的权力，这成了我们的义务，它要求我们为那些我们无法亲眼看见的未来的人类负责。

这个世界对当下的人的生活十分重要，但对未来的人的生活更加重要。海德格尔将过去、现在与未来确定为时间性的三部分，“分别对应于‘此在’存在的三种方式：沉沦态（falling）、抛置态（thrownness）和生存态（existentiality）。”② 生存态意味着“此在”面向未来实现的可能性，面对未来的前景，我们现在如何进行行为选择，就要求着要对自己的行为负责。被抛性意味着此在处于特定的境况中，是不可僭越的状态，此在只能在这种状态中去做出选择，去筹划自己最本真的能在，这种选择具有向未来开放的属性。因为选择自己生存论上的可能性还要兼顾到他人的可能性，在选择中不可负于他人的可能性自由，尤其是不能对未来的人的自由进行剥夺，此在所筹划的总是与他人共在的“在世之中”的某种可能性。因而，我们的选择自由是有限的自由，是要将对他构成威胁与可能为他人造成伤害的选择进行限制，更是面向未来的人和自然而为“善”的一种

① A. J. 维特莱森：《萨特和列维纳斯论他者的关系：评亲近伦理学的暗示作用》，转引自［英］齐格蒙特·鲍曼《后现代伦理学》，张成岗译，江苏人民出版社 2003 年版，第 258 页。

② 赵敦华：《现代西方哲学新编》，北京大学出版社 2001 年版，第 110 页。

举动，是一种未来的责任意识表达。唯其如此，一种面向未来的本身共在才可能实现。由此，我们的生活是面向未来的生活，我们每个人的存在就像在经营一个未来的项目，这个项目通过我们的实践属于我们，其重要性依赖于我们所持的责任观的指向。尽管未来是不可控制的，但对我们的实践行为可能会导致什么样的损害后果则是可以控制的，“我现在要实施的这个行为，必定是与当前心中的利益和权利相联系的。这种行为的意义是基于对‘这儿’和‘现在’的正确与错误的判断的。”① 未来的责任观为我们的行为提供价值取向标准，形成我们自己的生活的持续发展的有意义的条件。在此意义上，未来责任观是可实现的可持续性责任观。在这个责任观下，我们首要关心的是对未来的人与自然的善，我们必须保护为他们建立起来的各种条件，以此规范我们行为的原则。

因此，代际公平原则就是前瞻责任得以确立的重要根基。代际公正表达了既要满足当代人的需要又要满足后代人的需要，至少不损害其利益的理念。健康的发展应当具备可持续发展能力、社会公正和人民积极参与自身发展决定的因素，其价值目标体现在使人类的各种需要都能得到满足，个人应得到充分的发展，为后代人留下充足的资源和良好的生态环境，不给后代人的发展带去威胁。这应当成为当代人对后代人的责任。人类社会的正态发展是持续性和延展性的发展，当代人不仅是资源的受益人，而且是后代人可持续生存与享受的维护者和管理人，我们应当为后代人承担起管理好这个家园的责任，否则后代人就会面临着巨大的生存风险与威胁。正如世界环境与发展委员会所指出的那样：“我们从我们的后代那里借用环境资本，没打算也没有可能偿还；后代人可能会责怪我们挥霍浪费，但他们却无法向我们讨债。我们可以为所欲为；因为我们可以毫无顾虑；后代人不参加选举，他们没有政治和财政权力，对我们所作出的决定不能提出反对。”② 因此，对后代人的生存与发展的可能性，当代人应在良知的召唤下筹划自己的生活，以担负起对后代人强烈的不可推卸的责任。“每一代不仅必须保持文化和文明的成果，完整地维持已建立的正义制度，而且也必须在每一代的时间里，储备适当数量的实际资金积累。这种储存可

① Chris Groves, *Philosophy and Non - Reciprocal Responsibility for Futures*, C Groves Philosophy Non - Reciprocal Responsibility, 2009, p. 10.

② 世界环境与发展委员会：《我们共同的未来》，王之佳等译，吉林人民出版社 1997 年版，第 10 页。

能采取各种不同的形式，包括从对机器和其他生产资料的纯投资到学习和教育方面的投资。”① 这种储存不仅为每一代自己，而且也为下一代提供充分的生活基础，正体现了对后代负责任的要求和性质。

2. 未来伦理责任的性质

未来伦理责任具有非交互性、非对称性、前瞻性和历史性。

首先，未来伦理责任是一种具有未来指向性的、非交互的、非对称性的责任。这一点可以从约纳斯的责任理论那里得到深刻的启迪，他试图修正康德的道德关系的对称性、交互性理论，进而建构非对称的、非交互的责任理论。他的构想是有道理的。他指出：“首先我们必须认识到，我们要求的原则不是运用传统的权利义务观念——基于对称性的理念，根据这个理念我的职责与他人的权利是对等的，因此也被看作是我自己的权利：一旦他人的权利被确定了，那么我的相应的责任以及进一步的积极的责任也就确立了。这不是我们关注的责任目的。”② “我们寻求的伦理是尚未存在的（not - yet - existent）；它的责任原则必须独立于任何对称性权利义务理念。”③ 约纳斯建构在非交互的关系（nicht - reziprokes Verhaeltnis）上的责任理论表现为主体上的非对等关系，他认为责任并非建立在对等和相互之关系的基础之上，某人为了某事而行为，并不要求有所回报。比如，父母对子女的爱，并不要求子女为其回报什么，但父母对子女的一切关爱都表现为一种责任，这种责任在父母与子女之间是非对等的和不对称的。虽然这个例子有点极端，但这样分析是有一定的道理。他坚信他的有关未来的责任是完全可以实现的。的确如此，未来离我们很近，而且在现实中，由于人类自身生产的持续性，几代人同时相处，每天都有未来的人降生，人类是由不同年龄的人组成的人群体，这个群体就是一个历史链，前后相承、首尾相继，虽然我们可以不去考虑诸如几百年上千年那样漫长的未来，但一看到新生儿来到这个世界，我们时刻能感受到未来与我们一起存在。为了未来的人的生存与发展，我们不能无节制地、片面地追求自己的物质利益，不能无尽地开发地球上有限的资源，质言之，我们应当为未来的人的生存负责，否则，就会滋生威胁未来人的生存的风险。

① ［美］罗尔斯：《正义论》，何怀宏等译，中国社会科学出版社 1988 年版，第 276 页。

② Hans Jonas, *The Imperative of Responsibility: In Search of an Ethics for the Technological Age*, The University of Chicago Press, 1984, p. 38.

③ Ibid., p. 39.

责任在当代人与后代人之间的分配是不对等的，当代人对后代人承担更多的责任，而不能得到后代人的回报。这看起来似乎是不公平的，但从整个人类的系统中看，被延伸的时空也内在于这个系统中，便构成了一个责任链：当代人对后代人负有责任，后代人对他们的后代人负有同样的责任，这个责任链内蕴于人类的再生产中，人类社会方可延续下去，否则，只要其中一个责任链断裂，人类的再生产就会成为问题，人类社会将面临“山重水复疑无路”的存续风险。换一个角度看，当代人对于未来人本身就占据一定的先入为主的优势，在享受权利方面具有后代人无法追赶的时间性。“在对资源的占有、使用、分配的问题上，我们的后代并不能表达自己的意见，因而我们的任何决议和行动都是根据我们自己的利益单方面独断作用的，这本来就是不公平的。”① 因此，对未来的责任，我们只有遵守承担的准则，而无推卸的权利。

其次，伦理责任又是一种预防性的、前瞻性的责任。它要求我们从长远考虑可能出现的后果并对其负责，其目的在于避免可能性不良后果的发生。它以长远性为道德标准的行为指南，意于减少甚至消除未来发展中的危险因素与负面影响。因此，风险社会的伦理责任的目标及着眼点在于追求最大“善”的同时要避免极端的“恶”，否则，未来的那种极端的“恶”会冲淡或抵消人们追求的最大的“善”，甚至使最大的“善”走向其反面，出现人们难以想象的对人类自身构成威胁的巨大灾难。

有人会说未来将会是什么样的非常难以预测，况且我们的行为的目的就是为了不让不良后果出现，如果后果不出现又怎么证明我们的行为是错误的呢？这在伦理上要证明它们似乎有一定的难度。然而，这里需要澄清的是，尽管我们不能准确预测出未来的不良后果具体是什么，但我们完全可以推断出那种极度地追求物质利益会使人类的前景走向其反面，现代性为今天造成的危险完全可以让我们警醒，比如生态的恶化、经济危机、大气变暖、食品安全问题等等，其中任何一项危机都可能威胁着人类的生存，这一点是可以预测的和确定无疑的。“我们现在所拥有的这种材料的数量还足以让我们注意到我们正在失去的东西。可是，在不远的将来，当这种材料的枯竭达到更为严重的程度时，我们可以设想，我们的后代将不

---

① 刘福森：《西方文明的危机与发展伦理学：发展的合理性研究》，江西教育出版社 2005 年版，第 327 页。

再理解正在发生的事情。”① 我们强调对未来的人类负责，目的在于避免未来的地球和未来的人类不要被人类自身所毁灭。

最后，未来伦理责任还是一种历史性责任。风险社会的形成，经历了一个漫长的历史累积过程，反思现代性，我们感到了人类责任的重大。我们的职责就是要关注未来人的“存在”，以及当他们出生后可以享受生活的权利——包括自身的权利和外部的条件。人们认识历史过程赋予我们的责任是不需要进行逻辑推论的，尽管我们似乎没有能力面对责任的强制性。② 我们的每一个行为的最近目的都是未来的一种新行动。“每个人尽其所能地实现真正的人道：人类的未来就依赖于它。”③ 人并非孤立的存在者，它是社会环境的组成部分，人通过记忆与展望的纽带，通过对传统的传衍和对未来的希求与社会环境联系在一起。人只有通过从过去遗产中创造世界，并配之以继往开来的长远观点，在生活中渗透出可见世界的精神，才可获得实质性的保障。每一个人之所以成为他现在这样的人，正是由于一定的传统，这种传统使他能够模糊地回顾他的开端时期，由此唤醒他对自己及其同伴的未来负有神圣的责任。对未来的人负责就是对历史负责。“21 世纪的口号应该具体地这样来提：全世界为了自身的未来而负起责任！为同时代人与环境负责，但也为后代负责。”④ 这是历史赋予人类的责任。

未来是开放的和未决定的，我们日益变成决定未来的重要角色，因而我们要自由地、负责任地面对对未来的限制、威胁或机会。“只要人类还继续存在，或者说只要人类将其痕迹留在宇宙之中，而在这个宇宙中也可能还有某种其他可以想象的意识形式存在着；那么，我们就应认识到，我们有责任帮助人们去创造未来。”⑤ 今天，我们认识到我们正站在通向明天的门口，甚至还可以说我们已经有一只脚踏进了明天的大门，因此我们

---

① ［德］卡尔·雅斯贝斯：《时代的精神状况》，王德峰译，上海译文出版社 2008 年版，第 186 页。

② See Strachan Donnelley, *Natural Responsibility: Philosophy, Biology, and Ethics in Ernst Mayr and Hans Jonas*, Hastings Center Report 32, No. 4 (2002): 43.

③ ［法］阿尔贝特·施韦泽：《对生命的敬畏——阿尔贝特·施韦泽自述》，陈泽环译，上海人民出版社 2007 年版，第 76 页。

④ ［瑞士］汉斯·昆：《世界伦理构想》，周艺译，生活·读书·新知三联书店 2002 年版，第 40 页。

⑤ ［美］巴恩斯：《冷却的太阳：一种存在主义伦理学》，万俊人等译，中央编译出版社 1999 年版，第 501 页。

比过去任何年代都更有理由承负起这个责任，这是昨天的世界中无法与之相提并论的责任。对于人类总体上涉及的事情来说，随着人的力量的增强，人类最终可能只是合适的行动主体，因此今天，我们需要建立一个统一起来的人类，为人类自身的存续和种的繁衍负责，成为未来世界一个最紧迫的任务。“如果（像我们所主张的那样）对全体的责任就是明天世界的最高价值，那么，这种补充价值对明天世界的对象，正好对‘全体’（人类自身）来说就是一种鲜活的思想。”① 对未来负责，莫做历史的罪人！

面向未来的责任，并非只针对某一个片断或横截面，而是一种整体责任观。人的关系并非现成的和一成不变的，而是与人的实践活动紧密相关的。实践活动在本质上就是人与自然、人与人之间发生关系的活动。因而，人的关系不能从单个的个人意义上去理解，而应当从其现实性上去理解，就是从人与人的社会关系上去理解。人与自然及自身的关系都是建立在人的社会关系基础之上的，个体单独与自然所建立的关系只是偶然的。在人的关系中，社会关系处于核心地位，它标志着人之所以为人的特殊关系，决定着这个关系的是人的社会性。人的这种关系不仅体现着主体性，而且体现着历史性，具有整个人类存在与发展的过程性。在这个关系中，人必须“成为人”，“人的存在（human being）要求人成为人（being human）”②。在这个“成为人”面向未来的展开过程中，人必须遵循道德规范与社会规范，它必然要求每个主体自觉承担起自己的伦理责任。“成为人”的历史性是人类存在的道德与伦理现象的自身根源，唯有成为负责任的人，才是自为的、主动的和自由的存在，“成为人”才能过渡为“实现人”的幸福境界，而这种过渡正内在地滋生出整体性的、系统性的责任理念。

第三节　责任对象的整体性

传统伦理在责任对象上表现为非整体性的存在。在人与人的关系上，

① ［德］汉斯·约纳斯：《技术、医学与伦理学：责任原理的实践》，张荣译，上海译文出版社 2008 年版，第 49 页。

② ［美］赫费尔：《人是谁》，隗仁莲译，贵州人民出版社 1994 年版，第 27 页。

传统伦理理论将解决人们之间的权利义务关系作为其基本对象，在空间上更多的是关注某一地域范围内人们的行为选择，人际关系在一定的伦理秩序框架内运行，以确保社会秩序的和谐。以风俗和习惯而结成的民族和国家成为伦理运行的基本单位，价值观与道德规范呈现一体化格局，并未考虑到全球化所带来的价值多元化情状，也未顾及因空间延伸而导致的人类的生存根基问题。在人与自然的关系上，前风险社会时代，自然并未被人工所侵占，在很大程度上人依赖于自然的恩赐，因而责任对象并未太多地涉及人之外的包括自然在内的外部世界，未对自然本身的价值与意义作出伦理规范。同时，自然本身的承受能力无须得到审视和反思，也未曾将为我们提供生存条件的这个行星纳入自己的因果视野之内，未对人类轻视自然界的态度和产生不良后果的行为提供具有伦理意义的暗示。

风险社会使得伦理责任客体呈现整体性，即责任主体应当承担的责任范围及限度需要进一步扩展。“对待整个共同体的职责，即终极的、最高的和绝对要求的职责，则应称为直接的和无条件的职责。”① 人、人之外的生命与无机界均属于这个共同体的组成部分。我们不仅要关注人的价值、权力与意义，而且要把所有生物及自然界纳入责任对象的范畴之中。

马克思主义认为：“人双重地存在着：主观上作为他自身存在着，客观上又存在于自己生存的这些自然无机条件之中。”② 人的这种二重性决定了伦理责任的双重存在，既为自身负责，又为自然界负责。因而，“不论我做什么，我都不能在哪怕是短暂的一刻脱离这种责任，因为我对我的逃离责任的欲望本身也是负有责任的。”③ 这无疑表明人所肩负的伦理责任是整体性的存在。

一　对人的生命的责任

在风险社会的伦理责任对象中，人的生命保全是首要的责任。

对人而言，最宝贵的是生命，生命属于我们只有一次。但是在我们今天的生活中，大量的人为性风险充斥其间，每个人都面临着不确定的和不可预测的威胁，更可怕的是人们处于对这些风险的无知与未认识之中。焦虑与孤独的阴影笼罩在人们的心中，严重影响着人们的身心健康。工业化

① ［德］费希特：《伦理学体系》，梁志学等译，商务印书馆 2007 年版，第 281 页。

② 《马克思恩格斯全集》第 46 卷（上），人民出版社 1979 年版，第 491 页。

③ ［法］萨特：《存在与虚无》，陈宣良等译，生活·读书·新知三联书店 2007 年版，第 674 页。

进程中的不合理生产使得我们生活在一个处处都有着暗礁的风险社会里，面临着生命随时有被毁灭的危险。生命既已失去，一切价值皆荡然无存。保护人的生命是一切存在者存在的根本。

对人的生命的敬畏，是人类自身存在与发展的大事。整个世界的风险波浪正在冲击着人类的存在。我们与世界共同生存着，互助与休戚与共是我们生存的必然性。我们必须为人的生存与发展承担责任，每一个人都有责任去摆脱将面临的巨大痛苦，避免承受巨大的灾难，我们要对自己说，走在善的路上，并且不要再失去伟大的善。“有思想的人体验到必须像敬畏自己的生命意志一样敬畏所有的生命意志，他在自己的生命中体验到其他生命。对他来说，善是保存生命，促进生命，使可发展的生命实现其最高价值。恶则是毁灭生命，伤害生命，压制生命的发展。这是思想必然的、绝对的伦理原理。”① 这是施韦泽对“敬畏生命”理论做出的最经典诠释，可以说是他“敬畏生命”伦理思想的核心所在。施韦泽列出了对所有生命进行保存的善目（goods）表，这无疑是正确的，尤其是面临风险社会时，保存所有的生命显得更为紧迫。然而，施韦泽没有在这些善目表中区分出所有生命中的首选生命。在我们看来，在所有生命中，人的生命是首要的，因为没有了人的生命，其他一切生命将黯然失色，它们的存在将是另一个世界的事，它们的价值何在，将不得而知。正如亚里士多德在界定德性时所指出的，德性就是“把不同善目（goods）视为人类实践的不同目的（ends），人类的善（good）视为所有其他善的目的（end）”。② 一切善的目的最终皆指向人类的善。因此，对人的生命负责是人类永恒责任表上的首要规范。

在黑格尔那里，“自由意志的各种利益的特殊性，综合为单一的整体时，就是人格的定在，即生命。”③ 在诸种自由中，生命权是最高的权利，倘若失去了生命，一切自由皆为空谈。生命是所有价值中最高的价值，因而，在风险社会中，当生命与物质利益相冲突时，首先要保障的就是生命权而不是物质财富。当人类遭到生存危险而不能自谋保护之道时，生命的

① ［法］阿尔贝特·施韦泽：《对生命的敬畏——阿尔贝特·施韦泽自述》，陈泽环译，上海人民出版社 2007 年版，第 128—129 页。

② ［美］阿拉斯代尔·麦金太尔：《伦理学简史》，龚群译，商务印书馆 2004 年版，第 19 页。

③ ［德］黑格尔：《法哲学原理》，范阳等译，商务印书馆 1982 年版，第 129—130 页。

剥夺就等于自由的全部被否定。我们展望未来时，就觉得生命尤为可贵，正如黑格尔所言："生命，作为各种目的的总和，具有与抽象法相对抗的权利。"[①] 康德认为："保存一个人的生命是一项责任，而且每个人都有一个直接的偏好去这么做。"[②] 出于责任去保存生命才具有道德价值。康德的意思是出于偏好去保存生命不具有道德意义，其意在强调要出于责任的道德律，强调所有价值中最高的价值——行善，是出于责任而不是出于偏好。但是，无论出于偏好还是出于责任，保存生命都是我们应当做的。"'伦理'是指我们的伦理义务面对一个大生命的那个面向，在此面向中，我们对于我们所必须加以维系和延续的大生命负有种种伦理义务。"[③] 伦理的这种面向将引导人们对生命的认同，否则，没有了认同就表明了他们心中没有了最感重要的东西。"黑格尔在这方面继承了孟德斯鸠及一个悠久的传统，坚信若无此维系攸关生命的'伦理'的认同，自由社会绝对无法维持不坠。"[④] 黑格尔心中的自由社会，首先是生命的自由，倘若失去了生命，自由何以依存，正所谓"皮之不存，毛将焉附？"

这种责任的价值指向就是对生命的爱，这种爱才是至善的。面对各种人类自己制造的风险，如果失去了责任，也就失去了保存与促进生命的善，其后果必定是具有毁灭性的恶。任何组织离开了责任，就会形成一切人与一切人进行斗争的局面，人将不复存在，社会发展成为妄谈。现代性的发展，要求我们对人的生命予以关注、尊重、敬仰与维护，科学认识与正确判断人与人、人与社会的关系，各种组织在进行社会决策时须正确处理与一切生命的关系，关爱一切生命，将各种人为风险与威胁限制在可接受的范围之内，这就是我们走向风险社会伦理责任的基本立场和根本路径。

我们要为自己活着，也要为他人活着，它促进我们更加理性地行为，这是人类赋予生命以意义的唯一途径。费希特甚至认为，当有人处于危险境地时，我就应该帮助他，用自己的生命去承担风险，而不管那种危险是来自于自然，还是来自于理性存在者发动的进攻。他说："我说过拿我自

---

① ［德］黑格尔：《法哲学原理》，范阳等译，商务印书馆 1982 年版，第 130 页。

② ［德］康德：《道德形而上学基础》，孙少伟译，九州出版社 2007 年版，第 13 页。

③ ［加］查尔斯·泰勒：《黑格尔与现代社会》，徐文瑞译，吉林出版集团有限责任公司 2009 年版，第 193 页。

④ 同上。

己的生命承担风险。像大家可以相信的那样，这与职责并无任何冲突。我的保存取决于别人的保存，别人的保存也取决于我的保存。两者的保存完全相同，具有同样的价值，出于同样的原因。我的打算并不是两者之一应该在危境中走向毁灭，而是两者都应该得到保存。尽管如此，但如果两者之一或两者还是丧生了，那么，我也不能对此负责，因为我已经履行了我的职责。”① 我们每个人应该像关心我的保存一样，去关心他人的保存。对他人的生命的保全也是我的责任，因为一切人的生命都具有同样的价值，尤其是人为地制造风险的工业文明中，制造风险的主体对自己生命的责任与对他人生命的责任在本质上是属于同一阶位的，对每个人的生命都负有不可推卸的责任。我们的行为应当为道德律所驱使，在我之内的责任意识并不左右于我之外的其他个体，而应该以他人的生命为责任客体。“对于是否履行了那处在我的位置上的任何人对他人都应负有的责任，我是有责任的，而且这种责任性只因死亡而告终。”② 这个责任中的首要责任就是对生命的保全，至少是“不损害”。

作为人类的组成部分，我们需要今天的人生活得更好，而且要为明天的人生活得更佳。质言之，对人的生命的责任要扩展到对整个人类的生命负责。如果整个人类都不存在了，那么工业现代性所做出的一切成就又有何价值呢？文明的火山既已爆发，一切都将湮没于灰烬之中。我们不顾一切地追求着物质发展，最终还是被毁于这种无尽的追求之中。费希特指出，个体的我生活下去而不毁灭我的生命，仅仅是为了履行我自己的职责，而我不想再生活下去，就意味着我不想再履行我的责任了。他说：“我自己毁灭我的生命，简直与这个命令相矛盾，因而是绝对违背职责的。”③ 不仅如此，如果每一个个体的我都这样不负责任，那么未来的地球将不复有人这种生物存在。因而，人类不能自我毁灭，这是为保全未来人生命的责任，也是为保存“人类”的延续的责任。

生命的存在是至高无上的，对生命的追求表明求生欲本身就是对“无”的否定。所有有机物通过吸收营养本身就是在否定虚无，从而肯定自我。肯定自我就是人类求得生存的权力，它是一切价值的价值，借用约纳斯的话说就是人本身的“原善”。失去了生命的价值，其他一切价值皆

---

① ［德］费希特：《伦理学体系》，梁志学等译，商务印书馆 2007 年版，第 307 页。

② ［美］麦金太尔：《追寻美德》，宋继杰译，译林出版社 2008 年版，第 141 页。

③ ［德］费希特：《伦理学体系》，梁志学等译，商务印书馆 2007 年版，第 287 页。

成为虚无而毫无意义。因而，约纳斯指出，在价值上，存在高于虚无，生命高于非生命，生命的价值表达着对生命的肯定。在此意义上，从伦理上讲，尊重生命、敬畏生命便是我们的第一责任，人类没有权力自我毁灭，人不能以今天的丰富的物质生活的享受为代价，去换取未来人类的生命，不能以未来可能的不幸去换取今天可能的幸福，这是人类存在的一个无条件的"命令律"，是不可违抗的"绝对命令"。

当然，仅对人的生命负责是不够的，人类所面临的风险告诫我们，不仅要对人的生命承担保全的责任，而且要对人之外的生命负责。

二　对人之外生命的责任

工业现代性不仅直接危及人的存在，也危及人之外的生命的存在，瓦解到人的生存环境的平衡，最终给人类带来灾难性的威胁。对自然的破坏，在化学、物理与生物的影响环节上，我们个人所能经历到的、清晰地冲击着我们五官的现象越来越多。生态被破坏、大气变暖、河流被污染，一系列的与生命有关的事故与灾难，每天都可从媒体上获得。风险的"可接受值"并不能成为公众的保护制度，应该负责的主体在公众心中的信任度每况愈下。动植物死亡的名单在不断地被扩大。古代社会，人被兽欺，中世纪，人兽同栖，现代社会，人众兽稀，这是人之外的生命在不断消亡的真实写照。现代性的无度发展具有如此巨大的毁灭性，必然唤醒我们在发展与保护之间寻求一种平衡。

恩格斯指出："达尔文第一次从联系中证明，今天存在于我们周围的有机自然物，包括人在内，都是少数原始单细胞胚胎的长期发育过程的产物，而这些胚胎又是由那些通过化学途径产生的原生质或蛋白质形成的。"① 足见人与其他生物的相互关系表现为相互依存、不可分割。因此，我们不仅要把责任原则扩展到一切动物，而且要进一步扩展到包括植物在内的所有生物。

施韦泽的"敬重生命"思想对我们很有启发。他认为生命是不可论证的。他说："生命之谜是不可论证的。所有知识最终都是关于生命的知识，所有认识都是对于生命之谜的惊异——对具有无限、常新构造的生命的敬畏。"② 所有生命尽管千差万别，但它们之间就没有了疏远感，一种

---

① 《马克思恩格斯选集》第四卷，人民出版社 1995 年版，第 245—246 页。

② ［法］阿尔贝特·施韦泽：《对生命的敬畏——阿尔贝特·施韦泽自述》，陈泽环译，上海人民出版社 2007 年版，第 157 页。

内在的共同本质将其连在一起了。施韦泽指出："最高深和最天真的认识都是：敬畏生命，敬畏我们在万物中面对的不可把握者。"① 一切道德的尺度都在于对生命的敬畏，与所有生命共同感受，才是道德的基础和开端，体现到了这一点的人，道德会在其心中开花结果，没有体验到这一点的人，只能被灌输道德，道德是不会在他心中生根的。在这里，善表现在我们称之为生命的神秘的基本敬畏方面，是对所有生命现象的敬畏，无论它是宏大的，抑或是最微小的。但是，在我们这个被灌输道德的时代，道德已离我们远去了，因而人们是粗野的和无知的。因此，"只有人认为植物、动物和人的生命都是神圣的，只有人帮助处于危急中的生命，他才可能是伦理的。体验到对一切生命负有无限的责任，只有这种普遍的伦理学才有思想根据。"② 人的行动伦理最内在的就是要求奉献而不是索取，是真诚的而不是虚假的，这样才可能保有自己的真正的价值，才能保存和促进生命的善。索取得过多，就是毁灭和伤害，都是恶。这种伦理学超越了传统伦理学的只涉及人对人的行为的界限，进一步认识到人对人的行为的伦理学绝不是自足自为，因而，施韦泽的敬畏生命的伦理思想包含着更大范域的德性：那些所有能够被想象到的爱、奉献、同情、同乐以及共同的追求。

我们看到，施韦泽将敬畏生命提高到了一个形而上学的地位，大有取代其他伦理的姿态。现时代，敬畏生命对于人类而言至关重要，它关系到人类挽救自己的思想，表达出了一种人类希望从具有毁灭性的风险中获救的理想。从这一点看，施韦泽建构的敬畏生命之"善"无论有多么大胆，对我们的时代都是必要的。坚持善就是保持清醒的头脑，如果我们对人类及人以外的生命的痛苦已不再厌倦，我们对所有生命的毁灭都失去了责任感，那么我们就不再是道德的人了，我们也不再具有最广泛意义的良心，我们的"应该"意识将趋于毁灭。只有我们能够认识到敬畏生命，能够认识到与所有生命休戚与共，才能够真正摆脱对人以及其他所有生命可触遭遇苦难的无知状态。因为，"即使人也受制于神秘的、残酷的规律，人

---

① ［法］阿尔贝特·施韦泽：《对生命的敬畏——阿尔贝特·施韦泽自述》，陈泽环译，上海人民出版社 2007 年版，第 157 页。

② 同上书，第 129 页。

的生存也必须以其他生命为代价，并由于毁灭和伤害生命而始终负有责任。”[①] 因而，人作为伦理的生命，要求尽力避免这种必然性，尽可能扬弃生命意志的自我分裂，捍卫真正的人道和解救所有生命的痛苦，做自觉和慈善的人。敬畏生命可以把肯定世界和人生与伦理融为一体。对生命负有伦理责任，才能真正化解那具有毁灭性的风险，从而实现真正的进步和创造有益于人类的物质、精神和伦理的更高层面发展的价值。扬弃现代的、无思想的否定世界和人生的理想——一种迷失于知识与强权的理想——从而确立肯定世界和人生的理想，这是把人的精神和伦理完善起来的理想，具有其他一切进步理想的基础地位。

我们始终认为，对人类的行为而言，敬畏生命不仅是一种求善的伦理思想，还是一种责任观。它要求我们承担起对所有生命的无限责任，要求我们自我保存和坚持奉献的绝对伦理责任。“实际上，伦理与人对所有存在于他的范围之内的生命的行为有关。只有当人认为所有生命，包括人的生命和一切生物的生命都是神圣的时候，他才是伦理的。”[②] 人对人之外的生命不可傲视，更不可虐待。“人来源于动物界这一事实已经决定人永远不能完全摆脱兽性，所以问题永远只能在于摆脱得多些或少些，在于兽性或人性的程度上的差异。”[③] 如果说人对动物施以残暴的恶行，那只是表明了人的兽性的一面，为了自己的私利而牺牲其他生物的生命，应用的是弱肉强食的丛林规则。这种兽性的结果不仅有害于动物，而且会殃及人类自身，因为生物链组成了一个有机的生物系统，无论在这个链条上的哪个环节出现问题，均会使整个生物系统出现灾难性的危机。大自然赋予的这个生物系统是不可以毁灭的。“一种整体的生命集合体，正如我们所知道的那样，不仅包含这种有益的无机环境，而且包含许多有生命的联结，至少每一个‘细胞’都是这样一个联结。”[④] 事实上，这个集合体为人类的生存提供了一道保护屏障，像一把大伞为人们遮风挡雨，每一个有机的细胞都是这个屏障中不可或缺的重要组成部分。

---

① ［法］阿尔贝特·施韦泽：《对生命的敬畏——阿尔贝特·施韦泽自述》，陈泽环译，上海人民出版社2007年版，第129页。

② ［法］阿尔贝特·施韦泽：《敬畏生命——五十年来的基本论述》，陈泽环译，上海社会科学出版社2003年版，第9页。

③ 《马克思恩格斯全集》第20卷，人民出版社1972年版，第110页。

④ ［英］阿尔弗雷德·诺思·怀特海：《过程与实在》，杨富斌译，中国城市出版社2003年版，第188—189页。

地球的生态系统是相互属从的，因而是值得保存的，每个个体生命体都有一个目的中心，共同组成了整个生态系统的目的指向。在泰勒看来，所有生物的生命权都是平等的。这无疑是在滥用平等权，忽视了人的生命的优先性原则，对人的生命的敬重显得不足。尽管人具有这方面的优势和优越性，但当人的利益与动物或植物的利益发生冲突时，人也不能完全依仗其自身所具有的优势，而是应当在人与动物利益之间寻求一种平衡，这种平衡的立足点要用“基本利益”来衡量。“基本利益”就是一个有机体所要求的、为达到生存或生活而必需的最低利益。人如果超越了这个限度，就会构成破坏，因而要为此承担责任。泰勒也主张需求的“适度”原则，对他来说，消耗动物或植物生活必需的东西，以满足人的非生活必需的做法是不适度的。这种看法是有道理的，这是一种整体论的和有机论的尺度伦理学，这尺度是整体而不是部分。破坏了这个“度”，人类的行为就构成了对生态系统的破坏，因此要考量人的一切行为对有生自然的责任，这责任如德国哲学家柯赫所言：“让自身的生命、一切人的生命和自然东西的生命好好地存在。”①

由于人的能力的强大，因此就具有比其他动物更大的权力，掌握伤害甚至消灭其他生物的技术，占据着极大的制服动物的绝对优势。然而，其他生物不应当被看作是人的“占有物”，毋宁说是“租用物”，使用不好就要强行收回。权力与责任是相关联的，权力的一个正当的尺度就是负责任地与生物和谐相处，人类所拥有的权力应当尽可能多地为一种可持续发展做出贡献。“责任的尺度应该与一个人或一个机构所拥有的权力尺度相适应。”② 权力本身是个中性的东西，用得好了就会产生善，用得不好就会产生恶或至少不能带来善。个体或组织的责任的尺度就是与这个权力的尺度相适应的，使用权力而不履行责任，就会破坏生物世界的平衡。有权力破坏生态平衡的人需要被指明其责任，同时要为当今的全球风险承担责任。这个责任在于：有助于因生物相依而存在的生态平衡；有助于生态有机体的正当关系；有助于人的健康和营养生产；有助于工业生产。保护生物的多样性存在不仅是环境伦理学的课题，更是经济伦理学的重要课题。不仅如此，多样性还是一种美的特征，体现了自然的美的内在价值。对于

① ［瑞士］司徒博：《环境与发展：一种社会伦理学的考量》，邓安庆译，人民出版社 2008 年版，第 189 页。

② 同上书，第 392 页。

一个完好无损的生态系统而言，生物多样性是一个重要的尺度，而物种的消亡则是表明这个系统发生紊乱的警告。

非常可笑的是，人可以借助于技术来扩充毁灭的力量，但却未能借助于科技去保护有生自然。准确地说，非不能也，是不为也。“生存于技术文化中的人类具有巨大的破坏力量，但很少有，甚至根本没有哪一个生态系统的存在要依赖于处于生命金字塔顶层的人类。”① 人之外的生物对生命金字塔尖的人类而言，为人类在地球上诗意地栖居做出了杰出的贡献，但人类对动物而言暂时还看不出有什么价值。因此，不是人之外的生物依赖于人类，而是人类依赖于它们，保护它们以维护有生生态的平衡，最终是为了人类更好地生存和生活。“创生万物的生态系统是宇宙中最有价值的现象，尽管人类是这个系统最有价值的作品。”② 人们应当保护这个具有生命和创造性的价值，以维护一个生物共同体的完整性，不管它们出现在什么地方。保护生物就是保护价值，这是不容争辩的理论，保护生物的过程是符合我们关于稳定及整体性的过程。植物、动物、生命金字塔、自养生物与异养生物是一个相互配合的动态平衡的生物圈，这个生物圈是一个复杂的综合体，它促使着地球生物在相互依赖中繁荣、在交织着的对抗中促成统一与和谐、在生存与繁衍中达成有机共同体、在创造生命与保持整体性中构成美与善。要使人类的进化达到生生不息的完美的顶峰，我们必须在自由与责任之间把持好一个尺度。而且，这个生态系统内在地包括自然无机界，缺省了无机界，这个系统就不可能成为系统了，因而对自然无机界的责任亦成必然。

三　对自然无机界的责任

不要认为无机界没有生命就可以无视它的存在，在一个生态系统中，大自然给予的任何一种物都有其内在的价值，只不过人类没有完全发现而已。并且“一个有结构的集合体或多或少具有‘生命’，因而在‘有生命的’和‘无生命的’集合体之间没有绝对不可逾越的鸿沟。”③ 真正的伦理在审视人与自然的“和合”共处时，必然召唤着人类保护自然无机界

① ［美］罗尔斯顿：《诗意地栖息于地球》，杨通进译，见杨通进等《现代文明的生态转向》，重庆出版社 2007 年版，第 187 页。

② 同上书，第 188 页。

③ ［英］阿尔弗雷德·诺思·怀特海：《过程与实在》，杨富斌译，中国城市出版社 2003 年版，第 186 页。

的责任。

在古希腊时期的斯多葛学派那里，“自然”一词有双重含义。① 一方面是指一般的自然，即那创造性的宇宙力量，以及按照目的而行为的世界思想：逻各斯；而另一方面是指人的道德从属于自然规律，其意志服从于世界的变化，从属于永恒的必然性法则。甚至在西方世界里，它还服从于上帝，服从于神的旨意，正如中国哲学中所说的“天道”的统治，是一种宇宙—目的论思想。斯多葛学派提出：“人类灵魂的生命统一体是神的世界——理性的一个同质部分，所以与自然协调一致的生活必须也适合于人性，适合于人的基本本性。”② 他们提出的“与自然相协调”思想，在本质上就是追求着与自然和谐相处的生活，但没有提出对自然界负责的伦理思想。在康德那里，“敬重”只是针对人而言的，绝不针对人之外的事物，后者只能在我们心中唤起爱好。他说：“如果是动物（如马、狗等等），甚至能唤起爱，或者就是恐惧，如大海，一座火山，一头猛兽，但从来不唤起敬重。”③ 这种爱好只是特殊的情感流露，此外还可能产生其他情感如惊叹等，但它不受普遍法则的规定。这样，“自然”就被康德排除在敬重的门槛之外了，它们不属于人类从精神上鞠躬的范畴。不仅如此，近代以后流行于西方的功利主义的“最大多数人的最大幸福”原则只关注到人类的尘世福利，没有关切到对自然界的善。传统经典伦理对自然的描述是与其所在时代特征分不开的，前风险社会时期，自然与文化的界限没有今天那么模糊，地球也不曾被掠夺得千疮百孔，即便有风险，也不是来自于人为制造的不确定性所构成的。在此条件下，对“自然”的责任当然就成了被人们遗忘的角落。

但启蒙以来，历史发生了巨大的变化。“就进步思想的最一般意义而言，启蒙的根本目标就是要使人们摆脱恐惧，树立自主。但是，被彻底启蒙的世界却笼罩在一片因胜利而招致的灾难之中。”④ 按照韦伯的话说，启蒙的纲领就是要唤醒世界，祛除神话，以知识取代幻想。作为经验哲学

① ［德］文德尔班：《哲学史教程》（上卷），罗达仁译，商务印书馆 1997 年版，第 231 页。

② 同上书，第 232 页。

③ ［德］康德：《实践理性批判》，邓晓芒译，人民出版社 2003 年版，第 104—105 页。

④ ［德］马克斯·霍克海默、西奥多·阿道尔诺《启蒙辩证法——哲学断片》，渠敬东等译，上海世纪出版社集团 2006 年版，第 1 页。

之父的培根高歌知识，宣告知识就是力量，他说："毋庸置疑的是，人类的优越就在于知识，知识中保留着许多东西，是君王们用金银财宝买不到、用金科玉律决定不了的，更是他们的密探和媚臣所打听不到、他们的航海家和探险家所无法达到的。今天，我们用我们的观念去把握自然，却又不得不受到自然的束缚：倘若我们能够在发明中顺从自然，我们就能在实践中支配自然。"① 培根认为，人的心灵与事物的本性和谐一致是值得敬佩的，人类的理智能战胜迷信，并有能力去支配那已经失去魔力的自然。他声称人在认识的道路上是不受阻隔的，既不服从造物主的奴役，也不对那些统治者逆来顺受。出身已不再是问题，技术掌握在商人而不是国王手中，技术与经济系统一样是民主的。知识的应用是技术，技术的目的并非概念与图景，也不是偶然的人的认识，而是方法。然而我们看到的是对人的力量的崇拜、对知识与技术应用的崇拜和对自然的蔑视。正是这种思想的驱动，工业资本主义开始向"自然"发起进攻。

工业化从一开始就设定了机械论世界观，认为在这个世界上，人是唯一具有理性和灵性的主体，其余一切皆为机械性的客体。在人的眼中，自然是野性的，它无情地阻碍着人类梦想的实现，因而是人类征服的对象。于是，人类举起了科技的大旗，开始了向自然进军的征程。在理论上，工业化所主张的机械论世界观是还原论，把一切规律还原为物理学规律，相信只要把握了事物的内部规律与因果关系，就可以掌控甚至改造一切事物，而不考虑事物之间的内在联系与整体性的体系。"自然被视为可塑的，（当历史成为一项社会工程时）这种观点在今天达到了登峰造极的地步，以致对自然、社会和精神生态带来了毁灭性的威胁。"② 殊不知，自然所受到的征服力越大，其反抗与报复越严厉，随着人类征服力的加剧，自然的报复更会使得人类万劫不复。无疑，沿着现代性轨道一路狂奔的人类，征服性的扩张与发展回报人类的只是灾难。"这场灾难很有可能摧毁现代自然科学的所有成果：实际上，现代技术已经赋予我们在瞬间完成这

---

① ［英］培根：《对人类知识的颂扬》（*In Praise of Knowledge*），转引自［德］马克斯·霍克海默、西奥多·阿道尔诺：《启蒙辩证法——哲学断片》，渠敬东等译，上海世纪出版社集团2006年版，第2页。

② ［美］大卫·格里芬编：《后现代精神》，王成兵译，中央编译出版社1998年版，第78页。

种摧毁的手段。”①

今天，人们深陷其中的生态危机正是滥用人类力量的后果。“技术之所以表现出愚蠢的骄傲和可怕的破坏性，就因为它的使用已失去智慧的指引，就因为它在市场的整合之下，一味服务于人类的权力欲和贪欲。”②自由主义经济认为没有贪欲就没有现代社会的高度物质文明，也就没有现代资本主义所谓的“国家富强”，但他们却没有看到，正是贪欲使人类变得愚蠢、变得自欺欺人、变得没有责任感。也正是这种没有责任感的欲望驱使，风险被大量地制造出来。科技正全力以赴地服务于人类的欲望与权力的追逐，伴随着一次又一次的暂时胜利，他们变得越来越骄傲。这是一种病态的文化，科技走向了轻叩自然、保护地球的反面，科学不再是理解自然的科学，而是令自然感到厌恶的恶魔。今天的人类早已失去了对自然的感受与理解，肆无忌惮地向大自然索取。在人类眼中，自然成为科学研究的“对象”，是一个被“解魔”了的以及有待“解魔”的“实存”。

于是，今天展现在我们眼前的，是自然与社会的界限变得越来越不分明，其对立格局也已解体，自然内含着社会，而社会也内含有自然，二者相交相融。到了20世纪末，自然成为不可归因的了，成为“历史的产物”，成为“文明世界的内部陈设”（贝克语），其再生产性和再生产能力遭遇到了极大的破坏和威胁。工业生产循环的一部分自然已不再“纯粹”，而是成为社会的、政治的和经济的动力的一个内部元素，以至于对自然的破坏社会化了。正如贝克所言：“不可见的自然的社会化之副作用是对自然的破坏和威胁的社会化，以及它们向经济的、社会的和政治的对立和冲突的转化。”③生活的自然状况受到了极大的侵犯，高度工业化使得全球社会的社会和政治制度受到了极大的挑战。环境问题不单纯是环境问题了，它与这个社会的政治的、经济的系统纠缠在一起，成为了社会的问题和人自身的问题。“驯服自然”的现代性取得了成功，同时又遭到了失败。

正是因为现代性的高危险后果威胁着人类自身，还威胁到人类之外的

---

① ［美］弗朗西斯·福山：《历史的终结及最后之人》，黄胜强等译，中国社会科学出版社2003年版，第98页。

② 卢风：《应用伦理学——现代生活方式的哲学反思》，中央编译出版社2004年版，第296—297页。

③ ［德］乌尔里希·贝克：《风险社会》，何傅闻译，译林出版社2003年版，第97页。

包括自然在内的外部世界，后者受到损伤的后果将最终与人类遭遇。风险所及空间扩展了，因而，责任也需要随之扩展。“科学导致人类‘怕’感的丧失，经济理性导致爱的错位，这就是现代失度的根源和重建适度的基础。”[①]“适度”本身就是一种责任。这也是责任的缺位和重建责任的基础。道德要与人性相符，依道德理性行事是合乎人性的神圣责任，保护环境就是保护人类自身。马克思指出：“自然界，就它本身不是人的身体而言，是人的无机的身体。人靠自然界生活。这就是说，自然界是人为了不致死亡而必须与之处于持续不断的交互作用过程的、人的身体。所谓人的肉体生活和精神生活同自然界相联系，不外是说自然界同自身相联系，因为人是自然界的一部分。”[②] 人对自然的责任由此生成。

当然，约纳斯走得更远，依他所见，我们保护自然并不是为了我们自己的利益，而是因为自然有其自身的尊严与权利。这种看法显然成为一大理论难题。如果保护自然真的不是为了我们自己的利益，只是给予而不索取，只要义务而不要权利，这就破坏了权利与义务相伴相随的伦理上的本质特征。而且，人与自然的关系不可能单向度地进行，难道只有人类为自然尽义务，自然没有为人类尽义务吗？从实践上看，人类与自然也是你中有我、我中有你的关系。自然为人类生存提供资源、养分与环境，人类是自然大家庭中的不可或缺的一员，离开了人类，大自然就失去了生机与活力，离开了大自然，人类就失去了生存的根基。进一步讲，没有了人，一切都失去意义。自人类开始以来，人类的一切活动，无论是认识与探索自然，还是从事各方面的理论研究，都是站在“为了人的生存与生活”这个出发点的，偏离了这个轨道，人类的一切行为的价值都将是“空无”。人把“人”定义为“人”，把“自然”定义为“自然”，都是人类自己的设定，只不过到现在人们已经习惯了而不予以追究，但并不意味着可以否定“人设定了一切”的“根”与“源”。因而，人类保护自然，从表面上看是为了自然自身，但深层探究起来，最终是人类为了自己的利益。“在地球上，只有人类——通过他们的理性、道德、世界观，他们理解和敬佩自然界的主观经验——才能够客观地评价非人类存在物的技能、成就、生活和价值；……这种能力应该得到实现——饱含仁爱的，毫无傲慢

① ［瑞士］司徒博：《环境与发展：一种社会伦理学的考量》，邓安庆译，人民出版社 2008 年版，中译本导读。

② 《马克思恩格斯全集》第 3 卷，人民出版社 2002 年版，第 272 页。

之气的。那既是一种特权，也是一种责任，既是赞天地之化育，也是超越一己之得失。”① 人类对自然的责任也是从“人”这个存在者出发的，对“自然”负责就是对“人类”负责。无论是大自然的毁灭，还是地球的毁灭，最终受损的就是人，如果没有对人的利益的考虑，恐怕也就不存在“自然和谐”的说教了。

基督教伦理学者的环境伦理观被视为一种重要的态度活跃在伦理舞台上，强有力地佐证了人对自然的责任。他们表达的生态意识的基本特征就是“尊敬自然”。在笛卡尔的主客二分和牛顿力学之后，西方文明更应该重视这一态度。人们必须回归到尊重自然的态度，才能纠正近代以来对自然的基本看法。“尊敬自然的态度明显地设定生命和一切存在物有它们自己的善（goodness）和价值（value），不只是具有对人有用的性质，而且拥有内在的优点。”② 所有的有机界与无机界的存在物都应当获得欣赏、尊敬与保护，一切存在物都是上帝的创造，反映出上帝的真、善、美。保罗认为：“自然的不完善和痛苦是人犯罪的后果。自然界从‘灭亡的束缚’中获得解放也同样与人的得救有关。”③ 由此，人对自然的责任便体现出来了。宗教伦理学者司徒博建立的“客人守则”，既反对人类中心主义又反对自然中心主义和神权中心主义。他主张的“客人伦理”意在表达人是自然的客人，因此人要看护好“自然”这个家园。除宗教外，传统伦理学并未考虑到人应当担当的“托管人”或“看护人”的角色，也缺失了对自然的科学看法。自然本身不是人类固有的私人财产，而只是以托管人的身份出现，托管自然交给人类保管的财富，因而，我们有义务看护好它们，有责任保护它们不受损伤，自然有权利命令人类这样做。

在汉斯·昆看来，未来的口号就是“行星级的责任”，值得借鉴。他主张用一种“责任伦理学”去取代“成就伦理学”或“思想伦理学”。他说：“没有思想伦理学的补充，责任伦理学则会沦为没有思想的成就伦理学。这种成就伦理学为了后果是不惜任何手段的。没有责任伦理学，思

---

① ［美］罗尔斯顿：《诗意地栖息于地球》，杨通进译，见杨通进等《现代文明的生态转向》，重庆出版社 2007 年版，第 196 页。

② ［德］白舍客：《对上主所创世界的照顾与责任》，静也等译，见杨通进等《现代文明的生态转向》，重庆出版社 2007 年版，第 212 页。

③ 同上书，第 208 页。

想伦理学则将沦为对自以为是的内心深处的一种修养。”[①] 在他那里，成就伦理学就是为了目的而不择手段，只要可以带来利润、权力或享受就是好的东西的行为；而思想伦理学则倾向于孤立地看待价值观，只单纯地涉及当事人的动机而不关心其后果如何及其要求和影响的伦理学，这是一种绝对性伦理，它无视历史的复合性，也不要社会结构及权力关系的复合性，它是非政治的。汉斯·昆的行星级责任指的就是要为地球这个“星”的存在负责，这里不仅包括在地球的生物层、陆地层、水层、大气层方面承担一种全球性的责任，而且包括对人类的未来承担全球性的责任。由此可见，我们的确应该对人的自我及我们眼前的利益和自由加以限制，需要替未来担心，需要对大自然心存敬畏。

今天，“地球面临着生死存亡”表达了一种环境伦理，成为当代意识理念和主题，意味着保护自然占据了一个重要的位置，它使责任感达到了一个前所未有的新高度，标示着人的义务超越了那种只规范人际关系的传统伦理。“一种正当行为的意志所必须遵从的标准，乃是体现在自然本身中的法则的标准、宇宙秩序的标准。”[②] 既然人们通过自己的行为将地球的生命置于危险境地，那么人类的责任也理应触及人之外的世界，整个生物圈应当被包含进去。由进步所带来的风险引发了公共危机感，使得大众在保护“人类的共同财产”方面达成了广泛的共识。众多的自然保护组织、地球日、绿色运动等都表明了生态价值观在这个时代所获得的胜利。我们不仅要倡导全球公民权，将崇高的责任理念专注于民族，而且，关切自然和我们的家园也应成为首要考虑的对象。一些人认为大自然有其固有的尊严，而另一些人则认为为了人类自己而应当尊重大自然，并将为后代留有足够的财富。无论这些观点之间有多大的差异，都显示出对传统经典伦理的挑战，现代技术的误用导致了众多的未曾有过的、具有潜在性的灾难，以至于“补充”伦理原则成为必需。正如约纳斯所强调的，技术文明迫切需要一种“对未来的伦理”，面对强大到足以摧毁生活的各种威胁，我们亟须一种新的绝对命令，一种需要维护地球的生生不息的景象的绝对命令，召唤着一种长远责任感的伦理，它也是使人类在地球上生存并生活得更加美好的一种无条件义务。“地球责任感”原则变得神圣化了，

---

① ［瑞士］汉斯·昆：《世界伦理构想》，周艺译，生活·读书·新知三联书店 2002 年版，第 39 页。

② ［美］麦金太尔：《追寻美德》，宋继杰译，译林出版社 2008 年版，第 189 页。

我们几乎成为一种渴望绿色的公民。

某些环保运动反对科技，认为要回到前工业化状态，人会比现在过得更幸福，这种看法又走向了另一个极端。不能在倒洗澡水时将婴儿也一同泼掉。究其原因，他们并没有看到伦理责任在发展中的力量。卢梭是反对“进步”伪善问题的第一人，他比黑格尔要早，但与黑格尔不同，他认为历史的变革会使人感觉到不幸福。卢梭在《政府论》中指出，人的真正需要实际上并不多，只需要居所和食物，甚至安全也不是基本需求，其他需要只是建立在与其他人攀比的基础之上的，并不是人的本性所致，似乎别人有的东西他没有，就会产生一种被剥夺感。他的理论完全可以用来解释今天的消费主义所创造的人的虚荣心态，用卢梭自己的话来讲，就是“自爱”的情感。卢梭认为，要使人得到幸福，就必须从现代科技所要求的创新的无限循环中解放出来，恢复人的自然状态的完整本性。中国有句名言：“知足常乐”，也正是这个道理。然而，我们发现卢梭的“自然状态”是一种“前现代”状态，甚至是“前人类社会”状态，人们之间不会相互比较，他们生活在充满恐惧的世界中。在这样的自然状态中的人不会设法去征服自然，在他们眼中，自然本身就是人类的幸福，它会给人类带来无穷的美好的东西。最激进的生态运动实际上就是卢梭自然主义的现代版。在今天看来，这种观点是不足取的，“回归自然”只是一种不切实际的空想，因为我们无法回去，无法还原。历史不可能倒退，我们只有前进。为了避免“自我毁灭”的悲惨结局，我们需要以一种高度的责任感前行。

恩格斯指出：“我们连同我们的肉、血和头脑都是属于自然界，存在于自然界的；我们对自然界的整个统治，是在于我们比其他一切动物强，能够认识和正确运用自然规律。”① 但是，在实证逻辑主义的推动下，科学知识的本真面目被遮蔽了，以至于在这个时代，除了被科学所证实进而被技术所支配的东西外，什么也没有留下，神秘的东西似乎不存在了。因而，人们没有必要对任何存在心怀敬畏，有了科技这把利剑，人就会无往而不胜，有了科技这个工具法宝，人类就成了这个世界的主宰。殊不知，科学知识的解释力是有限的，而自然奥秘是无穷的，人也只是这无限存在中的有限存在者。当然，人类不断探索那无限的自然奥秘是应该的，问题

① 《马克思恩格斯全集》第20卷，人民出版社1972年版，第519页。

在于不能以人自己的生存为代价去换取那连自己也预测不出来的奥秘。承认世界的无限性正是马克思主义的要义所在。已知的领域只是“可以言说的东西”，但仍有许多“不可言说的东西”等待我们去探索。但人们并未因此而谦逊，而是随着人类知识疆域的日益扩充而愈显狂妄，利用科技向自然发起一轮又一轮的猛攻，致使灾祸在等待着自己。这是人为制造的风险，责任被遮蔽在人类自身的狂妄之中。这是我们今天的发展所力求避免的。

中国“天人合一”的智慧，“苏格拉底式”的智慧，都要求着对自然心存敬畏。理学著名代表朱熹说：“天即人，人即天。人之始生，得之于天也。既生此人，则天又在人矣。”（《朱子语类》卷十九）在中国传统哲学中，自然被看作是圣人效法的对象，“天无二日”、“人无二主”的天人合一思想描绘了人与自然的和谐关系。自然是人“安身立命”之地，人不应当虐待自然。“人直接的是自然存在物”，是“站在牢固平衡的地球上吸入并呼出一切自然力的人。”① 今天，人类深陷危机，人们过分地陶醉于科技与工业所创造的人工环境中，不但没有真正理解自然，反而毁灭了自然。恩格斯在《自然辩证法》一文中说：“我们不要过分陶醉于我们人类对自然界的胜利。对于每一次这样的胜利，自然界都对我们进行报复。每一次胜利，起初确实取得了我们预期的结果，但是往后和再往后却发生完全不同的、出乎意料的影响，常常把最初的结果又消除了。”② 那自然对人类的报复无一例外地表明了，大自然的奥秘并未被人类完全掌握，它的确是神秘的和令人敬畏的。破坏了自然规律，人类就会得到应有的报复，保护自然界、合理利用自然界为人类服务，既是人与自然和谐共处的根本保障，也是人类对自然界所负有的神圣的不可推诿的责任。

方向既已确定，我们便不可静等，而是要努力探寻实现进路，并以强烈的热情去付诸实施，知行统一，才能使风险责任的担当成为现实。

---

① 《马克思恩格斯全集》第 42 卷，人民出版社 1979 年版，第 167 页。

② 《马克思恩格斯选集》第四卷，人民出版社 1995 年版，第 383 页。

第四章　风险社会伦理责任的实现进路

有没有责任是一回事，而责任能否实现则是另一回事。任何一种责任的建构，如果没有实现或不能实现，那么，它只是一纸空文而被束之高阁。随着风险社会伦理责任新向度的开启，实现这种责任就是改写风险社会为和谐社会的重要一环。有鉴于此，责任的实现需要在什么原则指导下进行，其基本前提与目的如何，何以使得主体升腾起自觉的责任意识，制定具有约束力的能够让人们怀赏畏罚的社会制度，并营造负责任的社会文化氛围，以便从内部和外部双重保障风险社会伦理责任的实现，无疑将成为责任确立之后要回答的极具重要价值的问题。

第一节　伦理责任实现的原则

随着实践内容的不断丰富和实践领域的不断延展，风险社会伦理责任的范畴会逐渐扩大：既有后果责任又有前瞻性责任；既有故意责任又有过失责任；既有直接责任又有间接责任；既有共同责任也有个体责任；既有内部责任又有外部责任。它们作为元素共同组建了伦理责任的系统，僭越了传统宗教普世伦理和启蒙以来基于个人和社会的种种纽带而产生的道德责任的诸多局限。

唯物主义辩证法认为，同一和斗争是矛盾双方所固有的两种属性，同一性表现为对立面之间具有相互依存、相互渗透、相互贯通的性质，斗争性表现为对立面之间具有相互排斥、相互否定的性质。对于责任的实现，既要看到诸多责任之间的对立面，又要看到它们之间的统一面，只有全面地将各个方位的责任联系在一起，达到高度的统一，风险社会的伦理责任才能最终实现。这是风险责任实现的根本原则。

一　个体责任与共同责任的统一

在风险社会中，欲使责任能有效地实现，必须要求既有个体责任（individual responsibility），又要有共同体责任或集体责任（collective responsibility）或分割责任（divided responsibility）。不仅如此，还要将个体责任与共同体责任统一起来。

个体责任是指责任主体为单一的个体的责任。个体责任包括我对自我的责任和我对他人的责任。按照海德格尔的一名学生魏舍德尔（Wilhelm Weischedel）的看法，自我责任包含两层含义：一是指“在我自己面前产生的责任”，换言之，是我对自我产生的责任意识，其原因在于自身而不在于其他主管或制裁机构的强制所致。自己就是我的主管，我能对自己的行为作出评判。为了能够对自己作出公正的评判，自己必须与自己保持一定的距离，以他者的身份来审视责任，从而在自己面前产生责任意识。二是指自己对自己或对自己的行为的责任。质言之，我对自己负责。[①] 在魏舍德尔那里，自我责任的存在便意蕴着人的彻底自由，正是由于为自己承负责任，我才是真正自由的。在这里，自我责任成为社会责任的主管。没有自我责任的意识，便谈不上承担社会责任。自我责任是社会责任的基础，即使是对上帝的宗教责任也是如此，它是一切责任的根本源头，由此构成了人生的生活意义。

我对他人的责任是为他性责任，包括为他人个人及为社会的责任。当他人转变为复数时，或者当我与他人共同生活在一个集体时，为他性责任便成为集体责任或社会责任。“个别的人，作为这种国家的市民来说，就是私人，他们都把本身利益作为自己的目的。由于这个目的是以普遍物为中介的，从而在他们看来普遍物是一种手段，所以，如果他们要达到这个目的，就只能按普遍方式来规定他们的知识、意志和活动，并使自己成为社会联系的锁链中的一个环节。”[②] 一个道德个体应当知道他属于某一个道德共同体，个体作为共同体中的一个成员，应当对共同体中的每个成员负责，这就是集体责任。“在一个存在着他人的世界上，任何一个人都——在每时每刻潜在地，并在部分时间是实际地——不仅是作为一个主我而存在，而且也作为他或她、作为我们、你们和他们的主体情形与客体

① 参见甘绍平《应用伦理学前沿问题研究》，江西人民出版社 2002 年版，第 123 页。

② ［德］黑格尔：《法哲学原理》，范阳等译，商务印书馆 1982 年版，第 201 页。

情形而存在。‘人的关系’只不过是我们用来描述每一个‘我’都是多重代词形式这一事实的术语而已。”① 每一个“我”都是相对于“他”或“他们”而存在的术语，这种“我—他”关系正体现为一种社会关系。法国哲学家列维纳斯是倡导社会责任的典型代表，他倡导一种极端性的、以他人为指向的责任意识。当我与有需要帮助的人相遇时，我的责任便产生了。在这里，并不是我自己选择了责任，而是我被动地承接了责任，是责任选择了我。事实上我也根本不可能去选择责任，而是在他人需求的召唤下成了他人的“人质”，致使我与此责任相遇并无法脱身，尽管它违背了我个人的某种意愿，也不可能逃避。正如列维纳斯的看法，正是这种为他之责任组建了我的独特性的一个真正理由，一个塑造人格的理由，一个我之成为我的理由。我负责故我存在，为他人负责成为作为人的存在者的先行义务而存在于世。“我之存在意味着，不能逃避责任。”② 当然，这是一种极端意义上的责任，但成为个体承负为他之责任的道德规范。我所具有的唯一性和同一性特质，也正是在这种无可替代、无法代理和置换的对他之责任的关系中表现了出来，并在这种关系中，我已与他之责任的德性融合起来，在责任中显现出我的存在，同时在这种关系中，通过对他人承负责任的实践，也构建了自我、培育了自我的高尚德性，也才能体察出我与他人的“在世之在”的共在。正如列维纳斯所言，只有从他人那里，人才达到其自身。列维纳斯甚至认为认识论、形而上学、本体论或任何其他别的什么东西都不能称为第一哲学，“而只有认可道德要求存在于人与人之间的直接的触动之中，存在于与他人的接触以及从中产生出的人与人之间的责任意识”的伦理学才是第一哲学。③ 足见“为他之责”的重要性。

共同体在本质上与道德个体一样，也具有相应的行为能力和行为选择，同样建立在实现某个价值目标之上，因而必然成为一种责任主体。马克思早就指出，人是各种社会关系的总和。个体伦理责任的认识离不开个体在社会化交往中所具有的知识，他们都是在具体的文化当中成长起来的，道德准则的运用与他们的文化实践所积淀的内容相一致。行为者的行

① ［美］巴恩斯：《冷却的太阳：一种存在主义伦理学》，万俊人等译，中央编译出版社1999年版，第349页。

② 转引自甘绍平《应用伦理学前沿问题研究》，江西人民出版社2002年版，第124页。

③ 同上。

为不仅体现了关于自己和他们共同生活的观念，同时也在他们各自个体及共同体的语境中揭示出他们所遇到的诱惑及阻碍。在这里，个体与共同体共享有一定的实用的知识，并将它们反映在生活世界中，通过实践形式留存了下来。由个体所组建的共同体拥有客观的文化生活方式，在共同体内流传并被接受。社会化的个体应当在相互承认的前提下加强对共同体的认同，并受到这个团体的呵护，将这个共同体确立为他们共同的立法机构。有鉴于此，共同体并非与个体相分离，而是由个体按一定的形式与生活方式建构起来的。共同体的行为与活动中无不渗透着个体的意志，反映着个体的愿望，体现着个体的自由。但是，共同体作为一个主体，它又是独立于个体的，其行为体现着这个共同体的自由，因而必将产生这个共同体的独立责任。共同体的行为选择通过其价值取向得以理解，并从道德角度评价其义务、规范和律令。

共同体作为一种主体，体现着一种文化模式。事实上，我们都受着生活在某一个共同体范围之中的文化的影响，或者说，一个共同体的行为与道德观念不仅产生于组成共同体的个体，而且反过来又影响着生活在其中的个体的选择和成长。比如，社会作为一个共同体，它“总是以特殊的方式承担所应承担的道德责任：社会自身受到在它所提供的环境中滋生出来恶的消极破坏作用的惩罚”。[①] 失业问题的突出，穷人不断地增多，除了个人自己有责任外，社会作为共同体具有不可推卸的责任。“一个人注定要在社会中，并且要在一个旨在促进每个公民的福利的、组织良好的社会中，获得他的善。”[②] 社会改革力量使人们的生活更加幸福，必然归于对社会的褒扬的积极责任。因而，良好的社会功能，可以使人们成为向善者、优秀者和令人敬仰的人，而恶的社会就容易将人引向毁灭的深渊。中国流传久远的“孟母三迁”的故事，深刻地揭示了社会共同体、社会环境对人的影响和应向人们承担的伦理责任的道理。工业资本主义社会所主导的“工具主义理性”（instrumental reason）（泰勒语），使得人们追求着最大化的效益，最佳的支出收获率，导致了今天的风险社会中每个人都面临着被毁灭的威胁；西方文明的进步在本质上是一种衰落，“尼采的‘最后的人’处于这种衰落的最低点；他们的生命中不再留有任何抱负，只

① 郭金鸿：《道德责任论》，人民出版社2008年版，第207页。

② ［古希腊］亚里士多德：《尼各马可伦理学》，廖申白译注，商务印书馆2003年版，译注者序。

有‘可怜的舒适’”,[①] 等等，所有这些，不是社会共同体应当承担的责任吗？同样，国家作为一个共同体，对公民个人发展及社会发展负有伦理责任。因为“所有那些不同的阶级与团体都依存于那个让它获得安全与保障的国家。它们全都从属于那个国家，并且全都只在对那个国家的繁荣与保全有所裨益的从属关系中获得安顿与确立”。[②] 赫费也指出：“集体不再满足于对外的自我保存，对内的经济文化福利，今天它是一种道德上更高的、非单纯社会——实用主义之要求的法律原则和宪政原则负有义务。并且，至少在国家内部要为这些原则的实施提供本质上的保障。”[③]

共同体不仅要对生活于其中的个体负责，也要担当起一个共同体对另一个共同体所应负有的责任。共同体之间就要相互负有相应的责任，正如亚里士多德所说，在任何一个共同体中，均存在道德共同体，这个道德共同体可以说是这个共同体中“更好的自我”。由此看来，道德不仅要求共同体内部的团结，而且要求不同的共同体之间也有相互团结的义务。在这方面，康德早就对目的与手段的概念进行了有力的论证。康德建立的“目的王国”中，任何一个成员或任何一个共同体都不能把自己和其他所有人仅看成纯粹的工具，而是在任何时候都当作“自在的目的”。作为自我立法者，没有哪一个共同体要屈从于其他共同体的意志，正如每个个体都没有义务屈从于其他所有个体的意志一样，与此同时，每个共同体都要像其他共同体那样遵守自己的立法。道德上处于自由状态的共同体，同时必须把自己看成是道德律令的制定者，也是道德律令的接受者和遵守者，并以此为根基，担负起自己对于他人的共同体责任。

在世界风险社会中，对传统的以个体为责任主体的模式提出了挑战，任何单个个体都无法应对全球化的风险，同时也容易造成在处理风险问题时的“有组织不负责任”状况。然而，单一的个体却是组织的组成因素，离开了个体，组织便不能成立。不仅如此，作为共同体的组织也是个体意志的反映。因而一种复合主体的治理模式需要被开启，也存在复合主体责任的根据。复合主体的治理精神在于，各责任主体之间合作互补，承担连带责任，并从惯常的民族区域内责任主体扩展到全球范围内责任主体的复

① ［加］泰勒：《现代性之隐忧》，程炼译，中央编译出版社 2001 年版，第 4 页。

② ［英］亚当·斯密：《道德情操论》，谢宗林译，中央编译出版社 2008 年版，第 291 页。

③ ［德］赫费：《作为现代化之代价的道德》，刘安庆等译，上海世纪出版集团 2005 年版，第 230 页。

合，使这些责任主体一起来共同承担责任。在一国区域内，国家组织、政府、非政府组织、企业、家庭、个人等所有社会组织与行为者都是风险制造的参与者，因而都成为责任的分担者，不能被排除在责任之外，也不能被剥夺享有责任承担后的各项权利。

要实现产生社会风险的责任，并使得这种责任无一遗漏，复合主体的共同责任必然要求建立一种既相互分工又通力合作的关系，无论是民族国家范围内还是全球领域内。在分工模式下，无论是个体责任还是共同体责任或集体责任，都据其所处的地位与身份，按职责确定责任。比如，公民个人、科技专家、企业、政府均在各自职责范围内行为，并承担相应的责任，是为“各司其职”。在合作模式下，被称为“三大现代治理机构”的国家、市场主体以及公民社会才能有效发挥其职能，在此基础上可弥补其各自的不足。“所有人（包括子孙后代）的大团结应当建立在一种普遍有效的集体之善的基础之上。”① 通过在复合主体各方之间的协议或协作对话，对各责任主体的权力进行限制，为了创建共同的事业而达成一致意见，履行采取共同意志而实施的行为的责任。在分工不明又协商不成的情况下，为了实现风险的责任，必然要求各方主体承担连带责任（joint responsibility），即各方主体不分份额、不分先后地承担赔偿责任。

一般情况下，共同体责任与个体责任界限分明，但人为制造的风险形式改变了许多风险的共同体责任与个体责任的关系，两种责任的界限变得模糊了，因而，二者的统一不仅是可能的而且是必要的。尽管在某些领域个体无法准确承担责任，但并不意味着就是有组织的不负责的形式。相反，个体责任与共同体责任同时存在。比如对生态的责任和对社会的责任就内含着个体责任，尽管也包含了有组织的不负责任情形。现代社会，诸多领域从法律上确定责任主体已成为不可能，或者说成为难题，但不能因此而使责任束之高阁。这时，伦理责任就显得尤为重要，社会舆论与批评谴责成为主要责任承担形式。当然，我们不是说不要法律责任，而是要强调法治与德治相结合，更要强调在伦理道德方面有法律不可替代的功效，因而，要求个体与共同体在伦理道德方面提高责任意识。

鉴于上述，人为制造的风险形势将在众多领域改变着共同体责任与个体责任形式。同时，共同体责任与个体责任是不可能完全分离的，二者总

① ［德］哈贝马斯：《包容他者》，曹卫东译，上海人民出版社2002年版，第30页。

是扭结在一起。“我们在此时发现一种双重的责任：首先，我们坚持个人本身有责任，然后是塑造他的集体即他的家庭、社会阶层、民族乃至一般人类也有责任。”① 风险社会伦理责任的承担既有个体又有组织，还有个体与组织相结合的共同体，是共同体责任与个体责任的统一。伦理责任是对个体负责和个体承担责任的统一，也是为共同体负责和共同体承担责任的统一。换言之，在责任范畴内，个体与共同体均同时既是责任主体，又是责任客体。

二 后果责任与前瞻性责任的统一

从是否已经生发后果的标准看，责任可分为后果责任和前瞻性责任。现代性所导致的高危险后果，有的已经对人类构成了损害后果，有的则对人的未来及未来的人类生存与生活直接构成威胁，对前者的责任是后果责任，对后者的责任就是前瞻性责任。后果责任与前瞻性责任同时存在于风险社会，我们必须对两种责任的担负有机地统一起来。

1. 后果责任：对过去风险变现的治理责任

后果责任是因过去的过错行为或失职行为而产生了不良后果所生发的责任，具有溯及既往的后顾性，保留着“应当负责”的原始含义。后果责任针对的行为结果已经出现，责任的行为构成是清晰的，表现为责任主体应当作为而没有作为，或应当不作为而为之，如从肉体上或精神上伤害了他人等，从而对其危害承担一定的责任。

后果责任遵循以下准则：第一，后果责任的承担者与行为实施者建立一种对应关系，这种对应关系表明了后果与责任之间的因果性。后果责任的责任主体可能是个体，也可能是集体。如果是集体，那么这个集体则是由个体因一定的关系并以成员身份的形式而组建的，这样，集体的意识就是成员的自我意识依照一定的关系而构建起来，并可以担当责任主体。正如德国学者费因伯格（Feinberg，Joel）所言：“将道德的事后责任归因于一个群体、组织或其他集体实体的言说方式，只有在道德责任能被归因于某一特定集体中的个体时，才是恰当的，而这一特定集体本身乃因个人的原因而得以组建。”② 第二，责任主体是自由的。即责任主体能够自由行

① ［德］包尔生：《伦理学体系》，何怀宏等译，中国社会科学出版社 1988 年版，第 393—394 页。

② 转引自［德］本巴赫尔《责任的哲学基础》，易小明等译，《齐鲁学刊》2005 年第 4 期。

为。如果主体由于身体或心理的不健康或无能，或由于被剥夺了选择权，那么他的自由会相应地受到限制，此种情形，行为者是应当免除责任的。尽管决定论者和非决定论者对此有争议，但让一个与后果没有因果关系的主体承担责任是不合理的，因此，非决定论受到大多数哲学家的赞同。第三，责任主体承担责任是由于主体违反了禁止性义务。这是主体承担责任的根据。如果行为者没有阻止某项事情发生的义务，他当然不应当受到谴责或承担责任，无论这个义务是积极的作为还是消极的不作为。

根据这样的准则，我们就可以对人类实践行为对世界造成的影响进行责任裁定。无论是一般的责任还是基于身份而产生的职责，对其行为后果负责都要以一定的因果关系为依据，即行为主体实施了违反禁止性义务的行为，这个行为产生一定的后果，实施的行为与产生的后果之间具有因果关系。因果关系可以被解释为一个拥有许多条件的场域，在这个场域中积极的和消极的行为同时存在。“责任的最首要的最一般的条件是因果力，即行为对世界产生了一定的影响。”① 每一个人和每个组织的行为都对这个世界产生了或多或少的影响，关键就在于这个影响是积极的还是消极的。不同的影响会产生不同的责任，由此还可以将后果责任分为首要责任、次要责任或三级责任等，也可以将其分为一般责任或职务责任，但无论如何，一旦有不良后果出现，其责任的履行便是不可推卸的。

世界风险社会就像一座火山。实际上，这座火山自工业现代性以来就一直在间断性的爆发，而且每一次爆发总比前一次更加厉害。不仅如此，它还会在未来不断地爆发，其爆发的力量和间隔的时间是不确定的，但有一点是无疑的：人类受到生存的威胁。由此可见，除自然风险外，人为的风险自工业革命以来就一直存在着，到今天，已经有不少危险变为现实，并产生了一定的后果。比如战争频发、核污染与核竞争、生态恶化、气候变暖、经济危机、流行性疾病、食品安全，等等。换言之，今天，我们不仅受着生态被破坏的威胁，还暴露在经济不确定性、不稳定与不安全的焦虑之下。这些都是工业文明的后果或附带性后果，这些后果是我们今天每个人所能够经历到的。

按照后果责任的因果力，工业资本主义制度是首要的责任主体，理应

① Hans Jonas, *The Imperative of Responsibility: In Search of an Ethics for the Technological Age*, The University of Chicago Press, 1984, p. 90.

为这些灾难性的后果承担应有的责任。为了今天人们的生存安全与生活幸福，履行这个责任的首要任务就是治理风险。治理就是采取积极措施减轻与消除对人类的损害。工业资本主义要为因其掠夺行为而导致的穷国进行赔偿。他们无限度地创新技术并进行破坏自然与透支资源的活动，所导致的气候恶化以及不断地发生的相关灾难，等等，都在资本主义大国的赔偿清单之中。落实到每个国家，政府在履行自己的以人为本的职责方面需要付出极大的努力。

2. 前瞻性责任：对未来风险的防范责任

前瞻性责任是以未来为导向的责任。这是现代社会才出现的一个话题。这种责任意味着："人们有一种为他人、为一种动物或一件事情、为非个人的事业而行动的义务。"① 在这里，责任类似于"职责"和"义务"。前瞻性责任所针对的后果尚未出现，它可能出现在将来，因而责任的行为是模糊的，因此，有对行为作出判断和选择的空间，具有内在的目的性结构。在这个责任系统中，不仅内含着促进或阻止某一事件发生的积极性的目的论规范，还内含着禁止某一事件发生的消极性的义务论规范，前者表现为积极的作为，后者表现为消极的不作为，如节制、不伤害。前瞻性责任针对"希望"而发生的，并阻却那种令人憎恶的事件，以此为标准来规范人们去选择善而逃避恶的行为。

前瞻性责任的责任主体必须具备责任能力，比如应当具备智力、意识与身心健康等方面的能力。这是主体成为责任主体的首要条件。动物、未成年人和精神病人不具备相应的能力时便不具备主体资格。前瞻性责任的另一个条件是未来有值得去做的对行为人来讲有价值的事项。正如本巴赫尔所言："从基本的价值理论来看，事前责任的范围、程度和内容几乎完全依赖于被视为有价值的东西。"② 然而，当多个价值事项发生冲突时，主体面临着对多个价值的抉择，须对未来的诸多有价值的东西进行权衡，进而作出取舍的决定。对这种价值，有内在价值与外在价值之分。内在价值是未来未实现的目标本身对行为主体所具有的价值，而外在价值是指对未来的某个主目标起辅助作用的价值。无论任何价值，都是行为主体实施行为的过程中需要进行评估的内容。基于上述两个条件，尤其是第二个条

① ［德］本巴赫尔：《责任的哲学基础》，易小明等译，《齐鲁学刊》2005 年第 4 期。
② 同上。

件，表明在面对具有高度不确定性的人类实践活动时，前瞻性责任是要求人们追求正价值而摒弃负价值的具有约束力的规范性准则，是降低甚至化解世界风险的伦理尺度。

对前瞻性责任的履行，无论如何也绕不开对人类实践行为的横向价值评价和纵向价值评价。横向价值评价是一个责任是否关系到人类的福祉问题。在西方传统理论中，占统治地位的人类中心主义认为，只有人才根本地具有价值，然而他们在后来受到了越来越多的攻击，于是情感中心论、生态中心论和自然中心论又纷纷出场，并占据了主导地位。尤其是生态中心主义者，主张要为自然负责，受到了环保主义者的欢迎。在这个价值评价的纷争中，当然也出现了调和派，他们则认为人类中心主义的价值观与非人类中心主义的价值观本质上是一致的，就像一枚硬币的两面。在这场纷争中，作出价值选择时关涉到了责任的分配问题，如人类中心主义者主张一切围绕人来确定价值目标，然而要在这个框架内来圆满地解释对自然及动物的责任就十分困难，他们无法承担使每个生物完全存活的责任。但是，无论哪一种主义，都存在一种无可怀疑的并且被人认可的价值——追求人的福利。这里问题的关键就在于如何界定人的福利，本巴赫尔认为："就像责任的归因应当导向最高的价值一样，给予福利以特殊地位是完全可以的。这样，道德责任就最终变成了有利于有情众生（正如大多数情感中心论者所假设的一样）之福利的责任，变成了努力维持和发展这一福利的责任。"① 在本巴赫尔那里，这个福利专指物质财富，表现出西方的物欲主义和消费主义价值观的本色。试想，这样无限度地追求下去，生态的创伤越来越严重，对自然的责任无人承担，最终的后果只是人类自己毁灭自己，这就是对自然的无责任风险。

纵向价值评价关涉时间延伸和历史延展的责任，关涉下一代人的责任。质言之，我们的价值评价中，不是以当下的利益为中心，而是确保后代人的生存与安康为中心，并以此确定责任的度。随着工业化的推进和人口的不断增长，自然系统被破坏，下一代的利益被忽略了；人类不断增强着对自然的掠夺能力，后代人的生存境况面临着危机；工业生产与生活中排放出大量的废气，它改变了大气层的原本结构，不断地在影响着人类的健康，每天都在向地球上的生物发出生存风险的警示；技术的不断进步使

① ［德］本巴赫尔：《责任的哲学基础》，易小明等译，《齐鲁学刊》2005 年第 4 期。

当代人更加富有，生活更加舒适的同时，也为后代人带来了利益上的不良影响。不仅如此，将对后代构成直接或间接的影响、由工业活动和科技的进步而造成的不确定的长期损害仍潜藏着对未来人生存的风险，社会的发展风险无法因经济发展和物质财富的进一步增加而得到化解。相反，还有更多的风险是延展性的或持续性的，它们的爆发是一浪接一浪的，如果不将责任落实到位，下一个危险就将来临。还有一些风险至今尚未爆发，仍处于积累阶段，就像火山喷发前的能量积蓄一样，表面上看来没有危险，实则正在孕育重大的风险，其毁灭性更为可怕，矛头直指向人类自身。

然而，我们今天并不重视将来发生的损害，由于时间的距离，许多经济学家低估遥远的成本与效益。甚至有人认为，未来离我们太远，当下的利益已经让我们不知所措了，更不可能去关心未知的人们，我们与他们并不属于同一道德共同体，因此我们没有责任去观照他们。当代人认为没有必要为后代人做出很多的物质资源准备，这样，代际公正的根基丧失了。但是，我们绝不可以让人类和地球毁灭在人们的贪欲之下，不能毁于人类自身的行为。那么，伦理责任在时间和空间上就需要进一步的扩展，需要与现代科技对自然进行控制的进程同步，需要与人类今天的实践行为所产生的长远影响连接在一起。“上帝死了”，上帝不再能控制人的自由行为了，人的行为实质上已由探求知识的行为转变为探险行为，人从上帝那里夺回自由的同时，对风险承负的责任也由上帝交付给了人自己。随着人的选择能力的不断增强，所应担负的责任范域也在不断扩大。于是今天，大踏步向前挺进的技术给人带来了责任负担和矛盾心理，生发出了越来越多的致富困惑心态，因为人类自己无论如何也逃避不了自己制造的灾难所产生的责任，这个灾难最终要靠人类自己去承受。面对风险社会，当越来越多的选择方式和选择目标呈现在我们面前时，面向未来的防范性的前瞻性责任也选择了我们，向我们提出了更高的更新的道德要求。

风险不仅内涵着“危险”、“不安全”、“不确定”等具有损害性威胁的因素，而且包含着“机遇”这样具有希望性的元素。这个机遇也带有或然性和不确定性，但它是以某种方式出现的可能的利益，对人类而言是“善”的。因而，我们在防范具有损害性风险的同时，还要抓住利益性机遇，这同样受前瞻性责任的约束。作为一个有责任能力的主体而言，不仅要抵御灾害性危险，而且要抢夺良好的机会，否则就会与一个可以为人类带来福祉的“良缘”失之交臂。

3. 风险责任：后果责任与前瞻性责任的统一

辩证法告诉我们要全面地看问题。从本质上讲，后果责任与前瞻性责任不是两个责任，而是一个责任的两个方面，它们统一于人类整体责任之中。我们不能片面地强调某一方面的责任而忽略了另一方面的责任，否则，就会发生以偏概全的错误。无论是后果责任还是前瞻性责任，在责任分配表中都是存在的，二者只有先后之分，没有承担与不承担之别，后分配的责任并不意味着就不承担，只是承担的时间得到了延展而已。

不仅如此，后果责任与前瞻性责任是相互支撑、相互补充的，在一定条件下还可以相互转化。后果责任强调对风险发生后的不良影响进行补偿，而前瞻性责任意指风险发生前就进行积极的预测和防范以避免不良后果的产生。前瞻性责任也是指向后果，只不过其后果是未来的。后果责任可以为前瞻性责任提供责任基础，没有后果责任的先例，前瞻性责任便是理论上的空中楼阁和假想，它必须以后果责任的先例为其经验前提；前瞻性责任填补了传统意义上的后果责任的不足，进一步充实了责任理论，二者相互支撑相互补充。约纳斯等学者所设想的未来的责任属于前瞻性责任，但他们只是片面地强调前瞻性责任，从而忽略了后果责任，因而是不全面的责任观。并且，后果责任与前瞻性责任在一定条件下是可以相互转化的。当前瞻性责任对应的事件已经发生并变现时，前瞻性责任就转化为后果责任，当后果责任相对于过去而言就具有前瞻性，这时后果责任就转化为前瞻性责任。

上述表明，自从人存在于这个世界，自人类有实践活动开始，风险就一刻也不曾停止过，为了治理与防范风险，为了人类自身的安全与幸福地生活，后果责任与前瞻性责任将永远统一于人类的行动中，统一于伦理责任理论中，这是一个不可忽视的原则。

三 对称责任与非对称责任的统一

风险社会的“有组织的不负责任”境况已僭越人与自然的界域，跨越了民族国家边界，全球化的风险与地方性的风险交织在一起，这就决定了风险的伦理责任要打通对称性与非对称性的区分，在治理区域方面，应当承担对多维度广领域的责任。质言之，就是要求对称性责任与非对称性责任的统一。这种统一主要表现为从人到其他生命再到自然无机界范域的系统责任。

所谓对称性责任，又可称为交互性责任，主要表现为主体之间能够相互负责，同时为了在某个共同体中生存下去，必须互为对方承担相应的责任。这种责任表达着主体间性关系，当一方主体的权利或利益受到损害时，加害方必然承担相应的责任，反之亦然。这种主体间性适用于当代主体与主体之间，要求当代主体承担人道主义责任。对称性责任在人们的生活中应用最广，基本不限于某些特定场域，而是渗透和贯穿于社会领域的各种责任之中，与人们的生活息息相关，具有普遍适用性和广泛存在性。在政治领域、经济领域、法律领域内，处处可见对称性伦理责任的身影，通过对人的生命或健康的损害去评判其责任，大多以法律责任、政治责任、经济责任等形式表现出来。甚至因社会制度的恶而引起的对人损害的责任，也可以划归为这类责任。所有这些责任之所以称为对称性责任，正是因为责任主体与受害方之间可以建立起一一对应责任关系，比如，人对社会负责的对称面是社会向人负责，这其中可包含政治责任、经济责任、法律责任、职务责任等。

所谓非对称性责任，一方面表现为主体与客体之间的责任，即主体对客体负责，而客体则不可能对主体负责，主客体之间无法建立起对称性关系的责任，这种责任主要指对人之外的生命的责任和人对自然无机界的责任；另一方面则表现为今天的人与未来的人之间的责任关系，即今天的人对未来的人负责，而未来的人不可能对今天的人承担责任，今天的人与未来的人之间没确立一种一一对应的交互性责任。“物，是指那些不可能承担责任主体的东西。它是意志自由活动的对象，它本身没有自由，因而被称为物。”① 我们今天提倡并强调对人之外的生命负责，对自然无机界负责，但并不表明人之外的生命和自然无机界也可能对人类负责，人之外的生命和自然无机界并无责任意识，亦无责任能力，不可能对它们进行批评教育，更不可能对其进行处罚或要求它们对人类进行赔偿等。换言之，人之外的生命及自然无机界与人之间不可能建立起一一对应的交互责任关系。因而，人对人之外的生命和自然无机界承担的责任呈现为非对称性。

我们对未来的人负责，就是要消解一切可能威胁到他们生存与生活的

① ［德］康德：《法的形而上学原理——权利的科学》，沈叔平译，商务印书馆 2009 年版，第 27 页。

风险，否则，将会出现“甜死当代人，苦死未来人”的局面，最终二者都死了，一个是因为制造太多享受太多，另一个则是因为危险太多饥饿太多。这个结局对人类而言，“代价”太大了。“对享受所达到的目的本身的评价，就不是根据目的的直接性，而是根据达到目的的代价。‘代价’这一事实对于享受被当作‘自在目的’来说，是具有毁灭性的。”[①] 工业社会的目的在物质发展，但没有考虑到它正在以今天的人类所遭遇的危险和未来人的生存为代价，而这个代价正是毁灭性的，这是人类自己必须承担为之负责的代价。“当它们存在时，它们存在于未来；当它们不存在于未来时，它们就不复存在。”[②] 责任存在于哪里？回答无疑是：存在于未来，否则，人类将会不复存在。这种对未来人承担的责任是单边的、不对等的，不要求未来人对当代人承担责任，但要求其对他们的未来的人负责，这是人类社会历史的前后承继性和传衍性所决定的。

今天，对各类社会风险承担的责任是对称性责任与非对称性责任的统一。它一方面表现为这两种责任本身是相互交织在一起的，其界限不可能划分得十分清楚，它们已经构成了你中有我我中有你的交融态；另一方面还表现为非对称性责任在一定条件下会向对称性责任转化。

“随着风险社会的来临，作为经典工业社会的基本冲突并在相关制度内引起解决这些冲突的企图的‘好处’（收入、工作、社会保障）分配冲突被‘坏处’分配冲突掩盖了。这些冲突可以理解为责任分配（distribution responsibility）冲突。”[③] 如何预防与控制那些“坏处”分配的责任中，对称性责任与非对称性责任同时存在。在人类社会中进行分配的“坏处”既包含对人的生命与健康构成威胁的，也包含对人之外的生命与无机自然界的损害，比如濒危动物的灭绝、生态平衡被破坏、某些资源的枯竭等。不仅如此，这些“坏处”还要在未来人那里进行分配。换言之，这种“坏处”的分配领域是全人类，几乎每一个人都不可能被排除在外。比如，因生物技术而引发的风险，其“坏处”既伤害了当代人，也殃及未来的人类社会，因而其决策者与实施者既要对当代受害人负责，又要对

① ［美］约翰·杜威：《评价理论》，冯平等译，上海译文出版社2007年版，第48页。

② ［英］齐格蒙特·鲍曼：《生活在碎片之中：论后现代的道德》，郁建兴等译，学林出版社2002年版，第70页。

③ ［德］贝克、［英］吉登斯、［英］拉什：《自反性现代化：现代社会秩序中的政治、传统与美学》，赵文书译，商务印书馆2001年版，第10页。

未来人负责，是对称性责任与非对称性责任的统一。

同一个实践行为具有符合自然机械作用的因果性，又具有人的自由意志的决定性。行动一方面看上去是依据自然规律的，而另一方面又是意志在发挥着作用，因而必须要为其行动后果承担责任。这些实践行为所涉领域既包含社会中的人，也包含自然界的生命和资源。工业资本主义文明伤害的不仅是人，而且包括大自然在内的一切。并且，伤害大自然，破坏生物，浪费资源等，表面看上去是损害了自然界，但不可忘记：自然是我们的安居之所，自然不“乐”，人就会“苦”。换言之，现代性的实践行为无论是伤害的人的生命，还是伤害的人之外的生命，抑或伤害的无机自然界，最终受到生存与生活的各类风险威胁的只有人类自身。因此，我们对人之外的生命或无机自然界负责，最后会得到安宁和谐的幸福生活，这可以视为人之外的生物与自然界在报“福”于人类，在向人类负责，尽管人之外的生命与自然界本身不能成为责任主体。从这个意义上讲，非对称性责任在一定条件下可能会向对称性责任转化。

寻求对称责任与非对称责任的统一，是人类生存的责任，更是人类朝向美好幸福生活的责任。作为一个理性存在者而言，这种责任是强迫的、是义务，不管我们愿意还是不愿意，也不管我们是否喜欢那样去做，都要承担起人类不可推卸的责任。这个责任至少表现为：不伤害、帮助。亚当·斯密指出，生存在社会中的人，已被自然女神塑造成适合其所生存的那个环境里的人，因此人类社会的所有成员需要相互帮助，但是，每个成员又可能相互伤害。如果社会中每个成员互相提供必要的帮助，便是基于爱，基于感激，基于友谊与尊重的良好动机，那么这个社会就一定繁荣兴盛，而且一定会快乐幸福。“所有个别的社会成员全都被令人愉快的爱与情义的绳子绑在一起，并且仿佛被拉向某一共同的友好互助生活圈的中心。”① 因此，从一定程度上讲，“社会责任”是对称性与非对称性的统一。一方面，我关护他人或社会，在他人或社会的需求召唤下承担起责任，我负责，但并不一定需要对方的回报，这是非对称的或不对等的责任。换言之，关护他人或社会并非必然发生有来有往的交互性。另一方面，人人为我，我为人人，当我有需求时，他人或社会被一种责任所选择，从而承负起为我的责任，当我需要社会的帮助时，社会为我担负起提

① ［英］亚当·斯密：《道德情操论》，谢宗林译，中央编译出版社 2008 年版，第 103 页。

供我的生存所需的一切可能性贡献。毫无疑问，自我责任与社会责任是统一的。我既要观照到自我，又要观照到他人、观照到社会，作为行为主体的我，既要向自我负责，又要向社会负责，遗漏任何一点，都是不周全的责任。这种统一的责任是综合的伦理责任。一种“既对社会负责又对自己负责的综合的哲学，一种与抽象的一般的人性不同的、以完整的责任概念和责任感受及责任体验为核心的具体的人性”。[①] 个人不能像霍布斯所说的那样，将自己作为食言的“牺牲品”献给对手，如果统治者为了别人的利益这样做，那就损害了对他的共同体所负有的责任。

各种责任相互融合、统一，共同构成了责任链条上的环节，它们相互支持、相互补充，正是为了责任能够真正担当。

第二节　责任的担当：从权利到至善

“‘思想’一旦离开‘利益’，就一定会使自己出丑。”[②] 伦理责任必定要与一定的权利与利益关联起来，责任与权利是一对孪生子，无责任便无权利可言，不担当责任就会被剥夺与责任并行的权利。担当责任后的良好结果才是拥有并行使人应有的权利，也因此才会让人实现幸福的至善境界。至善的动机在于为了至善而尽责，至善的本质规定性在义务（责任），没有责任就没有至善。从权利到至善的过渡离不开责任的履行，实现由风险社会向幸福社会的转变，必然要以责任的担当为依托。

一　权利：伦理责任实现的前提

为什么要实现伦理责任，换言之，伦理责任实现的前提是什么？这是一个人人都可能“不解其中味”的根本性问题，这个问题不解决，一切问题皆会失去其存在的基础。欲解决这个问题，就必须清醒地意识到，利益或权利是责任实现的自然约束力。霍布斯曾指出人是自私的，休谟也认为正义起源于人对自我利益的维护。这就足以确证自我利益的实现与伦理责任的实现紧密相连。权利或利益是伦理责任实现的前提，那是因为在风险社会中，如果不实现责任，人们将失去生存权、发展权、享受权，这是

---

① ［德］伦克：《应用伦理学导论：责任与良心》，转引自甘绍平《应用伦理学前沿问题研究》，江西人民出版社 2002 年版，第 125 页。

② 《马克思恩格斯全集》第 2 卷，人民出版社 1965 年版，第 103 页。

多么可悲的结局。“人们奋斗所争取的一切，都同他们的利益有关。”① 如果不能实现责任，人们奋斗所争取到的一切皆会荡然无存。权利与利益构成了人的社会规定性的起点。人的社会性决定了人们总处于一定的社会关系中，这种社会关系要求人们享有一定的权利，同时要承担一定的责任，人只能在享受权利与担当责任的交互性过程中生存和发展。失去了权利，责任就缺少了其存在的社会基础。

1. 权利：刺激伦理责任实现的原动力

权利是责任的内在驱动力，因而成为刺激伦理责任实现的原动力。洛克主张天赋权利，确立了个人独立的人格。康德将权利划分为“自然的权利”和“实在规定的权利”，前者是以康德的先验的纯粹理性原则为根据的权利，后者则是由立法者的意志而规定出来的。同时，他做出了另一种划分方式，即“天赋的权利”和“获得的权利”。此种划分的根据在于权利体系的力量，当在伦理上与他人交往时，这种力量能够作为一种约束去限制他人，它是一种法律上的行动权限。在他看来，天赋权利是每个人自然地享有的，不依赖于法律而存在，而获得的权利则依据法律的规定。在西方哲学家那里，天赋权利被看作是每个人生来就有的品性，是他应该成为自己的主人的标志。但是，人们容易忘记的是，“每一个人对别人还具有一种天赋的一般行为的权利，所以，他可以对其他人做出那些不侵犯他们权利的事情。”② 事实上，无论是“天赋的权利”还是“获得的权利”，只要这种权利的行使侵犯他人的权利时，前者就会做出让步，这种让步在本质上就是履行对他人的责任，否则，每一个人的权利都不可能实现。这就是权利对权利的制约，也就是要加于他人以责任。因而，无论权利从何而来，都不可能脱离责任而单独存在，同时又充当着为责任提供根据的角色。

无论是伦理责任，还是作为底线伦理责任的法律责任，都与权利一起构成主体的存在关系。一方主体享有权利时，另一方主体就有满足对方权利要求的责任，否则，他本人的权利就将无从获取。因而，权利与责任之间具有对等关系。康德根据责任与受责任约束的关系将权利与责任做出了

① 《马克思恩格斯全集》第 1 卷，人民出版社 1956 年版，第 82 页。

② ［德］康德：《法的形而上学原理——权利的科学》，沈叔平译，商务印书馆 2009 年版，第 52—53 页。

这样的分类：[①]（1）既无权利又无义务的人的法律关系是不存在的，这些人既不能加责任于我们，我们也不受其责任的约束，他们是没有理性的人；（2）只有义务而无权利的人的法律关系是不存在的，因为这种人是没有法律人格的，如同戴上枷锁的奴隶；（3）只有权利而无义务的人的法律关系也是不存在的，如果有这样一种存在，只能是不能被经验所认识的对象——上帝；（4）只存在那些既有权利又有义务的人的法律关系，这才是人对人的关系。尽管这是纯粹理想的权利与责任关系结构，但它无疑告诉我们，权利与责任是不可分离的，从一定意义上讲，二者是同一个问题的两个方面，缺少了任何一个方面，人的社会关系就不完整了。“一项权利并不因为其自身而有效，而是因它所对应的义务；一项权利的有效实现并不源于某人对它的拥有，而是出于其他的一些人，他们承认在某些事情上对此人有义务。”[②] 不仅如此，责任在逻辑上应先于权利而存在，那是因为在人际关系中欲取得某个权利时，必定先行担负责任，正如中国有句老话：“欲欲取之，必先予之”。“伦理学（它和法理学不同）加给我的一种责任，是要把权利的实现成为我的行动准则”。[③] 责任的目的就在于实现权利，如果不履行伦理加给我们的责任，即使是天赋权利，也终将被剥夺。这样，承担责任就成为激励或刺激权利实现的“动力因”。

权利不仅包括主体应当占有的自由，而且包含履行责任的要求。自由是独立于他人的强制意志，每个人的自由必然要与所有人的自由共在，才能实现各自的权利。“如果一切权利都在一边，一切义务都在另一边，那么整体就要瓦解，因为只有同一才是我们这里所应坚持的基础。”[④] 权利受自由的控制，必然表现为相互的强制，各种权利之间的作用与反作用的平衡构成了权利的整体结构。不受约束的自由或权利是不存在的。要使权利能够变成现实，必须受到来自他人的权利的约束，这种约束就是责任。“哲学家把‘普遍性’定义为伦理命令的一种性质，它强迫每一个人（仅仅因为是人这一事实）认识到‘普遍性’是一种权利，因此要把它接受

---

① 参见［德］康德：《法的形而上学原理——权利的科学》，沈叔平译，商务印书馆2009年版，第38页。

② ［法］西蒙娜·薇依：《扎根：人类责任宣言绪论》，徐卫翔译，生活·读书·新知三联书店2003年版，第1页。

③ ［德］康德：《法的形而上学原理——权利的科学》，沈叔平译，商务印书馆2009年版，第43页。

④ ［德］黑格尔：《法哲学原理》，范阳等译，商务印书馆1982年版，第173页。

为一种责任。"[①] 借助伦理性的东西，主体拥有权利，责任也就紧随其后，与之相应，主体享有多少权利，就会有多少义务与责任随行。在此意义上，权利内含着责任，或者说责任是权利的题中应有之义，这时，权利与责任合而为一了。也只有当获利的权利与责任结合到一起时，才是真正的自由。

"在任何情况下，个人总是'从自己出发的'"[②]，争取权利与利益是每个人的天性，而在人与人的交往关系中，不履行责任，权利与利益就会失去其获得的基础。人的一切活动都是要通过意识和思想动机表现出来的，它经过人的头脑去促成行为，引导人们去活动以满足某种利益的追求，成为推动人们进行活动并达到一定目的的手段。换言之，人们行为皆具有一定的"目的因"和"动力因"，人们享有生存权、发展权、享受权，有获取各种物质与精神方面的利益，可以说这些都是人们活动的"目的因"，从而推动人们实施各种实践活动，人类社会得以向前发展。然而，这样的目的能否实现或能否顺利地实现，则取决于权利与责任的关系链是否断裂。如果只是想获取权利和利益而不承担责任，那么人们追求的各项权利与利益就不可能实现。在此意义上，伦理上责任的实现就成为人们获取权利与利益目的的"动力因"，它可以刺激或激励人们为了达到目的而有所付出。因此，责任的刺激便成为人们行动得以启动的最基本的激励形式，成为权利与利益满足的原动力。这种刺激是通过"行为付出"来激励人们的"内在动机"，本质上是一种制约机制，最终需要法律上的"问责"来完成。这种激励机制要求人们对"利"与"责"进行充分的博弈，不承担责任就难以达到利益目标，从而人们追求权利与利益的最深厚的激励源泉。

这种制约机制之所以起作用，是因为人们的物质利益、精神享受、情感关爱以及价值实现都离不开责任的担当。人们遵循伦理道德要求，有助于获取甚至优化人们生存、发展与享受的条件，从而实现人生价值。"倘若财富意味着人履行其职业责任，则它不仅在道德上是正当的，而且是应该的、必须的。"[③] 无论是个人利益还是社会利益，均建立在伦理责任基

① ［英］齐格蒙特·鲍曼：《后现代伦理学》，张成岗译，江苏人民出版社 2003 年版，第 10 页。

② 《德意志意识形态》（节选本），人民出版社 2003 年版，第 98 页。

③ 转引自郭金鸿《道德责任论》，人民出版社 2008 年版，第 211 页。

础之上，个人功利与幸福的最优化必须遵循外在性的制约，最大多数人的最大幸福依旧要以责任承担为其成功的策略与工具。人为了各自的权利与利益必须竞争，竞争的公正不能抽空责任意识的内容。在促进社会秩序稳定和社会道德繁荣方面，责任的承担有助于缓解恶性竞争酿制而成的痛苦。人与社会、人与自然和谐发展的责任原则能够消除人们追求自我利益的片面性，一旦伦理责任出现漏洞，极端利己主义不仅将损害社会，也将损害自己的利益。对他人和社会不履行责任的后果，具有"飞去来器"效应，最终也将使自己一败涂地。因此，伦理责任在本质上是激励人，保证社会良序进步、人与自然和谐发展的动力形式，其目的在于最大化人们的利益而不是相反，离开了权利和利益便难以探讨责任，离开责任的权利和利益是虚妄的、缺乏牢固根基的、不稳定的，伦理责任与权利永远成正比方式运动。

2. 权利和利益"震慑"：责任担当的起点

如果说现代社会是权利至上的社会，那么也可以说是无条件地服从责任的社会，因为权利与责任具有互补性，离开了责任，权利将被悬搁而成为虚无的东西；反之亦然。"责任与权利之间的这种联系实际上是同义反复的，没有权利，就无所谓责任。没有权利，就无法想象履行实际的责任。(反之亦然，履行责任就是权利的一种表现)"① 主体责任的绝对性对主体权利的至上性形成制约和刺激，自然权利得到提升要与绝对责任的发展实现一体化进程模式。然而，工业文明使某些权利不仅没有实现，反而有被侵犯的风险。现代性的发展，一方面追逐着自由，而另一方面又在不断地失去自由，人们的生活正在发生着这种持续悖谬的运动。"我们在这个世纪中所学到的是，现代性不仅意味着更多的生产，更多的旅行，变得更为富有，能更加自由自在地四处行动，它还意味着——它已经涉及了——快速有效的杀戮、科学的设计和管理的种族灭绝。"② 质言之，现代思维习惯毁掉了人类的生存权、发展权及享有更加美好生活的权利，人的权利与利益受到了极强烈的"震慑"。使这种运动转化为良性循环运动，就要实现主体的责任。

现代性的发展，使人的权利与利益得到了重新的划分，其中绝大多数

① ［英］齐格蒙特·鲍曼：《生活在碎片之中：论后现代的道德》，郁建兴等译，学林出版社2002年版，第66页。

② 同上书，第220页。

权利在前风险社会因不会受到侵犯而无须再三声明，但在风险社会中，它们成为为人们提供基本生活条件的权利。对这类权利，无论是从科技上还是从生态上都是要作重点捍卫的，是人们享有平等机会的平等权的基础。加尔通（Galtung，1994）认为，权利是对人类需求的反应，可能的情况是最近几十年出现的新需求产生了这样的新权利概念。诸如通过对话形式而阐明的生态需求（自我再生、健康和再生产）以及社会文化方面的需求（认同）等，产生了环境权利以及生态权利等概念。[①] 在斯崔德姆看来，这些权利不仅是现存公民的政治权利与社会权利体系的延伸，而且也是公民权本身的内涵所在。由此可见，今天的权利已由原来的归属权和所有权延展到了对一个清洁、安全和平衡的环境权利。这些权利不仅集中于民族—国家层面，而且在全球、宇宙和生态系统层面将得到权利的再划分。新权利的产生正是工业资本主义“有组织的不负责任”行为所致，也是人类权利正在走向沦丧的佐证。

工业资本主义高唱着工业的进步与对自然控制的人类生存赞歌，表达着实利主义的成功和追求个人自由的价值观。但是，最终每个人都以一个孤立者的身份消融在大众文化之中，他们接受着大众传媒的哺育，其生活成为实现“进步”和满足国家对经济毫无尽头的绝对增长要求的工具。这样的现代生活并非他们当初所设想的那样尽如人意，现代性并未从深层意义上实现其创造“更幸福生活”和“自由”的诺言；相反，人们还承受着现代性风险所带来的折磨：权利在丧失、利益在丧失。

实践权利主体总是处于一定的社会关系之中，其实践权并非无限的和绝对的，超越了一定的限度就会对他人的权利产生影响。尽管实践权利对应着实践客体，但结果并非仅指向实践客体，还要指向其他实践主体，因而，实践权利的选择会对社会历史的发展产生广泛的影响。如果不相互承担责任，实践主体的权利便难以实现，从而会导致权利与责任的恶性循环之中。“任何构成人格或人的状态的，无论是原生的还是获得的，只要对他人不构成危害，就是他的权利。”[②] 主体之间的实践权利是相互促进的，但也可能是相互冲突的，一方权利的扩大就意味着另一方权利的缩小，因

① 参见［英］派特·斯崔德姆《风险社会中的认同和冲突》，丁开杰编译，《马克思主义与现实》2004年第4期。

② ［英］亚当·弗格森：《道德哲学原理》，孙飞宇等译，上海人民出版社2005年版，第92页。

而主体之间的实践权利是相互制约和相互牵制的。资本主义现代性的发展，在一定程度上实现了资产阶级的某些权利（如物质权利），但无产阶级毫无权利可言，甚而言之，由于现代性风险的影响，整个人类的权利将会陷入无法实现的险境。

人类对生命的技术威胁的忧虑主要来自军用技术、核技术、生物技术以及对环境的破坏。“对生命意志持续和神秘的提升的向往，存在着人们称之为痛苦的恐惧，即对生命意志毁灭和神秘的伤害的恐惧。”① 因而，如果人的生存必须以其他生命为代价，那么就可能会出现一部分生命将面临毁灭的结局，其后果也殃及于实施毁灭的生命自身。20 世纪 80 年代后，这种技术的威胁转向了生物技术，它主要体现在优生学与人口的生物技术上面。这种技术所关注的目标不仅落到民族国家与种族身上，而且致力于整个人类自身的存续上，这种忧虑同时也表现了早期优生学文化特点的忧虑与欲望的不牢固的结合。后工业社会的生物技术的发展，被认为给人类带来了不可逆转的潜在的威胁，忧惧的文化便产生了，而这种文化一方面立足于现存的宗教、政治与艺术等文化领域，以现存的宗教、政治与艺术等文化为基础，在现存的文化领域内思考与构建，而另外，又跨越现存的文化边界并超越之，以此构建自己的文化内涵。在风险社会之后，我们将要迎来的是风险文化的时代，伴随风险文化时代而来的也许是人类许许多多的惶恐和颤栗，并且不再有小规模的恐惧和焦虑。② 后工业技术（如生物技术）对人类生命的风险有时已被感知到，但绝大多数至今尚不被人所感知，无论如何，这种威胁的线索十分清晰，由其所引发的对未来的忧惧已包含了多重后果，日益成为当代文化的一种核心特征。肯定的与否定的幻象在这种忧惧中同时存在，它不仅通过媒介如电影、电视等表现出来，也通过文学如小说等作品得以折射，还渗透于诸如宗教、国家等公共组织的行动与声明之中。

工业资本主义是人类权利和利益面临丧失的罪魁祸首。“人从降生之日起，本性上就企图抢夺他们所觊觎的一切，如果他们能够，他们恨不得

① ［法］阿尔贝特·施韦泽：《对生命的敬畏——阿尔贝特·施韦泽自述》，陈泽环译，上海人民出版社 2007 年版，第 128 页。

② ［英］拉什：《风险社会与风险文化》，王武龙编译，《马克思主义与现实》2002 年第 4 期。

使这个世界的一切都惧怕和服从他们。”① 对永恒的和无休止的争夺的混乱局面，唯一可以限制的就是对死亡的恐惧。被资本主义贪欲动机所驱赶的人深知，除了那些承担责任的戒律外，没有别的准则。人们从现代性风险中得到的，更多的是忧惧而不是希冀。死亡是比财富支配权更为确定的结果，要避免它，就必须以安全来交换风险。在这里，理性的审慎的责任条款构成了自然法。“责任和利益没有冲突，因为做我们应当做的和不做被禁止的行为，将确保我们的幸福。”② 满足这种行为是作为理性的和道德存在者的人的本性，它为人所持有的一定准则所界定，因而，人们要服从这些准则。

现代性是一把“双刃剑”，它使生活秩序合理化与普遍化，在此过程中取得了惊人的成功，但同时也产生了一种迫近的毁灭意识，这种意识本质上就是一种忧惧，即担心一切使生活具有价值的东西正在走向自己的末日。由于技术统治的模式达于完善到似乎就要毁灭一切，甚至连这个技术模式本身也面临危险。因而，这里就产生了一个悖论，人的生活变得依赖于技术了，但同时这技术却因其完善或瘫痪而行将毁灭人类了。这样的灾难性的未来的前景使人们心中充满了忧惧。由于各种风险的存在，人们对于生活的忧惧在强度上达到了前所未有的程度，这种忧惧心理成为跟随着现代人的可怕的阴影。忧惧似乎附着于一切之上。“所有的不确定性都染有畏惧的色调，除非我们能成功地忘却它。”③ 事实上，今天我们所经验到的可怕危险如核工业、生物技术、大气变暖与生态恶化、金融危机、传染性疾病等都使人们难以忘却。担忧与焦虑使我们在保护自己的生存权与发展权时显得那样的无能。我们通过对人的实存的澄明，以使每个人的实存的可能性得以显露，并激发我们领悟到诸如死亡、苦恼、斗争、罪责等这类在被认知的既存的事实世界的边缘问题，以至于在这种边界状态中做出事关人之未来命运的诸多决定。

约纳斯认为，未来的伦理学需要引导人们对恐惧的探索（heuristics of fear），它也属于这种不确定性原则（principle of uncertainty），与对幸福的

---

① W. 莫尔斯沃思：《托马斯·霍布斯的英文著作集》（7 卷），第 73 页。转引自［美］麦金太尔《伦理学简史》，龚群译，商务印书馆 2004 年版，第 184 页。

② ［美］麦金太尔：《伦理学简史》，龚群译，商务印书馆 2004 年版，第 223 页。

③ ［德］卡尔·雅斯贝斯：《时代的精神状况》，王德峰译，上海译文出版社 2008 年版，第 30 页。

预测相比，对不幸的预测被给予了更多的注意，对探索危险及不断增多的危险而言，一种维持和预防的伦理学是首先必需的，而进步的和完善的伦理则位居其次。[①] 在所有的不幸中，被强制性的技术价值规范所预示的危险成为最大的、最根本的危险，这种危险也正是现代文明中的潜藏于内部深处的危险，它被现代性这个“赌注”（鲍曼语）所管辖着，使人类陷入是与非的两难困境之中。我们仍然在持有现代价值，仍然守护着和滋养着现代价值规范的热情，从而被牢固地存在于我们这个时代的自我意识之中。尽管约纳斯的这种伦理学前景有其合理性，但鲍曼对它并不满意，他说：“约纳斯所提倡的伦理学前景——特别是在最需要它的地方——并不是那么令人鼓舞。如果在根本上可以的话，还要看‘时空距离道德’直观上明显的需要怎样转化成有效的社会利益，并且因而转化成有形的社会力量。”[②] 这也是鲍曼对约纳斯的责任原理的超越。可是鲍曼并没有指出如何去保证这种转化。足见，只有引进了责任机制，这种转化才可能变为现实。

风险社会的伦理责任基于对遥远的未来的世界的可怕的预设。尽管我们的感官已对诸多带有危险的现实麻木不仁，仿佛见怪不怪了，比如，大气变暖没有阻挡我们继续像往常一样无所顾忌，食品安全与传染性疾病并没有让我们望食品而却步，似乎有一种“爱谁谁”的麻木与无奈，许多生物物种的消亡未能阻却人类为了生存而不尽地开荒，不堪重负的地球并没有遏制住世界人口的与日俱增，资源的濒临枯竭并没有令每天的浪费量呈下降态势。然而，今天的人们至少观察到了这些不良后果的存在，也知道这些后果都是人类自己所为。这在一定程度上，那种恐惧在震慑着每一个人。

这种责任要求我们呵护新型权利和正在受到损害的利益而不是逃避，要求人类采取可行的措施而不是听之任之。其有效的方法就在于采用科学的一切手段和理性的思考，消除可以成为“坏事”的风险。如果没有这种引起人们的恐惧的震慑启迪作用，风险的制造者会无视凶兆的存在，把未来设想得过分美好，将会失去确切的理性分析与采纳科学所能提供的一

---

① Hans Jonas, *The Imperative of Responsibility*: *In Search of an Ethics for the Technological Age*, The University of Chicago Press, 1984, pp. 26 – 31.

② ［英］齐格蒙特·鲍曼：《后现代伦理学》，张成岗译，江苏人民出版社 2003 年版，第 260 页。

切手段，对遥远的未来可能产生的不良后果疏忽大意。今天恐惧感的丧失换来的将是明天恐惧的变现，今天的疏忽大意将成为明天的后悔莫及，今天美好的乌托邦设想将变成明天的毁灭性打击。恐惧并不是坏事，今天的恐惧是提高警惕，它给予我们的是一种机会和成本的节约，换回来的却是人间的美好景象。那种将“恐惧”看作是一种带有宗教性的情感活动，其意欲让人们从情感中产生启迪，由此迫使人们善待生命并小心谨慎的看法，在今天看来显得有些片面而且过时。“恐惧”与“敬畏”不应当成为宗教的专利品，它们应该成为人们行为中的重要责任。对未来的乌托邦预设，无论是从人类学还是生态学看，都注定是要失败的，这一点我们从启蒙理性走向其自身的反面的状况可见其端倪，而且受到了诸多哲学家的诟病。与之相比，伦理责任所洞悉的善良意志可以与之分庭抗礼：忧惧与敬畏。面对世界风险社会，这种忧惧与敬畏的伦理责任显得是那么的谦卑与现实，它并非意味着人类的渺小，而是彰显出人类的伟大。

在我们的民主社会里，主张集体责任高于个体权利的伦理秩序，要求我们提升责任意识，并非只是独立于政治的诉求。这个时代凸显的并不是道德的回归，而是权利的回归，它充当着“责任后民主社会”的调节者的角色。世界风险社会的到来，全球性的威胁迫使人们采取维护权利的行动，而这种行动可以从两个方向打开入口，一个是自上而下的方向，如通过国际条约或制度，而另一个则从自下而上的方向，它们通过超越国家制度并挑战着既有政治组织和利益集团的跨国行动者。这些行动促进了大多数国际协定的达成。在全球范围内进行的诸多跨文化运动中，有许多自下而上的非政府组织（NGOS）在这些运动中登场。这些非政府组织就像“新国际”一样充当着“第三种力量”，在国际舞台上正发挥着越来越大的作用，并在政府、国际合作和权威关系方面显示出其应有的力量。贝克将这种雏形称为“全球亚政治”的新格局。比如，绿色运动与和平组织正在发挥着政治的作用，用贝克的话说，今天的世界社会正在被“亚政治化”。本质上讲，这些运动的目的，在于声张人类自身安全的权利。亚当·弗格森指出：“对权利的关注要从自我持存的法则来理解，并与社会法则结合起来，或者，换言之，它产生于我们保护自我及同类的性情。”①

① ［英］亚当·弗格森：《道德哲学原理》，孙飞宇等译，上海人民出版社2005年版，第92页。

亚政治运动所声张的权利正是自我持存的权利，意在保护自我与人类，尤其是“生态运动”。我们看到，这种权利的主张实质上是在要求政府履行责任，以自下而上的方式要求资本主义生产方式停止以发展经济为名而生产威胁人类持存的风险。由此，这些责任实现了，权利和利益便可得以召回。

今天，“全球世界是这样的一个地方：迫切需要的道德责任和生存利益只会在这里相遇一次。”① 人类自爱吧，呵护我们的生存权、发展权与享受权，保护我们的物质利益和精神价值，迫切需要我们做的就是担当伦理责任。“假如人们能够避免遭受他们不良行为后果的侵害，无限的自爱显然要公开代替遵纪守法的伪装。”② 为了人类的权利与利益，承担责任成为人所敬重、所尊崇、所畏惧的东西了，于是，我们更乐意去实现，更容易去亲近它，“恭敬的畏惧就转变成好感，敬重就转变成爱了。”③ 尽管我们暂时达不到这个目标，但我们可以完成意向的转变，会无限趋近于献身于对伦理责任的遵循。因为“人在自然状态中完全为自我利益所推动，法律起源于这样的时刻：人们发现并且一致认识到自我利益的冲突造成了如此严重的损害，以至于放弃对他人的伤害将比在自然生活方式中继续生活更为有利，因为在自然生活方式中，如此危险的伤害，别人也会加之于他们。”④ 正是这种利益与权利的驱动力和威慑力，才显示了责任的力量和保障作用，我们只有敬重责任，才能真正摆脱人为性风险给自己带来的权利和利益损失的恐惧，并试图修复这种恐惧，进而达致至善的境界。

二　至善：伦理责任实现的目的

在伦理史上，哲学家对“至善”（Good，又译为“善”）有着不同的理解，但他们在这一点上至少达成了一致：“至善”就是幸福，世间没有任何东西可以超越它，可以居于它之上。“至善”指的就是国家政治生活的最高目标，是国家职能的最高政治标准，它居于政治活动的金字塔塔尖，其他一切活动都是手段，都要为这个最高的目的服务。为了实现这个目的，必须由责任来保障。

① ［英］齐格蒙特·鲍曼：《被围困的社会》，郇建业译，江苏人民出版社2005年版，引言第19页。

② ［美］麦金太尔：《伦理学简史》，龚群译，商务印书馆2004年版，第67页。

③ ［德］康德：《实践理性批判》，邓晓芒译，人民出版社2003年版，第115页。

④ ［美］麦金太尔：《伦理学简史》，龚群译，商务印书馆2004年版，第66—67页。

在斯多亚派那里，美德被主张为整个“至善”，幸福属于拥有美德的主观意识。而伊壁鸠鲁派则认为幸福就是整个“至善”，而美德只是谋求幸福的合理手段。但无论如何，美德、幸福、至善是相互关联的。亚里士多德直接指出，“至善”指幸福。在他看来，国家的重要特点就在于实现一种真正文明的生活，在于不断改善民生。他指出：“国家的起源完全是出于生活的需要，但是它的继续存在却是为了实现一种善的生活。”① 追求善的生活，成为政治活动的价值取向。政治的目的就是最高善，即“至善”，这个目的便是幸福。亚里士多德将善分为目的善与手段善，他认为对幸福的追求是目的善，获取幸福的善的手段是手段善。“如果我们所有的活动都只有一个目的，这个目的就是那个可实行的善，如果有几个这样的目的，这些目的就是可实行的善。”② 幸福就是善本身，是使事物善的原因，也便是目的。“幸福不是品质，而是人的一种自身就值得欲求的、自足的实现活动。”③ 幸福就是不缺乏任何东西，是一种自足的生活。这是一种除自身之外别无他求的活动，是一种合乎德性的活动。合乎德性的活动就是好的、高尚的、其自身就值得欲求的。

在康德看来，美德（virtue）是至善，因为它是一切人们可值得期望的东西，而且是为谋求一切幸福的努力的至上条件。他认为，至善概念是建立在道德律的规定之上的，那种建立在某种质料之上的东西会处处显示出他律，便永远也不可能产生出一个绝对命令。道德律作为一个绝对命令，其目标是向善的，最终会为人们带来幸福。因此，至善是幸福与德性两个概念的综合，它们的结合是先天的，在实践上便是必然的，至善不是由经验推出来的，而是先验的。“通过意志自由产生出至善，这是先天的（在道德上）必然的；所以至善的可能性的条件也必须仅仅建立在先天的知识根据之上。”④ 由此观之，康德从道德形而上学出发，建构了至善的目标，责任便是其题中应有之义，正如他所说：“道德律就使得把至善设立为我们努力的对象成了我们的义务。”⑤ 这样，达到至善的目标就是伦

① ［美］萨拜因：《政治学说史》（上卷），邓正来译，上海人民出版社2008年版，第158页。

② ［古希腊］亚里士多德：《尼各马可伦理学》，廖申白译，商务印书馆2003年版，第17页。

③ 同上书，第303页。

④ ［德］康德：《实践理性批判》，邓晓芒译，人民出版社2003年版，第155页。

⑤ 同上书，第177页。

理责任担当的归宿。有鉴于此，至善在现实生活中的实现是可以通过道德法则来规定并受其约束的，道德法则对主体的主观意志进行约束，使意志与道德法则完全适合，道德法则才能成为至善的至上条件，这就是伦理责任实现的有效路径。如果至善在伦理上是不可能的，那么就无法命令人们去促进至善，任何道德法则与伦理责任便成为空虚杜撰的。作为主体的人的本性是要追求至善的，其创造性指向发展的伦理。“如果人的本性的使命就是追求至善，那么他的诸认识能力的尺度，尤其是这些能力相互之间的比例关系，也必须被假定为是适合这一目的的。”① 追求至善不仅是主体实践活动的目的，而且是必须履行的责任。

黑格尔这样定义善：“善就是作为意志概念和特殊意志的统一的理念；在这个统一中，抽象法、福利、认识的主观性和外部定在的偶然性，都作为独立自主的东西被扬弃了，但它们本质上仍然同时在其中被含蓄着和保持着。所以善就是被实现了的自由，世界的绝对最终目的。”② 在黑格尔那里，善就是最终目的。在此意义上，实现善的目的便是人的伦理责任。在黑格尔看来，至善的理念否定那种人不能认识真理的主张，反对人只能与现象打交道的错误观点，宣扬人的主观性，充分发挥人的思维作用。善通过主观意志进行规定的活动被称之为“良心”，追求至善的动机在于“良心”。“良心是自己同自己相处的这种最深奥的内部孤独，在其中一切外在的东西和限制都消失了，它彻头彻尾地隐遁在自身之中。”③ 良心就是从善良意志出发，意识到自己应该怎么做和做什么，明白内心如何，知道这种善良意志具有普遍性，从而不受特殊目的的拘束。作为内心最深奥的孤独，良心摆脱了外在的一切限制与约束，不再考虑外在的追求，摆脱了一切目的性。

中国古代哲学也强调这种良心：“慎独”，这种良心表明了善只出自于内心，只要“问心无愧”，就是道德的，并不考虑其他外在的各种因素。“良心知道它本身就是思维，知道我的这种思维是唯一对我有约束力的东西。”④ 良心在于追求自在自为的善，但这个良心还是个体的和主观的。良心是主体的自我确信，是一种自为的、无限的和形式上的自我确

① ［德］康德：《实践理性批判》，邓晓芒译，人民出版社 2003 年版，第 200 页。

② 同上书，第 132 页。

③ 同上书，第 139 页。

④ 黑格尔：《法哲学原理》，范阳等译，商务印书馆 1982 年版，第 139 页。

信。尽管在黑格尔那里良心具有极强的唯心主义色彩，但至少表达了善良意志的行为动机性质，这一点是值得肯定的。

鉴于此，人们对道德上的自知、自择与自为，也正是人的良心活动，是主体通过培养在内部所达到的理性、情感与欲望的中和状态，并与外在世界的相互作用中铸成德性，构成了道德行为内在的必然，即它必然向善的责任。尽管由必然性向自由的这一过渡十分艰苦，但不会伤害到自由本身，并且一个有德之人会意识到其特殊行为内容的义务性和责任感，使其自由的内容得到充实，他才具有了更高的主体性。人们的行为不是跟着感觉走，也不是一味地主张自己的不可能得到的私利，而是用理性与责任的约束，跟着善良意志走，才能满足伦理向善的要求。

人是一个有需求的存在者，他的理性决定他要照顾到他自己的利益，这也是一个不可拒绝的感性任务，基于此，人为自己制定关于此生的幸福的实践准则便成为情理之中的事。然而，人不完全是动物，并非将理性完全用作满足自己需要的工具。在这里，理性支配下的善良意志在人满足各类需要时会起到平衡的作用。“因为如果理性只应当为了那本能在动物身上所做到的事情而为他服务的话，那么他具有理性就根本没有将他的价值方面提高到超出单纯动物性上；这样理性就会只是自然用来装备人以达到它给动物所规定的同一个目的的一种特殊的方式，而并不给他规定一个更高的目的。”① 人依据这个理性固然要考虑他自己的福与苦，并对其做出自然安排，但除此之外还有一个更高的目的。这个目的就是“善”，就是人类作为整体所应当拥有的福祉，它并非局限于个体或自我，否则，这种目的就不具有普遍性，而是成为偶性的东西了。“如果说追求的目标是善的，那么每前进一步必然都通向幸福。”②

现代社会，人们的实践行为偏离了这个目标，甚至走了相反的道路，这不得不让人们警醒，并召唤回责任来。由于工业资本主义有组织地不负责任的单向度发展，导致了人与人、人与社会、人与自然以及人与自身之间的伦理关系失范、社会失序、机制失控、人们心理失衡、行为失调等恶性风险。重构以责任为标准的德性，必然要以善良意志为内在动机，进而迈进人类社会至善的归宿。因为，责任的目的就在于自觉赞同万物的必然

① ［德］康德：《实践理性批判》，邓晓芒译，人民出版社 2003 年版，第 84 页。

② ［英］亚当·弗格森：《道德哲学原理》，孙飞宇等译，上海人民出版社 2005 年版，第 78 页。

秩序，而没有责任感就是背离这种秩序。

市场化成为普遍的社会活动与交往形式后，传统意义上的家庭伦理、风俗以及各种美德的边界在逐渐缩小，主体更多的是在声张自己的利益和行动自由，但无论是个体还是组织，都不可能不考虑到他人的利益而一厢情愿地主张自己的私利，因而只有伦理责任可以用来平衡各权利主体之间的利益之争，以道德理性来规导人的善良意志，才能真正实现伦理责任。各主体之间已然成为利益攸关的利益网，严重者可能造成“一损俱损、一荣俱荣”的局面，因而主体各方之间通过对话与商谈而达成共识、通过承担伦理责任来保全自己的利益。这种境况，是匡正现代性发展的必然，否则，各种社会风险只能递增而不是递减。

不仅如此，善良意志应当考虑到“善存在于未来”（鲍曼语）。因为我们今天面临的风险意味着未来的不确定性安全，它将整个人类的利益连接在一起了，地球面临的存在危机使得利益分配不分自我与他者了，我们已经成为一个相依的整体。当人们存在时，他们存在于未来，当他们不存在于未来时，他们就不复存在了。人类只有共同团结起来，充分认识到自己的责任所在，并努力消解那些人类和地球所面临的风险。这是一种相依的生活。“相依就像面向未来的生活：一种充满了期待的存在，一种清醒地意识到在被预告的未来和最终将出现的未来之间的深渊的存在；正是这条鸿沟，像磁铁一样，将自我拉向他者，就好像它将生活拉向未来，使生活成为一种征服、超越、遗忘的行为。”① 责任是人类面向充满希望的未来的内部工作。因为，“目前惟有允许和睦保存它的那些只有未来才能揭开的可能性，我们才能够道德地行动，有时甚至能达到善。”②

不可否认，有时候善的意图也可能产生恶的后果，而对这种后果也是有责任的。行为的善在于希求善的意志，这样，就把行为的内容归属于善的意图。但从后果看会发生是否善的问题。善的意图仅为抽象的善的规定，是缺乏善的内容的规定，仅被归结为某种肯定的东西，它从主体的主观性获得满足，内含着一种憎恨恶的道德目的。比如，为了自己的生命或家庭的义务而危害他人，只是为了满足对自己的权利或一般的规定所抱的自信，其中包藏着邪恶的因素。世界上每一种恶的后果都隐藏着另一种善

---

① ［英］齐格蒙特·鲍曼：《生活在碎片之中：论后现代的道德》，郁建兴等译，学林出版社 2002 年版，第 70 页。

② 同上书，第 74 页。

的意图，只不过善的方向与恶的后果发生于不同对象身上。所有的恶人，其作恶之时都是为了达到另一个善的目的，这个善的目的要么为自己要么为他人。“只要目的正当，可以不择手段”就是这个悖谬的很好表达。所以黑格尔会说：“仅仅志欲为善以及在行为中有善良意图，这毋宁应该说是恶，因为所希求的善既然只是这种抽象形式的善，它就有待于主体的任性予以规定。”① 在黑格尔看来，为了善的目的而择恶的手段，会使恶行成为人们的义务，因而，善良意图为了服从更高的目的，只好被降格为手段。意志坚持主观抽象的善不放，那么“一切关于善恶邪正的、自在自为地存在而且有效的规定都被一笔勾销”。② 这样，一切善与恶的标准都由主观性来规定，都被归结为个体的情感与偏好，世界上就不会有一个相对稳定的可以让人们达到共识的规范标准。倘若如此，人们的行为也将无所适从了。这是需要得到积极修正的。善良的意图从形式上看，其目的是正当的，但如果手段或后果任一项为恶都是应当负责任的。手段成为它物存在的附属品，只是在他物中才显示出自身的价值。手段为了目的为行为人逃避责任提供了托词，为了某个善良的意图，一种本来神圣的东西可能会被毁损，把罪行当作善良意图的手段，那善良的意图也变成恶了。

反思风险社会，我们不难发现，今天人们追求发展的意图是善的，其目的在于实现人的更多自由和更丰富的享受，为人提供更大的便利，使人更充分地理解与认识自然，进而实现人由必然走向自由的结果，但是，并非如人们当初所设计的那样满载辉煌，而是附带地产生了大量的高危险后果，它们对人而言是恶的东西。换言之，现代性的意图可以说是善的，但其结果却存在恶的成分。深刻剖析其原因，就可以看出，在资本关系发展的逻辑上，只有“强”和“弱”之别，没有“善”和“恶”之分。启蒙以来，人类认为自己的力量是无穷的，人拥有“最强的力量”，相信“人定胜天”，人类的主体意识越来越高涨，知道了我们的全部物质财富都是由我们自己创造和选择的结果，人类意识到了人有权利和能力认识自然、改变自然并把握自己的命运，而且认为自己改变世界的能力是无限的。于是，在工业社会中不断提高技术，以增强征服大自然的能力。然而，事情并未像人类想象的那样简单，人类的行为已经导致了连自己也无法相信并

---

① ［德］黑格尔：《法哲学原理》，范阳等译，商务印书馆 1982 年版，第 151 页。

② 同上书，第 152 页。

无法操控的不良后果，在人类正陶醉于自己的成功之中时，却忘记了在人的力量范围之内隐藏着极大的危险："自我保存"和地球的保存均成了问题。在霍布斯看来，自我保存的欲望就是延续个体生命的欲望，它支配着一切生物的行动，同样支配着人，有利于这一目的的就是善；相反，不利于或有害于这一目的的就是恶。资本主义工业化以来，过度地开发自然，使其他物种的自我保存的欲望不能实现，某些生物的个体生命的延续性被斩断了，甚至威胁着人类自身的未来，这无疑是一种恶。因而在今天看来，人类将付出巨大的代价，那不只是"金钱"，更是个人的和社会本身受到的损害。这种风险与代价并非人类外部所强加，而是由人自己制造出来的。没有考虑到风险、没有预测到代价是人类最大的过失。人类自己生产了"恶"，其本身就意味着责任的担当。因此，人们在作出自己的行为选择时，不仅要考虑自己，还要考虑他人及社会整体，不仅要考虑现在与过去，还要考虑将来，只有以此为导向的行为才具有合法性。

"一个行为要具有道德价值，必然是出自责任。"① 一旦有了责任的约束，我们在考虑我们的行为的效果时，就要考虑到行为可能产生的效果是具有内在价值还是根本毫无价值，抑或正价值还是负价值，或者大价值还是小价值，然后再做出取舍的决定。在责任的约束与指导下，"关于内在价值的判断要胜过关于手段的判断：前者一旦是真实的，就始终是真实的；而后者在一种情况下是达到好效果的手段，在另一种情况下，就不是。"② 因而，伦理责任是对精心作出实践指导极其有益的一个领域。关键在于什么事物在什么程度上具有多大价值，以此编制各个行为法则。由此可见，我们只能把责任规定为：与其他任何可能的选择相比，我们作出的选择会在人类中产生更多的善的行为。不仅如此，"我们还必须作出确定：这一切效果与全人类其他事物结合起来将怎么影响全人类作为一个有机整体的价值。"③ 为此，我们必须拥有一套行之有效的价值判断标准，并为此负责：追求至善的结果。尽管我们尚不能在特定场合中确定一个最好的行为去避免社会风险的发生，但仍可以在诸多的选择项目中，对哪个行为可能产生最大的总善做出科学的判断。尽管我们在实施各项行为时不

---

① ［德］康德：《道德形而上学基础》，孙少伟译，九州出版社2007年版，第17页。

② ［英］乔治·爱德华·摩尔：《伦理学原理》，长河译，上海世纪出版集团2003年版，第209页。

③ 同上书，第190页。

能选择最好的，但至少可以选择更好的一个，正如摩尔所指出的：“我们不能期望发现什么是在各已知条件下可能最好的选择，而只能发现在极少数几种选择之中，哪一个比其余的好一些。”① 这种选择的判断只有在人类社会这个整体之中去进行，而不能片面地在资产阶级那里，也不能在那些为了私利而不考虑他人或社会的“整体善”那里进行。因为，“不论行为的结果对自己来说是多么恶，或者会对自己的善造成多么大的损失，只要这个行为将对整体造成最善的结果，那么我们的义务便必然永远是履行这种行为。”② 对于我们而言，这个责任是能够承担起来的，而且是必须要担当起来的。欲实现这个伦理责任，其内的保障机制是不可或缺的，并需要得到相应的完善。

第三节　伦理责任实现的内在保障机制

伦理责任不仅是社会道德的要求，而且会成为个人德性的准则。“如果存在真是先于本质的话，人就要对自己是怎样的人负责。”③ 人性的崇高在于承担责任的人格理念。“人为了把自己改造成他愿意成为的那种人而可能采取的一切行动中，没有一个行动不是同时在创造一个他认为自己应当如此的人的形象。”④ 作为主体的人的责任自觉是风险社会伦理责任实现的内在性保证。

一　主体的价值取向

正确的价值取向可以引导主体在伦理上做一个有责任心的人，而错误的价值取向则会抛弃责任，甚至会酿成非人道的惨剧。“主体性”的价值取向正是人类社会发展进程中成问题的观念导向，匡正这种理念，认识到实践价值在主体与客体之间的统一，才能真正实现主体的伦理责任。

1. “主体性”问题及其价值观批判

主体诞生于主客二分这一最初“母体”，因而主体是与客体相依存

---

① ［英］乔治·爱德华·摩尔：《伦理学原理》，长河译，上海世纪出版集团2003年版，第195—196页。

② ［英］穆尔：《伦理学》，戴杨毅译，中国人民大学出版社1985年版，第116页。

③ ［法］萨特：《存在主义是一种人道主义》，周煦良等译，上海译文出版社2008年版，第5页。

④ 同上书，第6页。

的，离开了客体，主体便失去了存在的意义。在西方哲学中，主体与客体的关系一直争论不休，十分复杂，对主体与客体是否同一的问题的探讨一直没有停止过。“柏拉图不能解决这一问题，所以他乞灵于认识的‘突然跳跃’（eksaiphnes）、灵感或迷狂；康德不能解决这一问题，所以其普遍而必然的先验知识不过仍然是主体关于自我而非关于客体的知识；胡塞尔不能解决这一问题，因而其声嘶力竭的呼喊‘返回到对象，返回到现象，返回到本质’最终不过是无可奈何地‘返回主体’，其‘先验自我’如果不是被设定为一个超绝本体，那么在认识论范围内它就仍是一个主体；萨特不能解决这一问题，以至于在《禁闭》中恐怖地尖叫‘他人即地狱’。”①

事实上，“主体性”可追溯到古希腊时期，自苏格拉底喊出了“认识你自己”以来，人的问题便成为哲学研究的中心，主体概念便开始萌芽。直到笛卡尔“我思故我在”加固了主客二分的思维。近代以来，主客二分的主体性思维方式统治着人类，人类中心主义的主体性支配着人类的活动，以至于把“上帝”驱逐到神坛之下。反思现代性就是一部不断张扬人的主体性、不断满足人的内在贪欲的历史。这部历史突出地表现在资本主义文明史中，涉及文化、政治、经济、社会，甚至人们的生活方面，深刻地体现了现代性的运动轨迹。主体性思维帮助推动了西方现代化进程，工业文明得到不断的发展，创造了极大的物质财富，同时激发了人在客体面前的“无所不能”的气概，提升了人的尊严与个性。然而，现代性并未如启蒙主义所设想的绝对的价值，在其后期的行动中逐渐偏离了预计的方向。现代化取得的积极的成就依然存在，但人们不得不承认，巨大的、几乎无法克服的重重困难同时存在并将持续下去。从这个意义上看，人类的征服运动已达到了顶点，仿佛我们不再前进，毋宁说是在趋丁后退，其直接后果就是今天风险社会的到来。

海德格尔在《世界图画的时代》一文中，深刻地揭示了现时代的主体主义本质，严厉地批判了主体性时弊。的确如此，主体主义构成了风险社会伦理责任缺场的重要根源。从中世纪的时代禁锢中解放出来后，人真正成为他自己，把自己交还给自身，与此同时人自身的本质也发生了时代

① 金惠敏：《孔子思想与后现代主义：以主体性和他者性而论》，转引自 http：//www. ica. org. cn/content/view_ content. asp? id = 23037。

的变化，人成了主体。然而，随着人的解放，现时代的主体主义和个人主义也被开启，而且日渐泛滥。随着人的主体化进程，存在物的客体化形态也相应地呈现出来，形成了主客体交相互动、彼此相互作用的图景，主体与客体二分的界限变得越来越明显。正如海德格尔所言："当人成为源初的和唯一真实的'呈现者'（subjectum），那就意味着：人变成了这样的存在者，其他所有的存在者只有在人的存在的平面上才能够为他们自己的存在和真理找到立足的根基。人成了其他所有的存在物都与之攸切相关的一个中心。"① 主体性的张扬，致使今天的人与自然均面临着重重危机的威胁。

人成为主体，存在物便作为臣服者受人的摆布，人的主体姿态变得越来越蛮横，一切关于世界的学说都成为以人为中心的自己的学说——人类学：从人的立场出发，在人与物的关系的平面上去解释与估价一切的哲学。这种哲学自以为从根本上懂得了人是什么，绝不会去追问人可能是什么，似乎这样一追问，人的主体性地位就会发生动摇，在此意义上的人类学就会被超越。西方的人类学所表述的价值观就是在人与整体存在物的关系中把人的位置与姿态摆在中心，显示了对世界消极的观照，以此表明人对世界的立场和态度。在现代西方人类中心主义的视野中，无论何种存在物，只有它被纳入人的生命并归于人的生命，当它的生存属于人的生命体验的意义上，存在物的存在才被洞悉到。在此价值观的支配下，世界被人征服，人对世界的反映就是"为了人"的创造，在这个创造过程中，人成为特殊的存在者，他可以给任何存在物提供价值尺度，可以对一切存在物进行价值评价，并勾画出一切存在物的存在方向和应当遵循的路线。人是应该不断地认识世界并能动地反映世界，但这种认识与制造不可以是算计性的，人对世界的认识与反映的活动应当是把人带入到整体存在者（包括存在物）"之间"，而不是居于中心，向一切存在物发出"绝对命令"。正是资本主义的这种"主体主义"价值取向，构成了风险社会的内在根源，我们要通过内省并加以纠错，才会走到正确的道路上来。

2. 匡正实践主体的价值取向

主体与客体是哲学中的一对范畴，也是责任关系中的一对范畴。主体

---

① ［德］海德格尔：《人，诗意地安居》，郜元宝译，广西师范大学出版社 2000 年版，第 135 页。

是认识活动与实践活动的承担者或执行者；与之对应，客体是主体认识活动与实践活动所指向的对象。马克思主义认为："主体是人。"① 因而，主体范畴必然包含：一是只有人才能成为主体；二是只有在实践中的人才能称为主体，换言之，主体是实践与认识活动中的人；三是主体并非孤立的人，而是作为一切社会关系总和的现实的人，因而不仅个人成为主体，而且由一定社会关系相联结而形成的各类共同体也成为主体。由于人与社会的内在同一性，主体便成为个人与社会的统一，也为在实践中确立个体责任与社会责任的统一提供了依据。

价值是主客体之间的关系，是主体与客体的统一。这个统一，就是"由主体的活动使'自在之物'变为'为我之物'，使客体的自然属性变为价值属性，客体由此满足主体的需要，统一于主体。"② 因而，价值是人的主体性在客体中的对象化，是通过主体进行的活动去发现及创造客体的价值。主客体相互关系中的这种主体性主要表现为自为性、自主性、选择性以及创造性。这种对象化活动在人类社会则表现为实践活动。马克思主义认为，实践是一个关系范畴，是人所特有的生存方式和活动方式，它在人的对象性关系中存在。在这个关系中，作为主体的人是主导，"它要求把自然、社会和思维都纳入人的一体化活动中，并从一体化活动来理解它们的意义。"③ 因而，主体性的活动应当在人与自然、个人与社会、主观性与客观性，以及理性与非理性中达到具体的统一。

人不想成为主体都不可能，这是人之为人的责任，必定担当起人类发展、社会发展以及使地球安宁的重任而充分发挥自己的主动性、能动性与创造性。这个责任成为高于一切的基础存在，成为主体的价值观。我们成为主体，但反对那种一切皆以主体为中心来建构世界观的主体主义，因为后者是一种极端的主体化世界观。确保人类风险的伦理责任得以实现，依旧要发挥主体的作用，但需要以正确的价值取向去指导我们的实践活动：

第一，崇尚发展，反对"发展主义"。在资本主义工业文明发展的进程中，发展就是经济发展，人的命运与经济命运是连在一起的，人是由其财产、收入、地位和前途共同构成的。人的意识中，体现经济状态的外部

① 《马克思恩格斯选集》第二卷，人民出版社 1995 年版，第 3 页。

② 袁贵仁：《价值观的理论与实践》，北京师范大学出版社 2006 年版，第 64—65 页。

③ 张军：《价值与存在》，中国社会科学出版社 2004 年版，第 51 页。

特质与经济内在的本质是一回事，每个人的价值正是体现在他赚了多少钱，这笔钱就是他自身的价值。正如马克思所说，“资本来到人间，每个毛孔都流淌着血和肮脏的东西。他们的身份由自己的经济地位的变迁来确定。存在决定意识，社会的真理存在于经济活动之中，这种时代催生出了自我意识的萌芽并使之得到发展。凭借市场价值来判断自身的意义，从资本主义市场经济来界定自己是谁，从而框定自己的命运，无论他们的命运有多么悲惨，都既外源于自身又内生于自身，他们除了接受这种命运别无他途。”这是一种“发展主义”的思维模式，它不仅使现存的人异化，使伦理丧失，而且为人类制造了大量的生存威胁。

发展是人类的需要，这是人区别于动物的需要。马克思反对根据现代化而引发的问题去诋毁或否定现代化。因而，寻求一种负责任的发展，才能真正跨越风险社会。在这里，作为主体的人“不是在某一种规定性上再生产自己，而是生产出他的全面性”。① 我们追求的发展需要超越旧有的价值尺度，人的全部力量的全面发展是人的发展目的本身，这种发展不停留在已经成为的东西上，而是处于变化的绝对运动中。马克思否定资本主义的发展是全面的，而是认为资本主义只是在某些领域或方面取得了发展，只是片面性的发展，并不会导致全面的发展。因而需要通过制度变革，从而让底层民众享受到发展的成果，并实现全面发展。这种全面发展就是物质生产力的发展、自然生产力的发展和人口生产力的发展的统一和协调。这种发展的价值取向，既是人的全面发展观，也是实现人与人、人与社会、人与自然的全面、协调和可持续发展的价值取向。它成为防范现代性严重后果风险的内在力量。

第二，崇尚科学，反对“科学主义”。波普尔（Karl Popper）有种观点，科学的理性在于从错误中吸取教训。风险社会的错误并不在于科学本身，不能从科学本身中去寻找责任，毋宁说应当用科学理性在实践的错误中吸取教训。比如核试验、试管婴儿等实践，应当从伦理责任方面去进行反思，科学本身没有错，科学家从一开始的意图方面也没有错，错误就在于要求科学家实施某种行为的价值取向，这是科学家的自由意志之外的条件，是科学家无法控制与选择的条件，是客观世界使然。但是，从对身体与生命的现存的诠注视角来看，生物技术与基因研究在文化基础上将产生

---

① 《马克思恩格斯全集》第46卷（上），人民出版社1979年版，第486页。

根本性的威胁。科学家应当抵制那种不道德的价值观的影响，这是他的伦理责任，如贝克所说的“科学家不能再犯错误了”。质言之，我们“并不反对科学本身，而是反对那种单独允许现代自然科学数据参与建构我们世界观的科学主义”。①

启蒙理性所强调的是不断地增进知识，以此来改变人的境遇，然而，在风险社会中，知识的增进被加入了文化的忧虑。因此，我们不是去质疑知识自身的前提，而是以更谦逊的态度致力于增强技术研究及其应用对人类生活的优化，以便最大限度地消解风险，才是科学研究与技术应用的前景。于是，无论学术界还是企业界，其知识的增进与技术的应用以及此类的专家都要对技术的改进的新近发展持有正确的价值取向。为了让公众对新近技术的发展及技术应用的利与弊有明了的了解，学校、媒介、出版单位都在向服务于人类而不是毁灭人类这一目标迈进的进程中扮演极其重要的角色。“因为正是知识，才使我们得以用一种更为有效的方式去运用我们的资源，并使我们不断地开拓出资源的新用途。”②

第三，崇尚需要，反对贪欲。主体的实践活动的主观性总是被一定的动因所诱发，这个动因就是需要，因为“需要是人的实践活动的最终动因。”③ 马克思和恩格斯将人的需要概括为生存需要、享受需要以及发展需要。这种需要是主体追求真、善、美的需要。“任何人如果不同时为了自己的某种需要和为了这种需要的器官而做事，他就什么也不能做。”④人与动物都有需要，但动物要满足的需要是有局限的，其所采取的手段与方法也是有局限的。人尽管也受到某种局限的限制，但他能越出这种局限性并证实他的普遍性，其需要与满足需要的手段和方法的表现为殊多性，而且人能将具体的需要进行分解，区分为不同的部分和方面，使需要成为特殊化和抽象化。“人以其需要的无限性和广泛性区别于其他一切动物。”⑤动物的本性决定了它随遇而安，吃饱了能满足生存是它们的最终目标。人则不会随遇而安，对人而言，“趣味和用途成为判断的标准，因此需要本

---

① ［美］大卫·格里芬编：《后现代精神》，王成兵译，中央编译出版社 1998 年版，第 236 页。

② ［英］冯·哈耶克：《自由秩序原理》（上），邓正来译，生活·读书·新知三联书店 1997 年版，第 47 页。

③ 袁贵仁：《价值观的理论与实践》，北京师范大学出版社 2006 年版，第 120 页。

④ 《马克思恩格斯选集》第三卷，人民出版社 1995 年版，第 285 页。

⑤ 《马克思恩格斯全集》第 49 卷，人民出版社 1977 年版，第 130 页。

身也受其影响。”[①] 因而，人的需要多样化了，这样，人们对每一种需要的渴求心情就会表现得不是那么强烈和迫切，这在客观上可以抑制欲望的膨胀。这种抑制就表现为主观性与客观性相统一，合规律性与合目的性相统一。

然而，过度地追求欲望的满足，“需要”就会变成“贪欲”。在马斯洛看来，人类的基本需要组成了一个“相对优势”（prepotency）的层次，人类存在着一个需要链，这个需要链由低级的和高级的需要组成，一个接一个的需要不断满足又不断产生，因而永远也无法满足。他说：“当这些需要得到满足后，又有新的（更高级的）需要出现了，以此类推。”[②] 满足成了匮乏，匮乏推动着满足，以致无穷。马克思认为资产阶级的欲望永远也不会满足。人自己在历史上所创造的新的需要具有无限性，无法从根本上得到满足。反观现代经济的“效率主义”，足见人们在满足一个需要时又创造了新的需要，“人之所以不幸福，不是因为他们无法满足某些既定的欲望，而是由于新的需要及其满足之间的差距在不断拉大。”[③] 工业资本主义正是建立在贪欲的基础之上，以追求物质财富为根本目标，破坏了合规律性与合目的性统一的价值观，使得英语世界中的 comfortable（舒适）成为时尚的需求，滋生了享乐主义价值观。岂不知，“财富不是我们寻求的善。因为，它只是获得某种其他事物的有用的手段。”[④] 对舒适的满足永无止境，它是完全无穷的和无限度前进的一种需求，因为每一次舒适的满足，又重新表现了它的不舒适，都会引发对新的更舒适程度的需要，这样的发展是无穷无尽的。因此，“需要并不是直接从具有需要的人那里产生出来的，它倒是那些企图从中获得利润的人所制造出来的。”[⑤] 它集中表现了资本追求超额利润的逻辑，其后果是一方面破坏了大自然、毁灭了地球，而另一方面使得这个世界产生贫富的两极分化，一部分人穷奢极侈，而另一部分人则贫病交迫。

---

① ［德］黑格尔：《法哲学原理》，范阳等译，商务印书馆 1982 年版，第 206 页。

② ［美］亚伯拉罕·马斯洛：《动机与人格》，许金声等译，中国人民大学出版社 2007 年版，第 21 页。

③ ［美］弗朗西斯·福山：《历史的终结及最后之人》，黄胜强等译，中国社会科学出版社 2003 年版，第 95 页。

④ ［古希腊］亚里士多德：《尼各马可伦理学》，廖申白译注，商务印书馆 2003 年版，第 13 页。

⑤ ［德］黑格尔：《法哲学原理》，范阳等译，商务印书馆 1982 年版，第 207 页。

崇尚需要，就是不仅要满足自己的殊多化需求，而且有责任为他人、社会、自然的需求提供必要的条件。我们反对那种只追求自己满足需要而置他人的需求而不顾的贪欲，即主张一种节制的、人与自然相互满足的生产需要、生活需要、发展需要和享受需要。因为，人的需要的复杂性决定了伦理责任成为人的高级需要，这种需要所体现的客观性与历史性就决定了伦理责任不是人的主观意志的产物，而是客观存在的。

第四，崇尚美德，反对非人道主义。借用麦金太尔的话来说，就是风险社会“不仅仅主张道德不是它过去曾是的那种道德，而且更重要的是要强调过去曾是的那种道德在很大程度上已经消失——而这就标志着一种衰微、一种严重的文化没落”。① 现在，它表现为一种非人道主义的价值取向。严重后果风险将整个人类拖进了生存的岌岌可危的泥沼中，凭着私利的追逐，丝毫不顾及他人的安危，道德的沦丧表现得淋漓尽致。在现代化的发展中，追寻美德成为人类必不可少的价值导向。“防范高风险本身只不过是一个聪明的建议；而一个正义的戒律是，让他人遭受风险只有得到别人的同意。”② 未经他人的同意，将风险分配于他人，从而给他人带来不幸，是多么的不人道。有德性地去谋求幸福与有理性地去谋求幸福是同一个行动，它们不可分离，有德性地行动不需要别的任何根据，但需要道德理性而不是工具理性的准则去作根据。幸福不仅是一个物质与经济概念，更是一个伦理概念，谋求自己的幸福与他人的幸福，是每个主体不可推卸的责任。

如果主体的行动不是出于责任的，那么他们的行动的道德价值就荡然无存了，而人的价值以及世界的价值，都在这种道德价值中加以衡量。因而，如果人类的本性还像现在这样，被无限膨胀的物欲和永不满足的贪欲所包裹，那么人类的行为就只会变成单纯的机械作用，这一切正如木偶戏那样很是有板有眼，但在人物形象中却看不到人对生命的珍视。如果我们凭自己的理性所做出的全部努力都未对未来加以展望，世界上的“存有”及这些存有的壮丽都将暗淡无光、黯然神伤。这就要求我们对道德价值给予无私的敬重，只有这种敬重占据统治地位，有理性的创造物才能够配得“至善”的份额；这不仅要求与其人格的道德价值相匹配，而且要求主体

① ［美］麦金太尔：《追寻美德》，宋继杰译，译林出版社2008年版，第24页。

② ［德］奥特弗利德·赫费：《作为现代化之代价的道德》，刘安庆等译，上海世纪出版集团2005年版，第260页。

责任意识的提升。

二　责任意识的复兴与提升

将现代纳入历史中进行考察，就可以发现丰富的、舒适安逸的现代经济所主宰的社会关系，在人类的物质利益取得极大进步的同时，却牺牲了精神价值、尊贵和美。韦伯承认“资本主义确实是通过持续的、合理的商业活动来产生利润并使利润再生——这是资本主义存在的基础：在一个具备成熟资本主义秩序的社会中，如果有哪一家企业不是积极利用各种机会赚取利润，那么它是注定会垮掉的。”[①] “利”字当先，他们用奥康的“剃刀”剃除了克制与责任，留下来的只是单一的牟利的世界观，在他们眼中，高额利润是居于道德之上的。因而，异化便在所难免，甚而言之，毁灭性的后果紧随其后。以至于本杰明·富兰克林认为这种伦理道德是无法让人接受的。现代性的发展，人们的算计能力得到了培养，但显得越来越肤浅，其伦理上“深刻的力量”却被这种关系所吞噬。物质领域的进步将精神的东西分割成了碎片，“责任”成了人们遗忘的和不喜欢提及的词汇，信仰上的忠诚被实惠的享受所遮蔽，进步的世界变成了“文明的碎片”。托尔斯泰早就深思过生命的“终极意义”问题，韦伯受到这个深思的启发，感叹道：“一个文明人，置身于被各种知识、思想和问题不断丰富、进步永无止境的文明之中，只会感到‘活得累’，他不可能有‘尽享天年之感’。”这是因为“对于精神生活无休止生产出的一切，他只以捕捉到最细微的一点，而且都是些临时的货色，并非终极产品”。[②] 这说明了这个世界上，整天为物质财富奔波的人们，其价值取向受到了相当的歪曲，以至于承受着肉体与精神的双重负荷。这正印证了海德格尔的“操心”和“烦忧”的存在。这就是物质利益取替伦理责任后主宰这个世界所导致的恶果。

功利主义式的和原子式的社会的建构，是黑格尔所揭示的启蒙运动的两股势力。这两股势力企图实现普遍意志的绝对自由，对现代社会的发展起着塑形的作用。黑格尔深刻地洞悉到，现代工业生产倾向越来越精细的劳动，并因而制造出一个无产阶级，而如果这种日趋分殊的发展继续深入

① ［德］马克斯·韦伯：《新教伦理与资本主义精神》，龙婧译，群言出版社2007年版，第6页。

② ［德］马克斯·韦伯：《学术与政治》，冯克利译，生活·读书·新知三联书店2005年版，第4—5页。

地发展下去，无产阶级将会在物质上和精神上陷入双重贫乏。马克思在批判资本主义时更是深刻地批判了资本主义生产关系的异化。这两股势力的发展，最后将导致生产过剩危机的恶性循环的风险。因而黑格尔认为，不管财富有多么过剩，市民社会总嫌不够富裕，他们是贪得无厌的，其拥有的各种资源均无法遏制那过分的贫困，以至于“穷苦贱民”的产生。物质上的穷苦贱民现象没有成为历史，而精神上的穷苦贱民被生产出来，正侵蚀着现代社会的统一和团结。这些严重异化的根源，导致了现代伦理的一步一步崩溃。这是一个必须避免功利主义式和原子式的生产性传统的幻觉与扭曲的社会，必须构建一个具有责任感的社会。

1. 敬重责任：责任意识复兴与提升的根基

意志的动机赋予一个有理性的存在者，这个动机应当成为道德法则，因为它指向一个道德上的善，道德的兴趣是一个纯粹不依赖于感性的兴趣。因而，在这里，敬重是一种伦理法则，是伦理体现责任的法则。“对于人和一切被创造的理性存在者来说，道德的必然性都是强迫，即责任，而任何建立于其上的行动都必须被表现为义务，而不是被表现为已被我们自己所喜爱或可能被我们自己喜爱的做法。”① 义务与责任是强迫的，这是理性存在者应当遵循的法则，它并不依某个人的意志而发生转变。遵循这样的责任法则，在客观实践上按照这一法则并排除一切偏好的行动就是义务，它在自己的概念中的不情愿情感包含有实践上的强迫，即对人们行动的规定，不管人们的这些行动如何发生。这是理性加之于人类的强制，它不与意志自由矛盾；相反，是契合于理性支配下的自由意志的，因为服从责任的意识就是对道德法则的敬重。在此规定下的行动，是纯粹实践的和自由的，是合乎义务的而非听从主观偏好的建议。“义务的概念客观上要求行动与法则相符合一致，但主观上要求行动的准则对法则的敬重，作为由法则规定意志的唯一的方式。”② 因而，合乎义务（责任，obligation）的行动就是出于义务的，即出于对法则的敬重的。在此规定上，人们的行动是建立在出于义务而发生的这一点上的。在道德评判中最为重要的原则是：把人类的实践行为建立在出于义务和出于道德法则的基础之上，唤起人们对义务与道德法则的敬重，使我们的行为受理性支配而不受某个人的

① ［德］康德：《实践理性批判》，邓晓芒译，人民出版社2003年版，第112页。

② 同上书，第111页。

喜好所支配。

责任意识倡导着端正的品行，并希求我们能超越个人利益的范畴来安排事宜。康德不朽的箴言把“无条件的责任”推向荣耀的极致，这“伟大而高尚的名字”总是通过日新月异的崇拜与敬仰来使自己的灵魂充实起来。孔德（Comte）也认为，除了每日履行自己的责任外，自己别无其他权利可言，“人是为别人活着”成为我们唯一须遵守的道德法则。现代社会在利益与道德之间，要求“纯责任”作为一个独立特征显现出来，强调物质占有的“所有论个人主义”更名为“道德论个人主义”。为了建立安定有序的政治图景，诚信、廉洁、纯洁与奉献等都需得到极大的赞扬。20 世纪末，涂尔干认为，高尚的情操最应服务于祖国的大业，教育的目标是要让孩子能够团结一致。责任意识的培养是教育的首位，无视责任的存在就是恶的表现。敬重责任是责任意识复兴与提升的根基，它聚焦于“原初的道德情境”这一领域。

2. 利益相济共荣：责任意识复兴与提升的前提

马克思早就指出：“人的本质并不是单个人所固有的抽象物，实际上，它是一切社会关系的总和。”① 人不可能脱离他人而生活，人总是具有社会性的人，时刻处在交往之中。因而，我的行动必须考虑到他人的利益，因而就会产生普遍性的需要。他人可以成为我的需要得以满足的手段，同时我也必须生产满足他人的手段。人们不得不相互配合，一切个别的东西必须成为社会性，它才可能持续下去。在满足自己的需要的同时，要考虑到他人的需要，这是平等的要求。需要的特殊性与普遍性是相互依存并相互转化的，是一个辩证运动过程。从主观出发的利己为他们提供了对满足需要有帮助的手段，同时使特殊利益转化为普遍利益，其结果，每个人在为自己的福利获取收获时，也为其他人生产、取得与享受自己的利益提供了基础。一切人依赖一切人，形成一种交织的相互依存的必然性，对整个人类来说，它是普遍而持久的财富。这种财富对每个人来说都是一种可能性。这就意味着人与人之间的关系是主体与主体之间的关系而非主体与客体的关系。这种主体间性就决定了责任的交互性特征。

“个人的生活和福利以及他的权利的定在，都同众人的生活、福利和权利交织在一起，它们只能建立在这种制度的基础上，同时也只有在这种

---

① 《马克思恩格斯选集》第一卷，人民出版社 1995 年版，第 56 页。

联系中才是现实的和可靠的。"[①] 生活在共同体中的主体，每一个都要以另一个为条件，个体利益是特殊性，人类整体的利益为普遍性，特殊性与普遍性是相互依赖的，每一种利益都为他方而存在，并在一定程度上相互转化。因而，如果为了某一部分人的利益而损害了整个人类的利益，就是破坏了特殊性与普遍性的和谐关系。特殊性本身无尽地满足其欲望以及主观偏好，就是偶然的、任性的，它在其满足后的享受中破坏了自身，"因为这种满足会无止境地引起新的欲望"[②]，这种满足何时是一个尽头，不得而知。每一次的满足都是偶然的和任性的，它始终受到普遍性权力的限制。如果作为部分的特殊性的欲望是没有节制的，或者说是没有尺度的，那么，这种没有节制的需要所采用的形式也是没有尺度的。人无限度地扩展他的并非如动物那样的封闭的圈子的欲望，就将使这种欲望导入恶的无限，导致匮乏与贫困，导致风险与威胁。特殊利益不能取替普遍利益，其本身应当有一个"度"，各特殊利益与普遍利益之间达到一个相济共荣的"度"，才能真正治愈这种混乱局面，这就要求人们承担起利益上相互满足相互促进的伦理责任。换言之，这种混乱局面只有在伦理中，让他们对那没有尺度的欲望所引发的不良后果承担责任才能达到节制与调和。

3. 防范与管理风险：责任意识复兴与提升的使命

人是具有思考与反省能力的存在。"人将被他为了迎合自己的需要而制作的工具所摧毁，这一点无疑是可能的。"[③] 反思现代性，我们认为，责任意识的复兴与提升不能到了黄昏才起飞，防范与管理风险成为我们的责任使命。对风险的管理不能仅依靠技术理性，重要的是要发挥强大的激励功能，复苏责任感和加强责任意识的培养，是风险社会伦理责任实现的内在保障。

风险社会的到来，使得我们必须强调对眼前利益与冲动的约束，并使之具有面向未来的责任感。面临第三世界的苦难、世界经济的萧条、金融危机频发、生态破坏、生物技术的风险，以及"第四种权利"等现象，伦理制度的目的在于纠正个人主义、技术主义、资本主义等所导致的"放任一切"的过"度"行为，也就是要强化责任意识，唯其如此，我们

---

① ［德］黑格尔：《法哲学原理》，范阳等译，商务印书馆1982年版，第198页。

② 同上书，第199页。

③ ［德］卡尔·雅斯贝斯：《时代的精神状况》，王德峰译，上海译文出版社2008年版，第186页。

才能站在一种面向未来新挑战的高度来看待真正的问题所在，无论这种挑战是由全球化所导致的，还是由民主或经济，抑或技术等原因所致的挑战。因而，风险社会的伦理更新既是笼罩在那摆脱了责任感“绝对命令”的个体化世界头上的一种让人感到荣耀的光环，也是对身陷危险的未来境遇的抗议。

防范与管理风险的责任意识表现了人道主义的运动、人的生存权至上、对工作负责任的态度，关注着人类自身及生活栖居的这个星球的未来的态度。各式各样的风险对人类的威胁，一定能激发起人们对“救赎”的憧憬，这种救赎并不是依靠“上帝”的请求，而是依赖于人类自己的责任建构，因而它不应当是盲目的，而是对人类有益的。我们在批评从前被当作理想主义的“乌托邦”时，不能像倒洗澡水时连婴儿一同倒掉，而是应该保留其必要的对未来美好的向往，对灾难性危险的拒绝。因而，如果世界变得越来越糟糕了，问题的解决便在于倡导德性、敬重生命、责任意识和职业操守。因为我们需要的是克服“生命屠杀”的危险，需要的是新技术与市场的竞争，需要清醒的政治立场来反对那场忍无可忍的不断蔓延的“战斗”，需要建立在真实数据基础之上的真相系统，需要一些可行的政策和经济竞争来缓和边缘化现象、消除社会差异与隔阂感可能引发的社会风险。

人类的幸福与科技的进步并不能完全画等号，道德完善与知识进步也并非并行不悖。责任感伦理呼之欲出，“以人为本”的理念要与集体发展同步进行，主体能动性的发挥与积极参与得到了重视，因而未来的开创性的和开放性的特征也随之得到了体现。如果知识和技术的进步并不能使灾难的发生得到遏制，那么，人类的责任感、意图、主客体之间关系等问题就会再度凸显，“如今伦理的复苏便是规律的无奈和我们对未来的设想在实证主义和技术主义理性的种种愿景中出现危机现象的一种反映。”① 有关这个星球与人类自身的未来充满灾难性风险的论调兴起之时，人类责任以及文明道路的选择便显得尤为重要。当各种科学组织不再能应对各种竞争所带来的挑战时，良知就成为影响竞争力的关键要素。我们的组织能力的强弱，直接关系到人的积极性的调动。我们越是希求在自由的环境下游

① ［法］吉尔·利波维茨基：《责任的落寞：新民主时期的无痛伦理观》，倪复生等译，中国人民大学出版社2007年版，第235页。

刃有余，就越要加强人类的自律和节制，这个世界越是需要科技与知识上的完善，责任意识就越显示出其“人为的构建物”而发挥其应有的效用，会形成一个包含有风险、缜密、矫正、创新等内容的新领域。责任感的再生与民主并不相；相反，它是道德规范的现代化发展进程中的一个有力的补充。

当然，任何事情都有两面性。伦理变得如此重要，但其局限性有时也具有危险性。比如，商业道德只要不处处推卸责任，它就是在伦理形式上大有裨益。人们会质疑生物伦理，认为它可能诱发狂热的反科学态度，从而导致生物医学研究的中断。人权的确立可能会再度引起政治上的论争。人道主义和慈善的发展理念可能会挫伤经济上和社会上的公正。如此种种的伦理局限性会受到来自众多行业的批评，但是，至少在针对当前的态势，我们的确需要负责任的价值观能够实实在在地繁盛起来，因为“没有了伦理的政治和经济是邪恶的，而没有了良知、政治举措与社会公正的伦理也是脆弱无力的”。[①] 如果对未来发展的利与弊进行权衡对比，我们会发现要不要伦理责任的两种极端不同的结果，物质利益的收获可以迟到，但对人类自身的珍惜刻不容缓，那种以道德和责任感为代价去换取现代化的做法，在现在和将来都是愚昧的表现。

因此，我们需要的是“负责任的智慧”理念，而不是宣扬一种纯然的道德，唯其如此，才能站在时代的前沿来迎接挑战。良好的愿望与利益的伦理之间并不存在不可逾越的对立，我们应对当今时代的经济的和全球性的诸多挑战取得了阶段性的佳绩，可以看出，借助于康德的善良意愿理念前进的道路尽管曲折，但有成效。宽宏大度的推崇并不能遏制生态威胁，也不能使风险制造者承担责任。因为宽宏大度的个人德性，它似乎无法用来指导集体，从而使集体生活变得井然有序，因而要对目标与手段实行公正评估，并关注实现的效果，否则，道德的最高追求会向其对立面转化，良好的意愿也会铺就地狱之路。如果没有激情、利益和知识的推动，人类不会进步。正是由于利益攸关，我们才会调整对环境的立场。我们知道，技术会带来更大的利益，因而我们要使技术得以更快的发展。功利主义逻辑显然有其风险，但它更是将利益与尊重、现在与未来相结合的伦理

---

① ［法］吉尔·利波维茨基：《责任的落寞：新民主时期的无痛伦理观》，倪复生等译，中国人民大学出版社 2007 年版，第 237 页。

现实，并非建立在超凡脱俗的没有实用价值的绝对伦理之上。“有组织的不负责任”的时代需要获得一种新的伦理，它不再是一种与利益相冲突的不现实的伦理，而是有助于使社会实践行为向着“善”的方向去改造的伦理，以此塑造出一个虽不太理想但不再盲目的，而是更加具有理性秩序的世界；我们期盼的是一种适应社会正态发展的负责任的伦理，一种具有中庸之道的、审慎的伦理，一种囊括个体、社会和科技的合情合理地发展伦理。

有鉴于此，后道德主义时代，要复兴责任、重建伦理、确认生命的至上性，摆脱无责任的羁绊，在人与自然、人与人关系领域倡导精致的伦理举措，然而，最可行的则是，通过与环境、利益及效率互相结合彼此融合的原则来贯彻。我们赞美理性的目的在于纠正世界的不公，更是为了创造一个多一些责任、少一些残酷与风险的社会。我们的要求在于人们要负起责任来，不求一切都完美，但求能迅速遏制那种贪得无厌的欲望。“减轻苦难与匮乏，增强人对付一个冷漠或敌意的世界的能力，使生存变得轻松愉快，使人类大家庭每一成员能得到其一切好的东西。”[①] 换言之，就是要用“审慎”的伦理和“及时”的态度去解决弊端和消除人们的困境，去防范和化解人类实践活动所引发的风险，让迟暮中的责任在未来点亮些许希望之光。这种责任意识的提升，重要的事项便在于对责任主体所进行的道德培育。

三　主体的道德培育

道德培育是一个古老而又常新的话题，任何时代都不可缺少，在责任意识淡化的今天，新的需要、新的要求、新的内容更加凸显出它的新时代价值。

“教育将决定未来人的实存，而教育的衰落将意味着人类的衰落。”[②] 教育式微之日，正是历史传递的实质在应当承担责任的人类中瓦解之时，同时也是面临丧失危险意识和责任感之时。进行有组织有计划的以“责任”为核心的政治、思想与道德教育，不仅是满足心灵的需要，使人类智慧进一步开发的需要，更为重要的，是挽救人类自身、环境和社会良序发展的内在需求和保障，是塑造人类未来的需要。

---

① ［德］奥伊肯：《生活的意义与价值》，万以译，上海译文出版社 2005 年版，第 34 页。

② ［德］卡尔·雅斯贝斯：《时代的精神状况》，王德峰译，上海译文出版社 2008 年版，第 78 页。

1. 道德培育是主体责任感培养与升华的需要

道德培育是人们社会化的手段，将起到调控主体选择，从而提升主体的责任认识，培养主体的责任感，确立主体的责任信念，升华主体的责任人格的重要作用，可以提高主体自由选择和责任承担的能力，增强对自己、他者、社会与环境的责任感，使之在不同阶段、面对不同情景的复杂社会做出正确的伦理行为。每一个社会在确立并形成一定的责任时，必然要通过教育的方式将责任要求灌输到主体中去，这样，责任意志才得以实现，道德教育是达到这个目的的最直接最可行的手段，也是最基本的路径之一。德性并非先天而生，“人性善”、“人性恶”与“人性非善非恶”的争论至今也未曾停止，至少表明了德性是要靠后天培养才能生成的。在处理人与人、人与社会以及人与自然的关系上如何做出行为选择，都是后天学习与培养而成的。只要主体追求一定利益的实现，就必定要接受这种责任教育。

与知识教育和技能教育相比，道德培育更能显示人的全面发展的特性，能使人知行合一、健康完善地发展。亚里士多德早就有“道德德性”和“理智德性”之说；中国的教育模式中，无不将对知识的训练和道德培育相结合，体现了中国“礼仪之邦”的伦理特色。道德培育并非一蹴而就，而是经过长期观念熏陶、反复灌输并以情感化等形式不断地培养起坚定的信念的。这是由责任的品格所决定的。责任以自由为前提、以审慎思考和理性判断为基础、对后果的关注和承担以及对未来的预见为主要特点，在履行社会价值的过程中积累而成，内含着主体的主动性、能动性和主体性的品质，又包含主体对客体进行客观分析后做出行为选择的理性。“人，是主体，他有能力承担加于他的行为。因此，道德的人格不是别的，它是受道德法则约束的一个有理性的人的自由。”① 长期责任感的培养，并不意味着必定可以实现社会价值，必须通过社会实践使责任信念得以巩固和加强，内化为主体的自身素质，才能确保主体自由自觉地选择及全面发展得以可能。相应地，只有实现了人的自由选择和健康完善的发展，责任意识的升华才具有必然性，否则，主体不但不能实现社会价值，而且会成为破坏社会健康发展的罪人。

---

① ［德］康德：《法的形而上学原理——权利的科学》，沈叔平译，商务印书馆 2009 年版，第 27 页。

道德教育就是使道德与伦理责任进入人的内心和影响内心准则的方式，是使客观上的道德理性转化为主观上的德性或品格的方式。道德法则作为义务必须被遵守，道德法则之下的伦理责任必须被承担，它们都必须被真正表象为行动的动机，否则，尽管有其行动的合法性，却不会导向意志的道德性。因而，我们必须注意勾画纯正道德意向和伦理责任感的建立和培养的各种方法。把一切都转移到责任的意识的那种价值之上，让他感受到只有道德上善良的心才能真正消除那种痛苦，使他忠于正直的决心。良好的教育会让受教育者毫不动摇或怀疑责任感与道德善的至上性，就会使他们“一步步从单纯的赞同上升到钦佩，从钦佩上升到惊奇，最后一直上升到极大的崇敬，直到一种自己能够成为这样的人的强烈的愿望”。① 整个钦佩都在于德性的至高无上性，一切人类能够归于幸福的东西都可以从这个德性中引人注目地表现出来。德性越是纯粹地得以表现，它对于人的内心就越具有更大的力量。德性法则、圣洁与德性的形象在任何地方都应当对我们的心灵施加影响，并不掺杂对自己私利的意图，不以个人意欲作为动机得到细心的观照，这样，伦理责任感与德性才能在苦难中最庄严地表现出来。

2. 道德培育是风险社会伦理责任实现的需要

“社会健康”比“社会幸福”的观念更科学。一个拥有责任感的社会，必然是健康的社会，它不仅仅是幸福的社会。一个充满风险、危机、焦虑不安的社会就是一个病态社会，而这样的病态社会正是屏蔽了伦理责任后的后果。责任实现是社会健康发展的保障，道德教育是责任意识升华和责任实现的内在需要。

“启蒙对一切个体进行教育，从而使尚未开化的整体获得自由，并作为统治力量支配万物，进而作用于人的存在和意识。”② 这种教育使工业社会沦为风险社会，为我们今天向善的道德教育提供了极好的反面教材。兴起于17—18世纪的工业革命，带来了生产方式的变革，科技的发展与资本的扩张，使得文化价值理念及不负责任的伦理观念在全球范围内扩展。“不断扩大产品销路的需要，驱使资产阶级奔走于全球各地，它必须

① ［德］康德：《实践理性批判》，邓晓芒译，人民出版社2003年版，第211—212页。

② ［德］马克斯·霍克海默、西奥多·阿道尔诺：《启蒙辩证法——哲学断片》，渠敬东等译，上海世纪出版集团2006年版，第33页。

到处落户，到处创业，到处建立联系。”① 资本在全球范围内分配，产生了同样领域的风险分配。随着全球化的加剧，或早或晚，由于现代性所引发的各种风险都会冲击到那些生产它们和从中受益的人。风险发挥着“飞去来器效应”（贝克语），从而打破了阶级与民族模式。比如，生态灾害与核污染就会冲破国家界限而伤及无辜，无论是富人或有权势的人都列入伤害清单。时间与空间的压缩和脱域机制的形成，一个地方的金融危机迅速散播开来，殃及世界的各处角落，对每个国家的就业与经济发展造成了灾难性的打击。在此意义上，风险社会是世界性的。鉴于此，提升责任意识的道德教育并非哪一个民族国家的事，而是整个世界、整个人类必须担当的重任。尤其是那些制造现代性风险的国家，成为风险社会降临的罪魁祸首，更有责任对受害的人们承担赔偿责任。

构建和谐世界，就要教导风险社会的复合责任主体认识到，为了人类自身的存在和全球人们的美好生活而尽到自己的一份责任心。科学家、工程师、普通公民、政治家、政府官员都需要受良好的向善的道德教育。苏格拉底告诫我们：“生活的意义在于德行，在于不断做好事，在于人的不断追求道德修养的努力，在于参与一切善的和美的事物。”② 这不仅是生活的意义，更是人类实践的意义、生产的意义、工作的意义。违背了这个意义，人类就可能作恶，其结果会对人类福祉造成损害，而这就是对责任感的神圣性的践踏。人类作为一个整体，今天的人对明天的人负有的义务与责任，要求我们不能以牺牲未来的人的生存条件为代价而获取自己的满足，而应当献上最完善的对人类自身的敬仰。通过道德教育，要求人们把一切都置于义务的神圣性之后，并促使承认我们能够这样做，我们的理性意识到这是它的命令，并得到宣告：我们应当这样做。这就意味着整个行动将提升到超出个人感官之上，以至于我们能够确信人类的本性有能力在道德方面攀升到一个巨大的高度，我们的心灵也会得到升华与加强。

面对风险，如果我们认识到了自己的错误，就会承认错误并承担责任，但如果并未认识到，人们的虚荣心、自私心遮蔽了责任感，人们心中就会产生没有道理的反感。依托教育手段，让伦理责任凭借在遵守道德法则时让我们感到的那种积极的价值，通过我们的自由意识对人本身的敬仰

---

① 《马克思恩格斯选集》第一卷，人民出版社 1995 年版，第 276 页。

② ［德］文德尔班：《哲学史教程》（上卷），罗达仁译，商务印书馆 1997 年版，第 111 页。

和对大自然的敬仰而找到入门的捷径。对生命的敬仰与对自然整体的敬仰完全建立起来，人们通过不断的自我审查与反省，会觉得我们这个世界被毁得如此可怕，我们的生命面临着生存的困境，那么人们就会意识到其行为的卑鄙与下流，因此而激发起人们善良的道德意向，使之成为防止我们内心的不高尚与腐败冲动侵入的最良好的，也是唯一的守护者。道德培育把主体作为一个理智者的价值通过人格而得到了极大的提升，在这个人格中，道德法则与伦理责任向我们展示了不依赖于动物性，甚至高于动物性，也超越于整个感性世界的生活，由此我们可以在合目的性的使命中得到核准，这种使命不受“当下”和“人”的局限，而是进向无限的人自身的延续，进向无限的具有循环的大自然。这是对一切生命负责任的伦理，也是对一切与生命有关的“物”负责任的伦理。

通过道德培育，使在道德上没有教养的人成为有教养的人。“有教养的人首先是指能做别人做的事而不表示自己特异性的人，至于没有教养的人正要表示这种特异性，因为他们的举止行动是不遵循事物的普遍性的。”① 没有道德教养的人不考虑别人的感觉，只顾自己的冲动和欲望的满足，也不会感觉到自然界受到伤害时的苦痛，更不会考虑未来的尚未出生的人的感受与想法。也许他们并没有故意伤害他者，但客观上造成了或将造成对他者的极大伤害。“按照色诺芬的意见，苏格拉底教导说，人真正的好运不能在身外的财产中，也不能在豪华的生活中寻求，只能在德行中寻求。”② 反思现代性，风险的制造者成为没有责任心的人，究其原因正是没有在德性中寻找“人的好运”，而是在身外的财产中寻求安逸。世界风险社会的到来，正是一部分人为了自己的无限私欲得到满足，而人为地制造出了大量的危险，威胁着今天人类的发展和未来人类的生存，正表现出了他们在伦理上缺乏教养。德性的可塑性表明，教育使教养复苏成为可能。

概而言之，人类具有不完善性，但善的进步可以通过道德教育得以实现，逐渐使人们消除那种野心勃勃的、吹胀了的以及使人心萎缩的狂妄，从而让责任理念在人的内心中产生出更大的效果，这正是我们这个时代有必要加以提示的。缺失了责任感，一切行动都会成为暂时的冲动，它们将

---

① ［德］黑格尔：《法哲学原理》，范阳等译，商务印书馆 1982 年版，第 203 页。

② ［德］文德尔班：《哲学史教程》（上卷），罗达仁译，商务印书馆 1997 年版，第 112 页。

不能使人获得人格上的道德价值，也不能对人类自己的未来充满信心，“没有这种信心，对自己的道德意向和对这样一种品格的意识，即人里面的至善，就根本不可能发生。”① 在我们这个道德沉沦和责任感丧失的时代，赋予我们的使命就是要怀着对责任意识退化的不断忧虑，义不容辞地去挽救人类，不是出于自己的偏好，而是出于对人类自身的义务与责任，这是道德的根本归宿。

诚然，对主体进行责任意识的培育是不可或缺的一方面，但则需要有健全与完善的制度，才能强有力地保障责任人格的不断升华。

第四节　伦理责任实现的制度保障

在马克思看来，人类在现代化进程中所出现的问题，可以随着制度的优化或调整而得到减少、弱化直到消除。因而，制度成为风险社会伦理责任得以实现的重要保障。在这个制度范畴中，首要的是关涉到政治的制度，但最终要归结于各项责任制度的落实。

一　政治制度：宏观的制度保障

好的制度能使生活变得更加舒适，与他人愉悦地交往的价值可以从中获取，我们的生活可以从动荡不安转化为可预见和可依赖。正义的社会制度内含着责任的机制，是一个具有高度责任感的制度。如果制度不正义，必然导致整个社会的不正义，如果制度不道德，必然导致整个社会的不道德。很难想象在一个非正义的社会结构中去实现各种责任。

在马克思看来，社会存在集中体现为制度的存在。把现实的人与动物区别开来的第一个活动就是生产自己的生活资料、能动地解决人和自然关系的实践活动。为了使这种实践活动有效进行，实现人和自然之间的物质变换，必然产生人与人之间的物质交换关系，因而形成一定的社会关系。“只有在这种社会联系和社会关系的范围内，才会有他们对自然界的影响，才会有生产。”② 社会关系成为人们安排一切活动的状态，如果这种状态混乱或呈现无政府境况，信息、监督与执行等问题便难以解决，劳动

① ［德］康德：《实践理性批判》，邓晓芒译，人民出版社 2003 年版，第 213 页。

② 《马克思恩格斯选集》第一卷，人民出版社 1995 年版，第 344 页。

分工因而成为不可能，可靠的契约将无法做出。于是，要保持长期的相互交往的实践，必须使某种社会关系通过习惯和理性规范确定下来，如此便形成了制度。因此，制度只不过是人们进行交往的产物，“它本身必然是两种本质上相异的权力之间的一种契约。”①

人的存在、社会的发展以及人们的物质生活方式和精神生活方式产生了制度，同时制度又会反过来影响、制约或塑造这种社会关系。制度在本质上就是人类群体在一定空间内结成的交往方式，它起着规范、稳定或固化社会关系的作用，并成为现存的生产方式与生活方式的健康发展的推动或阻碍力量。在玛丽·道格拉斯看来，制度如同“教堂的华盖”，是神圣不可侵犯的和不可随意被践踏的，因为人性有天然的不足，而制度与规范正好可以弥补这一缺陷。在道格拉斯那里，制度与规范要靠各式各样的等级体系来支撑。制度与规范的东西会通过人们的生活实践，通过其外化形式诸如艺术品或文化仪式等，让人们做出审美判断和反思性判断，由此构建其哲学意义和美学意义，渗透到人们的精神中和记忆中去，并一代一代地往下传衍，构成“美的持续相关性”（伽达默尔语）。因而，可以说“在社会生活中人既作为社会关系而存在，也是作为制度关系而存在。”②制度为人的实践活动提供规则、模式或标准，规范及调整人与人之间的权利与责任关系，调和各种社会矛盾的同时，使人的各项活动规导到合理的轨道，为人们提供可形成良性秩序运转的行为空间；制度还使得社会意识形态规范化，并通过规范形式将其纳入制度内在的伦理精神、道德理性与价值理念，使之成为被广泛承认的价值目标与伦理责任，从而形成人们的责任意识，引导人们的社会道德行为方向，塑造人的德性、品性、情操，渗透与征服人的精神状态，进而，制度的这种内在精神的内化力量得以体现。

制度可以用来“为善”，也可能被利用“作恶”。恶的制度是丧失了伦理性的制度，是缺省了责任感的制度。

风险社会组织化不负责任状态正是因为那种不正义的工业资本主义制度造成的，因而这种制度必然是恶的，是要得到改造的。正如贝尔和克里斯托所言：“如果不能充分考虑资本主义焦虑的自我意识，便不能理解在

① 《马克思恩格斯全集》第3卷，人民出版社2002年版，第73页。

② 李仁武：《制度伦理研究：探寻公共道德理性的生成路径》，人民出版社2009年版，第41页。

现代社会里已经发生和正在发生的重大变化。自我意识并不纯然是上层建筑意识形态。它是这个制度本身最重大、最基本的现实之一。”① 马克思、恩格斯对制度不正义导致的社会不正义的伦理批判，主要通过对传统专制制度的批判和对资本主义制度的批判两方面进行的。在马克思看来，专制制度是轻视人的，是与人类不相容的，它使人不成其为人，在此制度下，人格尊严得不到尊重。资本主义制度把一切民族甚至野蛮民族都卷入到文明中来，但这种文明并不是我们想要的文明，它带来的是单向度的物质文明，与之相伴的是“文明的贫困化”。自19世纪以来，大多数人经受着灾难，是与工业化和现代化的发展过程紧密相连的。灾难的出现与生产力、市场整合、财产以及权力关系的发展纠结在一起。如果说19世纪主要是物质的贫困化与饥饿成灾，那么今天，人们生活的自然基础的威胁与破坏压得人们喘不过气来，而且危险的数量还在增多。“社会所拥有的生产力已经不能再促进资产阶级文明和资产阶级所有制关系的发展；相反，生产力已经强大到这种关系所不能适应的地步，它已经受到这种关系的阻碍；而它一着手克服这种障碍，就使整个资产阶级社会陷入混乱，就使资产阶级所有制的存在受到威胁。”② 资本主义制度以“自由、平等、博爱”瓦解了专制制度，但同时也解体了传统的血缘关系、宗法关系和家庭关系。在这种制度下，劳动的异化和人的异化不断地产生。自由主义制度使得今天的个体化风险充斥着社会，个人主义横行于市。在贝克看来，个体化的“亚政治”运动正是工业文明的产物。“亚政治”运动的诉求并非采取传统政治方式，而是通过现代的媒体技术或通过协调民主形式来完成。传统政治行为强调组织与机构的建立，遵照政党或工会组织的领导，思想统一，目标一致。而“亚政治”的社会运动更多地表现为非中心化模式，以分散性和个体化形式进行自我运作，它们没有较固定的组织和领导，其指导思想也不统一。当然，责任意识更是个体化的“亚政治”运动的真空。由此可见，罪恶的制度带给人类的必然是灾难，而且是无人站出来声称对此事负责的灾难。

实证性是现代性的一个重要特征。“‘实证性’使得制度异化，使得社会关系物化，因而揭示出主体性原则是一种压制的原则，而且具体表现

① ［美］贝尔：《资本主义文化矛盾》，严蓓雯译，江苏人民出版社2007年版，第83页。

② 《马克思恩格斯选集》第一卷，人民出版社1995年版，第278页。

为一种被遮蔽的理性暴力。”① 由于实证主义，个体的突出地位遭到了损害，“存在”被客体化，人都被融入了功能性之中。资本主义世界的精神态度表现为：追求着知识而不思考意义，只要求灵活地行动；不谈感情而只讲客观性，清晰的事实取代了神秘的作用力。以至于“本持的人性降格为通常的人性，降格为作为功能化的肉体存在的生命力，降格为凡庸琐屑的享乐。”② 人们的精神在于增进日常工作的效率，疲劳及其恢复也被规则化了。这是一种吃人的制度。

社会结构与制度本身的不合理，就会导致社会角色的道德权利与伦理责任相分离。“现代组织是一种为使人的行为免受行为者个人的信仰和感情影响而设计的新发明。”③ 它凸显了现代性组织化不负责任的制度境况，以至于破坏了人与人、人与自然之间的和谐，破坏了当代人与后代人之间的和谐。一个负责任的社会制度可以产生“最好的力”，可以推动整个社会健康可持续地向前发展，为社会发展增加“最强的力”。治理风险社会，资本主义制度是最终的责任者，因为他们只用了“最强的力”，剔除了“最好的力”。唯物史观认为，旧制度的灭亡和新制度的开始是历史发展的必然。追求私利的不负责任的、不正义的旧制度是注定要被历史淘汰的。

罗尔斯指出：“正义是社会制度的首要价值，正像真理是思想体系的首要价值一样。”④ 对制度而言，不管其多么有效率和有条理，如果不正义，就必须加以修正或废除。正义的制度否认为一部分人的利益而剥夺其他人的自由或强加于他人的牺牲。一个社会的制度需要设计得可以推进社会所有成员的幸福，并受着一种公开的正义观的管理，才是组织良好的社会，沿着相反的方向运行，就会构成“有组织的不负责任”的风险社会。正义的制度不仅调和着各种利益之间的平衡，更重要的是强调着一个承担责任的机制。组织良好的社会是以正义观念被设计来发展其成员的善的社

① ［德］尤尔根·哈贝马斯：《后民族结构》，曹卫东译，上海人民出版社2002年版，第183页。

② ［德］卡尔·雅斯贝斯：《时代的精神状况》，王德峰译，上海译文出版社2008年版，第18页。

③ ［英］齐格蒙特·鲍曼：《生活在碎片之中：论后现代的道德》，郁建兴等译，学林出版社2002年版，第304页。

④ ［美］约翰·罗尔斯：《正义论》，何怀宏等译，中国社会科学出版社1988年版，第1页。

会，“这个事实意味着它的成员们有一种按照正义原则的要求行动的强烈的通常有效的愿望。”① 因而，其正义观可能渗透到社会中每一主体的内部，以使这种制度得以持久和稳定，主体通过参与这些安排而获得一种相应的责任感和努力维护这种制度的欲望。这种责任感倾向于产生的正义感并制服破坏性的力量，制约产生更弱的更不公正的行动的冲动和诱惑，调整着各种不良动机之间的平衡。当正义的制度适合我们时，服从这种制度就成为我们的一种职责，每个主体才有可能在正义制度中尽到自己的一份责任。如果这个制度是不正义的，那么我们就必须帮助建立新的正义的制度。

什么是理想的制度，思想家们的理解是不一样的。启蒙思想家们认为“天赋人权”和自由平等可建立理想王国；空想社会主义者认为人道原则是理想的制度；现代人道主义者希望建立一个可以消除人的异化的自由社会。他们的构想都体现了寻求一种正义的制度的设想，但均以抽象人性为出发点，因而不可能具有真正的现实性和实践性。马克思主义站在历史的高度，把人类的伦理向往和道德期盼建立在无产阶级革命与专政的基础之上，以消灭私有制和剥削的非人道的根源为依托，构建以实现工人阶级的解放以及全人类的解放相统一的共产主义社会。如此，马克思主义的人道主义制度便获得了作为科学价值观的伦理性意义，也为实现现代性风险的伦理责任提供了根本上的政治保障。在这个理想与信念的支配下，我们可以去不断建构与完善人们生产与生活实践中的责任制度保障。

二　责任制度：微观的制度保障

将制度落实到避免与化解风险，实现公正合理的社会秩序，使人们过上幸福美满的生活，必然要以法治的方式来使责任得以实现。“道德规范并不涉及所有行为。人生及其理想要比道德及道德的目标更为宽广和丰富。没有道德人类不可能达到它的目的，道德是一个绝对必要的条件，但仅仅道德的满足并不能实现人类的希望。”② 公平、正义与责任的实现必须要与法律相共谋才能达到天下大治。同样，“如果一个人坚持认为一条法律公正或者不公正，他的判断或意见必须基于某种也暗示出一种伦理性

① ［美］约翰·罗尔斯：《正义论》，何怀宏等译，中国社会科学出版社 1988 年版，第 441 页。

② ［美］梯利：《伦理学概论》，何意译，中国人民大学出版社 1987 年版，第 183 页。

质的东西。”[①] 法律是底线伦理，那种内在的伦理责任必然要转化为外在的强制性的法律，伦理责任的实现才会成为可能。正义的法律是伦理规范的外在化。“在立法者的实践中，（法律的）根本性代表了国家的强制力，它给予规则的遵守以明智的期望；直到规则愿意被强制力维持时，它的建立才是有充分根据的，并且在（强制力）富有成效的支持下，（规则的）根基会得到强化。”[②] 因而，法律制度成为伦理责任实现的底线保障或微观保障。

风险话语将制度反思激发出来。风险社会不是简单地描绘潜在的风险，而应当关注制度内未预料后果所产生的毁灭性威胁。在这种意义上看，风险就是人为的风险，风险就是决策者制造的风险。在风险社会中，工业社会的决策模式仍然在被沿用，然而，这种被沿用的理论与政治哲学在世界风险社会中，是注定要失败的。因为它们与进步观念和技术稳定地变迁紧密联系着，他们天真地认为 19 世纪的风险评估科学模式仍可以被用来预测未来的风险，认为工业现代性的那种制度仍然可以用来支撑和抵抗那席卷西方的反思现代性潮流，他们并不认为将 19 世纪的制度用于 21 世纪是一种“范畴错误”。风险扫除了旧有的制度精英与专家们控制它的企图，它否定了老办法的一切效用。旧有的知识已无法消除由它本身所造成的巨大鸿沟，它否认系统风险的责任，而将责任归咎于个人，充分显示了推动工业社会前进的旧制度的空洞和无目标，科学家与专家已难以抵御无处不在的风险。这种理念无法形成正义的法律责任。我们既不能以前现代的风险管理模式来治理风险社会，亦不能借前现代的制度与文化来解释世界风险社会的文化与政治矛盾。社会风险对旧制度的打击是颠覆式的，那制度产生了风险，却无能力化解风险，这无疑是对旧制度的极大嘲讽。

西方哲学家们以反思风险社会为入口，进一步深入反省了其制度方面存在的缺陷，进而提出许多有启发性的制度建构模式。在科技与医学责任制度方面，阿佩尔提出了反思性制度思想，旨在通过集体责任的对话性组织来实现。它要求在公共讨论和立法审议之间展开对话，在合适的社会、

---

① ［匈］赫勒：《现代性理论》，李瑞华译，商务印书馆 2005 年版，第 284 页。

② ［英］齐格蒙特·鲍曼：《后现代伦理学》，张成岗译，江苏人民出版社 2003 年版，第 10 页。

伦理和实践框架中融入专家知识。[①] 他的这种集体责任本质上就是国际共同责任。反思性制度与对话性制度是使伦理责任实现的重要保障。艾德尔（Eder）将“反思性制度”与“对话性制度”看作我们这个时代的一个重要特征，有待于我们充分的理解。在艾德尔看来，尽管制度在当代已经变得更加正式、有组织甚至有目标导向，但在当代社会正变得具有反思性，被赋予了大量的非正式性和方向性的内容，正在朝着行为的适宜性与合理性方向运动，以便那些受到各种制度影响的人可以达到清晰的理解，从而获得一致的意见。

在贝克看来，“系统之间的调解”或反思性的制度形式要通过圆桌会议和调查、伦理以及风险委员会得到实现。在制度保障方面的思想没有到此止步。叶莱（Yearley，1997）提出了较为灵活的“创制知识”（Knowledge - making）的制度，它能够纠正大众话语在实践上的不足。德拉塞克（Dryzek）以“话语设计”（discursive design）为题来设计反思性制度，表明了制度是流动的和透明的，而不再是仅仅停留在有问题的特殊层面，通过对“不同的参考框架”的理解，允许有可能性的差异存在，加上它们并不受到宪政与正式法规的限制，因而可以实现自身的扬弃。哈耶尔（Hajer）则认为，“反思性制度化安排”是在风险社会中进行协商性决策时最适宜的制度安排，它可以包容认知的反思性，讨论及协商性社会需要选择增加的一种制度形式。[②] 德拉塞克的这种制度模式体现了一定的民主概念，但是否会在达成共识上比其他制度更为有效或更起作用，消耗的时间与成本上的花费会不会比其他制度更多是可以进一步探讨的形式。

这些制度模式的提出，无疑在政治上、科学上、工业上以及在公民之间足以形成合作形式以便满足讨论的要求，但同时也解除了专家的专横垄断权而使裁决非正式化了。尽管如此，也不失为一种开放了的决策结构模式，与正式化的制度形式形成互补的优势，也是集体责任和共同责任实现的一种模式。无论如何，我们可以从这些反思性制度中找到新的伦理秩序的关键。在其中，某些行动者和制度并不是通过正式组织联合起来的，而是建立在沟通的基础之上的。这种沟通为对话、大众媒体及公众提供了一个发表意见的平台并起着主导作用，对机构与组织的决策起着不可多得的

---

① 参见［英］派特·斯崔德姆《风险社会中的认同和冲突》，丁开杰编译，《马克思主义与现实》2004 年第 4 期。

② 同上。

作用，值得借鉴和学习。但沟通与对话毕竟只是建立在主体之间的责任意识和德性的基础之上的，谈判破裂、沟通不成的现象处处皆是。事实证明，仅靠民主一方面，责任是很难落实到位的，或者尽管落实了，也难以体现出公正性。如果没有外在的制度做强制性的约束，沟通与对话就意味着失去了一股来自外部的推动力和约束力，甚至会使沟通与对话难以持续下去。

因此，面临风险社会，一种新的制度的构建势在必行，那就是确立责任制度，在社会利益相关者的公民与政府、个体与集体、个体之间创造一种信任。某种能促进普遍利益而被认为神圣的秩序或制度，才能成为我们真正的权威。“这种秩序或制度有多种多样的形式，正是以其中的某一形式为基础，才使责任感最终得以积累。”① 责任感的积累需要法律制度做出刚性的规定。民主责任是必要的，但并不唯一，还需要严格责任和过错责任，并以强制力来保证实施。在被认为是法治社会的西方国家，也并未将现代性风险纳入严格责任与过错责任的范域，因而责任得不到应有的追究，使得风险制造者有恃无恐甚至变本加厉。也正是这种无责任追究制度的缺陷，在客观上鼓励了加速人类毁灭的风险制造进程。

有鉴于此，责任必须装进法治的笼中。哈耶克指出，责任日渐演化为一个法律概念，或主要成为一个法律概念，是因为在一个人是否违反了法律义务或是否应使他受到惩罚方面，法律有着明确的要求和无误的标准以资裁定。② 作为“底线伦理”，法律具有如下特点：第一，法律具有强制性。如果说伦理具有柔性的话，那么法律则具有刚性或强制性。法律的这种特性确保责任人履行自己的责任，通过国家的强制力或国家机器来达到这一目的。这种力量使人们感到依法行事比依仁慈或友爱行事更具有约束力，感到遵奉正义制度是我们必然要做的事。这是责任实现的最有力的保障。第二，法律具有外在性特征，它从外部规定人们应当做什么和不应当做什么，明确规定了人们应当履行的义务和不履行时应当承担的不良后果——责任。第三，法律制度又具有惩罚性，要求主体从经济或权利上受到一定处罚，以威严的姿态表达了法律的神圣不可侵犯性。法律所禁止的

---

① ［德］卡尔·雅斯贝斯：《时代的精神状况》，王德峰译，上海译文出版社2008年版，第26页。

② ［英］冯·哈耶克：《自由秩序原理》（上），邓正来译，生活·读书·新知三联书店1997年版，第89页。

就是要受到谴责的行为，法律所允许的或提倡的就是要受到褒扬的行为。第四，法律具有保护性特征。法律保护着主体的自由选择权的行使，当某人的权益受到侵害时，法律就充当着保护神的角色，间接地要求责任人给予一定的赔偿，从而达到保护权利人的效果。第五，它一方面保护善，而另一方面则惩处恶。

由此可见，对威胁人类安全的风险的责任只有制度化、法治化、规范化，形成具有威慑力和长效机制的责任制度，才能从外部约束责任主体，责任的履行才能变成现实。“在正义的法律当中，最神圣的，或者说，被违背时要求报复与惩罚的呼声似乎最高亢的，就是保护我们邻人的生命与身体的那些法律。”① 生存权是人类的首要权利，失去了生存权，有关生产与生活的事情都毫无意义，因而，保护人类生命的责任是人类的第一责任。将保护人类的生存、生产、生活的安全的责任制度化，政府与公民个体责任均纳入责任制度框架，这样的法律才是正义的法律、最好的法律、最值得赞美的制度和最可依赖的法律。尽管世界性的社会风险将全人类连在一起，但“不扫一屋，何以扫天下”，确保责任得以实现的法律制度与各种规范都要从民族国家做起，每一个民族国家没有风险了，世界就没有风险了。因而，民族国家的责任制度保障尤为重要，如此，世界和谐领域中的人和人的和谐、当代人与未来人的和谐、人和自然的和谐才不会是“乌托邦”。发展中的中国，正在以一种负责任的大国姿态，正视世界风险社会的本质，韬光养晦，依法治理，走中国特色社会主义现代化道路，为治理各类社会风险发挥着并将继续发挥重要的积极作用。

---

① ［英］亚当·斯密：《道德情操论》，谢宗林译，中央编译出版社2008年版，第101页。

第五章 中国现代化之境与伦理责任实现

“见贤思齐焉，见不贤而内自省也。”（《论语·里仁》）这句话本是用来表达个人修养的佳句，但国与国之间仍可见其效用：看到别的国家先进了就要向它看齐，其他国家在发展中充满了风险，就要以此为教训，并反省自己的行为。风险社会是工业资本主义的人为性后果，是西方发达国家所主导的现代性所产生的负面效应，无疑，它是现代化发展进程中的错误与不足，中国的现代化发展要以此为鉴。中国古训云：“以铜为鉴，可以正衣冠；以人为鉴，可以明得失；以史为鉴，可以知兴替。”（《新唐书·魏徵传》）也正是这个意思。面临风险社会的际遇，在全球化的汹涌大潮下，中国的现代化进程不可重蹈他国覆辙，以此为镜，警示我们的决策与行为。人们将目光投向了防御，而问题在于发展，在发展中建构责任，在责任意识中求发展，要求我们以一种负责任的态度去谋发展，中华民族的伟大复兴才能最终实现。

第一节 中国与风险社会的际遇

中国的现代化并不是自生的，而是向西方学习的发展之路。世界风险社会的到来，中国也被卷入了这场威胁之中。在中国，除了他国所加害的风险外，自身人为制造的风险也成了我们生活的组成部分，它来自我们作为集体或个人所做出的决定、选择以及每一次的行动。在我们的发展道路上，风险既是一种挑战又是一种机遇。

一 “后发外生”的中国现代化

追求现代化是中国近代以来的伟大理想，但因种种发展条件的限制以及中国在这个问题上认识的偏差，使得其进展如此缓慢和曲折。由于现代化最早在西方国家实现，因而西方资本主义模式也是现代化的唯一模式。

鸦片战争后，受到西方工业文明的冲击，中国现代化意识渐渐萌芽，于是先后出现了“中体西用”、“西学中源”、“中西会通”的理论，以促进学习西方现代化发展模式。[①] 中国开始以西方资本主义发展模式为仿效对象，在各个方面开始学习西方，发展工业文明，甚至在制度与文化模式上也向西方学习，形成了推进中国现代化的不同梯级，但终因历史的、社会的原因，尤其是世界观与方法论错误指导的原因，致使中国走西方资本主义工业文明之路以失败告终。这段现代化探索历程，表达了中国现代化向西方学习的艰难历程，同时也表明了中国必须走自己特色的现代化道路的真谛。

由于西方工业资本主义所主导的第一次现代化与第二次现代化对全球现代性发展的影响，决定了“中国现代化是后发、外生、防御型现代化。”[②] 自中国启动现代化以来，就无法摆脱掉西方先行者的范式。这就注定了中国现代化之境的复杂性：“现代与传统、中国与西方、本末与体用、事实与价值、问题与主义、发展与反思等错综复杂的关系，以及其中所蕴涵的社会变迁问题，都可纳入当代中国‘问题域’范型中思考与解答。”[③] 正是由于中国所践行的现代化具有内因与外因的双重影响，致使前现代化、现代化和后现代化在中国同时存在，尽管格里芬认为中国已经进入后现代化了。这样，中国现代化的发展就是“后发外生型”的。

马克思在19世纪70年代末就提出了跨越资本主义“卡夫丁峡谷”的设想，解决了经济文化落后国家建立与巩固社会主义的问题，“后发展”型模式由此产生。我们今天建设现代化，遇到的是同样的难题：如何在经济不发达的情况下，实现现代化，同时又能改写因西方工业现代性所导致的严重后果风险，从而达至幸福社会。20世纪我们成功跨越了资本主义“卡夫丁峡谷”，而我们今天要实现的跨越资本主义现代化的“卡夫丁峡谷”的任务会更艰巨，它依然是史无前例的。这个目标的实现不仅对中国的发展至关重要，而且对世界整体发展具有举足轻重的作用，因为中国的发展的确表明了世界的未来走向。这样说，并不夸张。格里芬曾说过，中国在21世纪的发展趋向将是作为我们生活栖息的这个星球的未

---

① 张静：《现代化新路：马克思主义中国化与中国特色社会主义现代化》，南开大学出版社2009年版，第43—50页。

② 同上书，第40页。

③ 姜建成：《科学发展观：现代性与哲学视域》，江苏人民出版社2008年版，第147页。

来的关键，中国有巨大的活力，注定要发挥不断增长的影响，中国今日的现代化进程必将对未来人类如何与自然相处的事情上产生重大影响。他认为，中国在一些十分棘手的问题上已经在发挥着重要的领导作用。

在格里芬看来："中国可以通过了解西方世界所做的错事，避免现代化带来的破坏性影响。这样做的话，中国实际上是'后现代化了'。"① 我们不仅要关心自然问题，关心人民从传统的束缚中解放出来的问题，而且更主要的要关心技术—经济发展本身所带来的问题。马克思对现代性进行了肯定，继而进行了否定与批判，表明了向往一种更加完善的现代性的态度，在西方现代性走向没落之际，那种更加美好、更多责任感、更少缺陷的现代化吸引着国人的注意，赢得国人的认同。这就要求我们充分吸取西方工业资本主义现代化道路上的教训，走中国特色社会主义现代化之路。

反思发展，我们看到，20 世纪下半叶的中国，正处于由传统的农业文明社会向现代的工业文明社会转变的历史进程之中。然而，中国的现代化并未取得真正显著进展，只是在最近二三十年才得到了真正推进。因而，中国的现代化与西方世界的现代化之间有一个巨大的时间落差，那就是我们的现代化是在西方工业文明已经高度发达并开始向"后现代化"过渡时才开始。这种历史错位使得前现代、现代、后现代不再以"历时形态"而以"共时形态"在中国存在，这一基本格局造成了中国社会转型的极为复杂的文化背景。这种时代特征要求我们，一方面要冲破传统的束缚，摆脱贫困，尽可能早地实现现代化；而另一方面又要兼顾到现代化进程中可能出现的种种问题而担忧，并为前现代、现代、后现代三种文化同时存在会产生的诸多矛盾而困惑。但更重要的是，在这一进程之中，我们要从作为前现代思想资料的儒家思想和西方现代主义、后现代主义思想以及现实问题中，提取出具有参考价值和借鉴意义的东西来为中国现代化服务，而不是将其作为理论基础和思想来源来对我国的现代化进行指导，这一点是绝不能含糊的，我们必须保持清醒状态。

当西方正在指责非理性主义和遏制科学主义思潮之时，我们更要紧紧抓住国情，看到中国与西方精神道统的真正区别之所在。我们既要谋求发展，同时又要避免发展进程中产生出来的负面效应，在发展进程中不断化

---

① ［美］大卫·格里芬编：《后现代科学：科学魅力的再现》，马季方译，中央编译出版社 1995 年版，中文版序言。

解各种潜在性风险。我们正在走现代化之路的确是一个事实，那么，我们何不把西方当作一面镜子呢，以人为鉴，少走弯路，岂不妙哉！西方社会现代化进程以及与之相伴随的精神文化的巨大震撼使当代西方人陷入了无尽的困境，对于正处于现代化进程的中国而言，不能不说是极好的前车之鉴。

我们处于后发展位置，我们完全可以审视发展的思路，以新的视角审查生产力理论、“发展主义”理论，甚至主体性的地位与作用。后发有后发的优势，我们为什么不能利用这种优势，而硬要以西方为中心，把自己划归为边缘而依附于他国呢？这是处于前现代、现代与后现代交混的“复杂代”的中国，努力实现中华民族伟大复兴的梦想要认真思考的问题。因为当前，我们处于风险社会的旋涡之中。

二　风险社会际遇

在工业资本主义现代化的大潮之下，全球化正在以不可阻挡之势奔涌向前，人类正在面临着前所未有的挑战，各国均处在由前现代到现代，或由现代到后现代的转型过程中。处于转型期的中国，诸多风险暗藏在社会中，直接威胁着我们的经济建设、政治文明建设与人们的幸福生活甚至生存，它毫无掩饰地警示着我们现代化的实践活动。反思我国改革开放以来，甚至追溯到解放时期，我国现代化进程中的种种问题，表明中国正在际遇着风险社会。

改革开放以来，我国经济迅速增长，人民生活水平不断提高，国际竞争力日趋提升，现代化进程取得了可喜的成效。它意味着我们艰辛的劳动得到了实践的认可，一种高效率的发展模式与发展理念得以推行。但此前现代化的发展也付出了巨大的代价，突出表现在资源浪费、环境恶化、生态失衡、贫富差距过大、社会不和谐现象层出、不正当赢利、结构性失业与就业问题、个体化对传统的消解、一部分人被边缘化并陷入了贫困状态、群体性事件频发、突发性事故时有发生、物欲主义盛行、意义丧失等等，都将直接影响着正常的社会秩序，致使中国现代化进程中遇到了极大的障碍。它以一种外在的风险形式影响着现代化的进程。面对这些具有威胁性的风险，我们不得不警钟长鸣，同时要有所作为。

我们认为，“后发外生型”现代化所导致的严重后果风险，通过人与自然的关系、人与社会的关系以及人与自身的关系体现出来，并以此召唤责任意识的浮出。

第一，当代中国现代化发展进程中出现的人与自然关系的紧张。

我国的人口众多，人均资源缺乏，面临着极大的环境与资源压力。本来，现代化的推进是要靠开发自然资源来获取，中国的现代化也不例外。然而，中国经济的发展，使得人与自然的关系矛盾重重，可持续发展成为问题，资源、环境与技术的矛盾关系制约着进一步的发展。大自然已经达到了承受人的生存、发展与享受的限度，可人们还在有意无意地破坏和改变着为人类提供资源的环境与生态。我们今天正在透支着未来。传统意义上的发展模式已然走到了自己的尽头。片面地追求经济增长，使得政府与官员的眼中只有 GDP。资源过度消耗、生态恶化，公民居住条件及生存领域受到了恶劣环境的影响，人们物质不断丰富，但生活质量日渐下降。渴望清洁的水、呼吸清新的空气已是奢侈。人与自然之间的关系处于对立状态。“无形的手”诱发人们去追求眼前利益，不断地满足个人私欲。部分地方的企业不计成本，不择手段地超越生产发展的能力，高投入、高消耗、高污染、低效率的增长方式依然盛行。高危险后果正在威胁着人们原本安定的生活，这已经不是危言耸听了。

第二，当代中国现代化发展进程中出现的人与社会关系的激烈碰撞。

高度现代性使全球社会变得极为复杂。哈贝马斯指出：“随着生活世界的分化和非传统化，社会复杂性也在不断加强。生活世界以一种令人眼花缭乱的方式失去了其一系列的特征，比如亲近感、透明度、可靠性等。”① 对比中国社会，这种复杂性也在逐渐形成，而且有越来越复杂的趋势。开放的中国遇到了“突然出现”的现代性，一种完整的社会生活方式的德性与责任感受到了侵犯。

在我们的现代化进程中，财富生产的社会问题和冲突开始与风险生产的相应因素结合起来。我们现在正面临这种转变的开始，它意味着现代社会中，两种类型的主题和问题在这里交互重叠。社会风险表明，我们不仅生活在短缺社会的分配冲突中，也生活在风险分配的问题中。我们从纯粹的短缺分配的问题转向了短缺与风险的交叉点上，这一社会变迁，将迫使我们改变原先的思考与行动模式。

现代化的基础与结果之间是不相容的，它们处在一个矛盾之中。现代

① ［德］尤尔根·哈贝马斯：《后民族结构》，曹卫东译，上海人民出版社 2002 年版，第 182 页。

“经济主义”、“物质主义”在中国的极度盛行，几乎将中国抛向风险社会的浪尖上，这正是我们亟待关注的迫切问题。我们不能不关注经济的增长，因为它可以减少“我饿”的风险，但如果只关注经济增长而不关注伦理，我们就无法减少“我怕”的风险。因而，在中国，要消除“我怕”与“我饿”的双重风险，将成为关系到国计民生的重大课题而受到高度重视。

在文化方面，高度现代性所引致的风险对先进文化建设构成了极大的挑战。在全球化越来越强烈情形下，西方主导的现代性渗透到世界各个地域，所到之处，对当地的传统文化构成极大的威胁，大有颠覆本土文化之势，这正是西方社会借各国推进现代化建设之机，以其霸权文化占领市场，进而同质化其他文化的企图。面对这种强烈的文化入侵与攻击，“在人们心目中，民族国家的核心意识形态和象征原本颇具魅力，现代性文化方案和集体认同的主要因素便存乎其间，但现在它们却遭到了削弱。”① 这对一个民族国家来讲，具有极大的生存与发展的威胁，是具有一国特色的现代性方案所遭遇的极大风险。它极强地挑战着我国社会主义核心价值观的培育和践行，也警示着增强文化软实力所面临的巨大困难。

第三，当代中国在现代化发展中出现的人与自身关系的冲突。

时空被压缩后，人们共同生活在一个“村落”里，一国的经济危机将很快地蔓延到世界的每个角落。世界风险社会的到来，不仅扰乱了中国现代化的正常前行，也使得人与自身的关系变得凌乱起来。

迅速发展的市场经济，瞬息万变的世界潮流，对人的发展提出了更高的要求。生活节奏的加快，每个人似乎都成为机器上的一个齿轮。社会发展中一些不确定性因素、不安全因素与不稳定因素困扰着生活中的每一个人，使得人们心理失调、情绪失控、压力与日俱增，人们失去了创造力与生活的激情，只是跟着机器的每一部分机械地运转着。“现代人可能焦虑地怀疑生活是否有意义，或者对它的意义是什么感到困惑。无论哲学家如何倾向于攻击这些提问方式是否含混和混乱的，当对由这些词表达的那种忧虑都有直接的感受，这仍旧是事实。”② 屡屡发生的人间悲剧，无不表

---

① ［以］艾森斯塔特：《反思现代性》，旷新年等译，生活·读书·新知三联书店2006年版，第96页。

② ［加］查尔斯·泰勒：《自我的根源：现代认同的形成》，译林出版社2001年版，第22页。

明人与自我的内心矛盾所引发的人与人之间的认同矛盾，同时也引发了人与自然关系的紧张。快节奏的生活模式使人们无暇顾及道德与责任，只是个人利益的追求、虚伪与贪婪占据了人的自然本真状态。人从属于由自己创造出来的机器，人们的生活由这台机器构造与设计着，机器成了主体，而人则成了这台机器的客体与奴婢。人心背离、公德缺失，人与人之间失去了往日的信任感，众多问题连锁反应般出现，如精神焦虑、信仰迷失、精神家园丧失等。我们所崇尚的人道、礼仪、责任都成了浮华的欺人与自欺的外表。自信、自强、自勉、自爱均没有摆脱自我封闭与自我约束的牢笼。

总之，中国所面对的风险与大多数国家的区别在于，复合型为主要特征。尽管中国的现代化在快速地推进，与之相伴的现代意义上的风险大量显现，但由于农业生产方式在大部分地区占主导地位，因而传统意义上的风险依然存在。技术风险、制度风险是风险结构中的主要类型，但与现代化进程相伴而行的制度改革和制度转轨，使得制度风险中既有过程性风险又有结构性风险。在中国，多种风险共存，加上中国自身的结构、所处的历史阶段及融入全球化的现代化事业，使得我们在现代化进程中的风险不仅没有缩小反而有放大的趋势。

风险理论为社会变迁提供了理论视角，也为人类反思现代化建设提供了新的路径。因而，从自己的国情出发，批判性地吸收西方现代化中的经验，创造性地走有中国特色社会主义现代化之路，已然成为中国现代化对人民及世界应当承担的责任。

三　责任：治理社会风险的内在着力点

治理社会风险要从责任出发，一切社会制度与实践行为皆要出于责任，而不仅要符合责任。这责任既要求化解风险，又要求抓住机遇谋可持续性发展。

风险所致的严酷处境不能通过畏惧、逃避和求助于奇迹出现来消除，而是要有所作为，主动地探索风险的来源及其影响，进而寻求避免或化解风险的良方。如果要对我们的现代化建设事业有所帮助，那么所有的问题就应当被揭示出来，甚至那些阻碍发展的各类问题都应被搜寻出来。因为每一个问题都在召唤着一种可行的解决手段，而这种手段会使我们的现代化建设事业获得一种事实上的增进，甚至那些阻碍发展的问题也有可能成为有效性发展的促进手段。“如果故意把这些困难掩盖起来，或只是用止痛剂去化解，那么这些困难迟早会爆发为无可挽回的灾难。"[①] 因而，我们要正视各种社会风险，并以一种负责任的态度去化解这些风险，否则，这些灾难将毁掉我们所做的一切。

面对风险的挑战，我们显得束手无策。究其原因，关键在于"党和政府目前还缺少解决这些矛盾和冲突的制度化手段，社会上还缺少讨价还价为特征的理性的解决方式，缺少心平气和的解决矛盾冲突的社会氛围。"[②] 没有责任机制，政府各级部门在事前可以不做任何风险评估，事后均可推卸责任。多年来，政府一直不能正视社会冲突，而是采取一种过于敏感的态度去面对，或者以行政命令形式去实施权宜性措施，从而阻碍了解决社会矛盾与冲突的制度建设与长效机制的建立。也正是由于没有从根本上解决导致社会冲突的诸多问题，从而使得风险的危险性越来越大。我们认为，产生这种巨大威胁性的风险的本根性的源头在于：责任机制的缺席。在这里，我们在享受着技术带来的福祉时，似乎忘记了道德，伦理责任感几乎已被抛弃。一种通过具有象征性的理念和信念来处理风险问题的理路正在向我们开启，寻求伦理责任正在成为涉及中国人生存安全的各种风险所要研究与解决的首要问题。

随着全球化的浪潮，中国被卷入了世界性的风险的社会。风险与预期紧密相关，它虽未变现但潜藏着破坏作用，为人民的生存与发展带来威胁。因而风险意味着一个需要避免的未来不良状态。预期明天的威胁，使之成为今天我们经验与行动的"原因"，我们需要变得更加积极地避免、缓解或预防明天的危机爆发，从而决定我们今天的生活态度。正如贝克所说，在对未来的各项讨论中，我们要处理的是"预期变数"，它是现代人及其政治活动的"预期原因"。的确，它不是一个确数，而是一个变数，既然要"变"，其根据就在于人及政治的活动，如果我们积极应对与冒险前行，将会出现完全不同的样态，因而是否"变"以及如何"变"，其主动权都掌握在我们自己手中。虽然未来的风险具有不确定性，但积极应对，采取防范措施，会在一定程度上化解风险，这一点是确定的。我们要掌握这种变数的重要性，居安思危，对其不可预测性和威胁性保持高度的警惕，同时预期一种美好的未来来确定和组织我们现在的各项实践活动。

---

① ［德］康德：《实践理性批判》，邓晓芒译，人民出版社 2003 年版，第 141 页。

② 童星等：《中国转型期的社会风险及识别：理论探讨与经验研究》，南京大学出版社 2007 年版，第 57 页。

这是现代人的责任，也是政府的责任。

吉登斯指出：风险“只是在将来的社会中被广泛使用——这个社会正好把将来看作是被征服或者被殖民的范围。”① 风险是拓植未来的形态，它表征着对未来的可能性，也表达着一种不确定性。面对未来，我们需要确立问责意识，构建善后恢复机制。风险的不可预测性表明，它具有变为现实的可能性。这就要求我们的实践有前瞻性，预先制订善后处理方案。处理爆发的危机，对相关主体问责，刺破层层推卸责任的面纱，明确个人、组织与职能机构的责任范围和责任标准。把人民的利益放在首位，尽快恢复正常的社会秩序和人民的生活，真正做到权为民所用、情为民所系、利为民所谋。

风险与机遇共在，希望与危险同存。风险既是挑战也是机遇。风险是人为制造的而非天然规定的，因而只有其爆发的可能性而无发生的必然性。风险是人们自由选择的结果，因而是可控制的。风险是否会带来灾难或损害，蕴藏着两种可能性的发展方向：积极风险与消极风险。所谓积极风险就是能够带来机遇或好处的风险，今天我们所谓的“高风险高利润”是也。所谓消极风险就是可能会带来损害甚至灾难的危险。以高度的责任感去面对，理性加以分析与判断，梳理出其积极的一面与消极的一面，采取合理的方式去应对消极风险，是可以得到避免的。在一定条件下，消极风险还可以转化为积极风险。以科学的态度去面对积极风险，就是抓住机遇。发展本身既充满着风险，又是一种机遇。我们不能像约纳斯那样将“希望”挤到后台。不积极进取地抓住机遇，而是畏畏缩缩停滞不前，就会浪费大好的发展机会。“有理性的社会动物的善恶不是在消极的活动中，而是在积极的活动中，正像他的德行与恶行不是在消极的活动中而是在积极的活动中一样。”② 在此意义上，抓住机遇也是一种责任，而且是一种不可推卸的责任。改革初期，邓小平所讲的“摸着石头过河”就是抓住机遇、迎接挑战的典范。一个“摸”字，就表明了前进道路上充满着风险，其中成功与失败各占一半的概率。但理性的分析与判断，认识到了只要采取有力措施避免其中所蕴含的消极风险，就有可能“过河”，见到彼岸的曙光。党的十八大以后，我们的改革进入了深水区，它不仅意味

① ［英］安东尼·吉登斯：《失控的世界》，周红云译，江西人民出版社 2001 年版，第 18 页。

② ［古罗马］奥勒留：《沉思录》，何怀宏译，中央编译出版社 2008 年版，第 147 页。

着挑战，更意味着机遇。历史证明，中国共产党人以其敏锐的洞察力和对人民负责的信念，完全能够担当起带领人民抓住大好的机遇、由胜利走向胜利的责任。

生活不能依其所是的样子而被接受，我们要用理性来有目的地塑造生活，直到生活成为其所应是的状态。风险社会使得人们开始对自己的生存方式的基础不安起来，但我们必须意识到，要对这种基础负有责任，同时这种基础可以被有目的地加以改造，可以重塑得更接近人心的愿望。面对风险社会，我们辩证地看到："当代状态既是过去发展的结果，又显示了未来的种种可能性。一方面，我们看到了衰落和毁灭的可能性；另一方面，我们也看到了真正的人的生活就要开始的可能性。"① 在这个临界点上，新的可能性开始显现。这是两个相互矛盾的可能性，然而又是可以有所作为的未来可能性。如果我们不能胜任这个时代的任务，不能承担起我们的责任，那么，就预示着我们的失败。

"我们所从事的是全新的事业，前人没有说过，也没有做过。没有现成的经验、道路和模式可以借鉴。"② 我们要本着一种负责任的态度，搭建起经济要素与政治民主之间的双向借力借势与双向整合的发展范式，积极推进管理创新、制度创新，为落实公平、公正的社会与建构良好的秩序而肩负起光荣的责任。

第二节　马克思主义伦理责任的建构

在历史唯物主义的视域中推进社会进步，就要真正把握历史唯物主义关于社会发展的规律性与主体选择性的高度统一，以人为本，尊重社会主义发展与建设的规律，实现人、社会与自然的全面、协调与可持续发展。这是马克思主义伦理责任建构的根本所在，是建设"负责任的大国、负责任的政府、负责任的公民"的立足点与切入点。

---

① ［德］卡尔·雅斯贝斯：《时代的精神状况》，王德峰译，上海译文出版社2008年版，导言。

② 李铁映：《哲学的解放与解放的哲学》，载《新世纪的哲学与中国》，中国社会科学出版社2005年版，第13页。

一 以人为本的责任观

人是万物之灵长，万物价值之本，万物价值之尺度。作为价值主体，人的实践活动的目的是要满足人的各方面利益，以求得自身的生存、发展和享受，它反映了人在现实生活中的匮乏状态，成为人从事一切实践活动的根本动因。换言之，人的一切实践活动都以人的需要为价值尺度，都以人为目的，否则，任何行为与活动都将失去意义。

工业现代化制造的风险正在威胁着人的生存、价值实现以及自由而全面的发展，人不仅是被异化了，甚至是被推向了毁灭的边缘。一种伦理责任在召唤着具有良知的人们，吁求着为了人自身而负起责任来。一个健全的社会，必是一个有责任感的社会，是一个符合人的发展的社会。毛泽东指出："我们的责任，是向人民负责。每句话，每个行动，每项政策，都要适合人民的利益，如果有了错误，定要改正，这就是叫向人民负责。"① 情为民所系，权为民所用，利为民所谋，是"以人为本"的责任主旨。"以人为本"是一种责任理念，它主要通过这样的方式表现出来：实现人的安全地生存、幸福地生活、自由与全面地发展。

1. 以人的生存为本的责任观。人的生存就是人的存在。对人的存在负责是人类责任的终极关怀。马克思主义认为，对人的一切问题的研究都要从现实的和有生命的个体本身出发。世上最可宝贵的东西是生命，生命属于我们只有一次。在生产力尚不发达的社会里，人的生存际遇的风险大多来自自然界，人们可以通过社会实践以科学的方法去认识并采取有效措施进行避免，因而，大规模的生存风险是可以得到化解的。然而，在工业资本主义高度发达的现代社会里，人为制造的各种风险将人类推向了灭亡的边缘，加上全球性的普遍交往，人在实践中的生存风险得到了更加迅速、广泛和深刻的扩展。"风险社会中人的生存面临着诸多困境，并在个体、群体和类主体等层面得到了全面铺开，而这一切都预示着，跨越风险生存的重要性、必要性和合理性。"② 如果人都不存在了，那么一切皆失去了意义。每个人都对人类的生存负有不可推卸的责任。

中国古代有"以民为本"的责任理念，齐宣王问孟子："德何如则可同王矣?"孟子回答："爱民，保民。"（《孟子·梁惠王上》）这是我们以

① 《毛泽东选集》第4卷，人民出版社1991年版，第1128页。

② 贾英健等：《风险社会的人学研究》，黑龙江人民出版社2009年版，第134页。

人为本责任观的渊源所在。我们今天要实现的现代化，必然是以人为本的现代化，不能重蹈西方现代性的覆辙，不能再走“以物为本”的老路。以人为本的发展观意味着，其最终目的在于提高人民的生活质量和幸福指数。中国特色社会主义现代化之路是以人为本的责任之路。

2. 以人的自由而全面发展为本的责任观。人的全面发展是指：“人以一种全面的方式，也就是说，作为一个完整的人，占有自己的全面的本质。”① 人的全面发展就是要每个人都有出彩的机会。在人的全面发展的规定中，伦理与责任感为其首要内涵。

马克思指出，“人的本质的现实的生成”及其自由个性的实现，才是人的本质真正得到实现和全面占有，也才能达到每个人自由而全面的发展。因而，人之为人的终极价值关怀要通过人本身来体现，通过人本身的自由个性的实现才能达到“目的善”和“最高善”的效果，也成为判断人的伦理行为正当与否、是否应当承担责任的最高法官，为其提供合法性依据和最高价值评判标准。目的论是伦理学的根本基础和首要前提，责任论是伦理学的合法性与合理化保障，它要求人们的行为必须建立在正确的目的论基础之上，才能最终提升人的伦理生活品质，使人的道德品格得以提升，进而成为真正的“伦理人”和“道德人”。换言之，“伦理人”和“道德人”在本质上是负责任的人，“为人之道”的“为人之学”是要研究目的与责任相统一的学说。

发展就是要强调对人民负责的发展，就是使人民过上幸福生活的发展。我们提出的中国梦，本质上就是要追求民生幸福的梦想。中华民族的伟大复兴，就是中国特色社会主义建设事业的政治活动，它所追求的最高目的便是“至善”，这个“至善”指向民生幸福，它是合乎一切德性的政治活动，是好的、高尚的，因而其自身便是中国人民所欲求的。改善人民生活、增进人民福祉，是全党伟大的目标，是光荣而神圣的历史使命。因此，我们要多谋民生之利，多解民生之忧，不断解决好人民最关心最直接最现实的利益问题。在教育、收入、医疗、养老、住房上持续取得新进展，努力让人民过上更加美好的生活。只有人民安居乐业，社会才会安定有序，国家才会长治久安；只有把民生幸福放在第一位，努力寻求实现民生幸福的科学路径，才能谱写改革开放伟大事业的历史新篇章，才能为全

① 《马克思恩格斯全集》第42卷，人民出版社1979年版，第123页。

面建成小康社会、不断夺取中国特色社会主义新胜利而做出应有的贡献，才能真正实现人的自由而全面发展的幸福状态。

责任不仅是一种束缚力量，更是一种解放力量，只有在人道主义责任意识指导下的全面发展，才会真正使人类解放，从而达致自由。显然，资本主义现代性不可能将人类引向这种自由的境界，“惟有真正的马克思主义者才能成为最高形式上的人道主义者，也就是社会主义的人道主义的代言人。”①

二　可持续发展的责任观

可持续发展是一种发展观，更是一种责任观，是在发展伦理框架下的责任观，它构成社会发展“善”的理念和对未来承担责任的“绝对命令”，是扬弃资本逻辑、抛弃物质短视、化解现代性风险的法宝。“在可持续发展中，尽管风险与不确定性是不可避免的问题，但在可持续性的话语中，尤其是有关可持续发展的经济分析中，常常得不到重视甚至被忽略。”② 这种经常性地忽视风险与不确定性问题的行为，正体现了可持续性发展责任意识的缺乏，也正是这种责任意识的缺乏，使得现代社会在发展进程中际遇着众多的风险和不确定性危机，从而阻碍了和谐发展的步伐，无法形成永续发展之势。断裂式的非持续发展模式，本质上不是发展，而是毁灭。发展不仅要针对当下，更重要的是关切未来，使发展的链条永续下去，这是我们在现代化发展进程中不可推诿的责任。从发展伦理视角，可持续发展是有效抵御风险、限制未来损害的责任，它要求对今天的实践计划与决策进行可行性分析与风险评估，将风险最小化直至化解，从而达致人与资源、环境、科技发展以致未来人的生存与发展形成可持续性运行之势。这种可持续发展责任观是关切民生的责任观。我们只有充分认识和正确理解可持续发展责任观，不断提高责任主体的责任意识，才能真正实现和谐式的现代化发展。

1. 可持续发展责任观强调良好的生态发展。恩格斯早就指出：“我们每走一步都要记住：我们统治自然界，决不像征服者统治异族人那样，决不是像站在自然界之外的人似的——相反地，我们连同我们的肉、血和头

---

① Adam Schaff, *Marxism and the Human Individual*, New York, 1970, p. 248.

② Frank C. Krysiak, *Risk Management as a Tool for Sustainability*, Journal of Business Ethics (2009) 85: 483.

脑都是属于自然界的，存在于自然之中的。”① 人类活动的界限被自然界规定着，那是不可超越的。因为“自然界，就它本身不是人的身体而言，是人的无机的身体。”② 我们的工业发展需要从生态意识中寻求新的发展空间，如控制与污染有关的市场、开发与环保有关的技术等作为开端，既注重人们的生活品质，又关爱自然形成良好的生态发展。近年来，人们的环保意识有所增强，生态发展取得了一定的成绩，但离提高民生幸福指数的目标尚有一段距离。我们需要一种可持续发展的经济，需要与生态环保意识结合起来，以实现人、自然、社会的永续发展。可持续发展责任观要求逐渐减弱生态与现代化发展的对立局面，在此基础上扩大绿色产品的范围，进而促进有利于良好生态发展的技术创新，催生出更多的人性化科技与商机，以及更多的良性经济发展机遇，以进一步培育出越来越多的新技术和新的经济增长点。反污染的共同努力无疑将成为不断扩大的热点，生态发展将成为一种新的生产因素、一个前所未有的企业战略出发点。

在这里，可持续发展伦理责任就如同一种“综合伦理”，它调和了生态与经济、道德与效率、自然与利益、质量与数量之间的不和谐形态。一方面承担生态责任，另一方面承担经济发展的责任，良好的生态发展与经济发展是相辅相成、相互促进的，因此环保的意志可再度被描绘为“延续的意志”。可持续发展的伦理责任并不是限制技术与经济的发展，而是阻止技术与经济不要向“恶”的方向发展，它要求的进步不再是让人类面临风险威胁，而是要让人们心安理得地、审慎地追求属于自己的东西，它为人们求得一个四平八稳的世界提供保障。价值观是可以被工具化并加以利用的，它完全可以为经济利益、为主宰世界服务，也可以用来为永续发展服务。“后道德主义”世界并未否定意图的支配功能，它要实现意图与效果相兼容的目的，如今，这种兼容的目的正需要得到责任意识的扩张、管理与对话。可持续发展的伦理责任要与经济社会发展有机地统一起来，形成相互支撑相互补充的发展模式，才能实现发展性的伦理和伦理性发展的双向互动共生共荣的运行态势。

2. 可持续发展责任观要求合理的科技发展。马克思早就指出：“在我

① 《马克思恩格斯选集》第四卷，人民出版社1995年版，第383—384页。

② 《马克思恩格斯全集》第3卷，人民出版社2002年版，第272页。

们这个时代，每一种事物好像都包含有自己的反面。……技术的胜利，似乎是以道德的败坏为代价换来的。”① 今天，科技的二重性显露无遗，一方面它推动了生产力的发展，为一国的经济与政治社会的发展做了不可磨灭的贡献，我们对科技的依赖性越来越强；而另一方面科学技术的突飞猛进，也产生了一系列重大的社会后果，它模糊了传统二分的界限，尤其是后工业社会的生物技术与高科技使传统伦理成了问题，巨大的风险在威胁着人类，而且没有人站出来声称为其负责。尽管我们日常生活的节奏并未发生根本的变化，但因技术进步而导致的风险是存在的，并且挑战着可持续性发展。技术进步的后果可以延伸到自然与后代，这无疑把它带入了一个新的伦理维度，因此，“从长远、未来和全球化的视野探究我们的日常的、世俗—实践性决断是一个伦理的创举，这是技术让我们承担的重任。”②

我们应当清醒地看到，“技术化是一条我们不得不沿着它前进的道路。任何倒退的企图都只会使生活变得越来越困难乃至不可能继续下去。抨击技术化并无益处。我们需要的是超越它。”③ 尤其是在中国这样的发展中国家，需要科技发展，但更需要超越工业资本主义科技的发展。如何超越它呢？在我们看来，就是要以一种负责任的态度去发展技术，“以人为本”地发展技术，在发展技术时首先考虑到的是它对人类是否会带来危害，即评估技术的潜在风险。对物质生活的占有要求技术的合目的的现实化，而不是去打击，而且要达到一种不受物质束缚的自由状态。技术世界是理所当然的，我们今天的活动都成功地建立在先进技术的基础之上，我们应该把我们对技术的意识提高到更加准确的程度。缺乏了这样的判断和新的意识，知识与想象之间就会混淆不清，“如果具有理性说服力的知识被绝对化，那么一切存在都会被纳入技术的王国，其结果便造成一种误解，这种误解导致对科学的迷信，很快又会导致一切种类的迷信。”④ 科学只包括它原来应当包括的内容，超越了这个界限，科学就成了谬误。有

① 《马克思恩格斯全集》第 12 卷，人民出版社 1962 年版，第 4 页。

② ［德］汉斯·约纳斯：《技术、医学与伦理学：责任原理的实践》，张荣译，上海译文出版社 2008 年版，第 27 页。

③ ［德］卡尔·雅斯贝斯：《时代的精神状况》，王德峰译，上海译文出版社 2008 年版，第 167 页。

④ 同上书，第 168 页。

前途的未来就是知识与样式之间仍有张力存在，我们需要的是不要丢弃伦理责任，一种防范风险的伦理责任，一种永续性发展的伦理责任。

3. 可持续发展责任观规定“节制”是人类的一种责任。毕达哥拉斯和亚里士多德都认为，善是有限的，而恶是无限的。[①] 在苏格拉底那里，“自制”被认为是所有德行中最重要的德行，“在他自己的生活中没有比表现自制更充分的德行了。”[②] 亚里士多德认为，“过度”与“不及”都是恶，“适度”是德性的特点。[③] 由此可见，适度地开发自然、有节制地向自然索取资源是人类的德性和伦理责任所在。

马克思主义认为，人的生产与动物的生产有着巨大的区别：动物只生产它自己及其幼崽所直接需要的东西，因而动物的生产是片面的，只有人的生产是全面的；动物只是在满足自己肉体的直接需要支配下进行生产，但人不受这样的支配，并且只有不受这种需要的支配时才会进行真正的生产；动物只是生产它的自身，而人却再生产整个自然界；动物所生产的产品直接与它的肉体紧密相连，而人可自由地对待其生产的产品。“动物只是按照它所属的那个种的尺度和需要来建造，而人却懂得按照任何一个种的尺度来进行生产，并且懂得怎么处处都把内在的尺度运用到对象上去；因此，人也按照美的规律来建造。”[④] 马克思在这里回答了什么是“美的规律”，那就是永续性发展的规律。我们的发展只有将内在尺度与外在尺度统一起来，将需要与生产统一起来，将现代人的需要与未来人的需要统一起来，才能真正按照“美”的尺度去建造，这就是“节制”。弗格森也说：“节制是为了追求更有价值的事物而避免平庸快乐的能力。”[⑤] 倘若分裂了内在尺度与外在尺度，片面地强调内在尺度和人的无尽的贪欲，就会造成生产的浪费，也会使自然界透支，会走向节制的反面。

4. 可持续发展责任观认为发展是面向未来的发展。可持续性责任观

---

① ［古希腊］亚里士多德：《尼各马可伦理学》，廖申白译注，商务印书馆 2003 年版，第 47 页。

② ［德］文德尔班：《哲学史教程》（上卷），罗达仁译，商务印书馆 1997 年版，第 111 页。

③ ［古希腊］亚里士多德：《尼各马可伦理学》，廖申白译注，商务印书馆 2003 年版，第 47 页。

④ 《马克思恩格斯全集》第 42 卷，人民出版社 1979 年版，第 97 页。

⑤ ［英］亚当·弗格森：《道德哲学原理》，孙飞宇等译，上海人民出版社 2005 年版，第 75 页。

是对当下责任的超越，它将当下与未来有机地联结在一起，形成了一种发展的良性持续，使我们的目的一个接一个地完成而不发生断裂现象。“如果一个人不能将他的目的，同时也看作是下一个结果的一个变化着的条件，而把这一目的当作‘最终的’（在这里，所谓‘最终的’意味着事件的进程已经完全终止），那么，这至少说明他是不成熟的。”① 一个目的完成时，其结果便成为下一个目的的手段，这样，目的与手段之间永远也不会终止。

可持续发展应当成为评价某项计划或决定是否长效的重要指标。然而，尽管在发展过程中，许多进步的概念与指标得到了合理的界定、衡量和实施，但一些基础性的问题——风险与可持续性——仍未引起重视。任何一个可持续性发展的界说都将覆盖当前行为对未来产生影响的视角，都关涉到未来社会安全性的生活状况。因而，可持续性责任具有未来的价值指向性。未来是不确定的，我们无从知道当前确定的决策对未来将会产生什么样的确切影响，但可以评估当前行为对未来产生的可能性影响以及影响的程度。面对各种社会风险，我们需要的与其说是确切的参量，毋宁说是对风险肩负的责任。这是此前可持续发展理论尤其是经济发展理论所经常忽视的问题。不确定性风险已成为可持续发展中的问题，它将为未来几代人的发展制造难以预期的麻烦，严重者可能导致整个人类的自毁。可持续发展的伦理责任，要求我们充分检测实践行为与发展策略的负面效应，目的在于限制、减少甚至化解对未来造成损害的风险。

在伦理上，如何认识与描述我们的可持续发展责任，是能够使未来存续下去的保障。在性质上，这种伦理责任是非对称性的，它不体现一种交互关系，因为我们与未来人之间并不具有一种内在的平等关系。“在当下的人与未来的人之间，在人与其生态之间，不能设想有一种假定平等的交互主体之间的责任，但的确有一种居于相对性有权和绝对性无权的非交互性责任。”② 当下的人拥有相对性权利，他们可以开采一切资源，生产着一切，可以毫不考虑未来人的利益，因为在人们眼中，未来人是什么只是一种假想或推断，未出生的人是没有任何权利的。可持续性责任观表明，让今天的发展推动着未来的发展，而不是损害或伤害未来的人和自

① ［美］约翰·杜威：《评价理论》，冯平等译，上海译文出版社2007年版，第51页。

② Chris Groves, *Philosophy and Non－Reciprocal Responsibility for Futures*, C Groves Philosophy Non－Reciprocal Responsibility, 2009, p. 7.

然。未来还没有到来，未来是什么样子不得而知，它不属于当下，尚未出生的人是没有权利的，也少有人可以代表他们的利益，等到他们作为原告时，肇事的被告已作古了，因而这场审判将以无结果而告终。他们的损失将永远无人承担赔偿之责，不负责任的“恶”将会一代一代地衍传下去，其结果可想而知。因此，我们要确立永续性责任理念。事实上，生活中有许多这样的责任表现，父母对子女的责任就是一种不求回报的、非对称性责任。退一步讲，即便我们不能为后代生活得更富裕而储存，但至少不为后代留下威胁或伤害的可能性。在此意义上，可持续发展的责任，还内含着“节制”与“不伤害”，要求我们不可随心所欲地行动，不可自私地追求那永远也无法满足的贪欲，否则就会归于断代或不可持续，将会把后代人推向不自由的深渊。

中国经济与社会的腾飞，中华民族伟大复兴的中国梦，本身就内蕴着可持续发展的理念与原则，绝对不是断代的或短视的片面追求。因此，我们当然要加强可持续发展的理论创新，更重要的是践行永续发展的理念，使每种责任都落实到位，实乃避免与化解风险的上策。

第三节 中国社会伦理责任担当

人们理想王国的实现、精神家园的塑型、至善至美至圣的人格境界追求，最终均要落实到伦理责任的践履和担当。以人为本与可持续发展的责任观落到实处，就是要培育和实践复合主体的伦理责任感，强化公民个人、组织及政府的责任担当意识，建立健全稳定的市场机制，构筑责任关系，达致和谐发展。改写风险社会为幸福社会，使人们栖居在一个生存有安全感、生活有愉悦感和幸福感的美好家园，是每一个责任主体共同努力的结晶。

一 公民伦理责任与人格培养

现代性的发展，致使个体化及个人主义比较严重，出格行为受到青睐，循规蹈矩遭到批判，个人偏好不受社会理性的束缚，我行我素自我发展的“特立独行”在青年中得到广泛的认可，不受外在干预，无视社会责任或放弃社会利益被看作是个性的自由。“以经济利益为核心、市场为导向的现代化，造成个体重视切近自身的经济利益，漠视更高的道德价值，缺乏对人类生命的道德关怀。”① 过度张扬的个性，在降低人们生活的感受的同时，也加剧了个体与社会责任的抵触。物欲观念直接引发的消费主义越来越盛行，致使人们陷入了物欲、情欲与贪欲而无法自拔，责任感淡化，道德危机重重。“因为在现代世界，……无限制地（simpliciter）占有更多的愿望（亦即贪欲本身）可能是一种恶的观念已逐渐消失。”② 也就是说人们并不把无限地满足贪欲当作可耻的，相反，它被认为是理所应当的权利，“不占有”反倒被认为是不正常的行为。美德被亵渎了。受西方现代性的影响，公民权利意识的强化和责任意识的淡化不仅有害于风险社会的跨越，而且本身也是一种巨大的社会风险。

在亚里士多德那里，理智德性是训练的结果，而道德德性是习惯的结果。责任人格作为一种道德德性，不是先天的而是通过后天培养起来的。个人人格的塑造和培养成为伦理学的重点之一。“首创性和责任、成为有用乃至不可或缺之人的感觉，是人类灵魂必不可少的需求。”③ 当前，我们把教育当作了完全与时代无关的事业来进行着，似乎教育的内容仅仅在于专门技艺的训练和具体知识的获取，以及让受教育者足以掌握当今世界的信息而已。这是多么错误的价值导向。训练人们掌握知识与技艺本身是没有错的，然而是不全面的教育。我们的教育“要通过加强责任制，通过赏罚严明，在各条战线上形成你追我赶、争当先进、奋发向上的风气。”④ 我们与其纠正和改进伦理责任，不如实现与加强公民伦理责任人格的培养，这才是最根本的路径。当前，培养公民伦理责任人格，主要应从以下几个方面入手。

第一，培养公民社会责任意识和“类”责任意识。今天，明确每个人作为社会角色所应当承担避免与化解风险的责任，依然是一种美德。责任感作为一种德性，不仅是因为某人占据了社会角色而产生职责，更重要的是因为人本身而应当怀有的德性。责任也是一种品质，它的显现可以使人们严格履行那些定义明确的社会角色和作为人本身的义务。“人类的天性本来就是这样的：人们只有为同时代人的完美、为他们的幸福而工作，

---

① 田秀云等：《当代社会责任伦理》，人民出版社 2008 年版，第 31 页。

② ［美］麦金太尔：《追寻美德》，宋继杰译，译林出版社 2008 年版，第 154 页。

③ ［法］西蒙娜·薇依：《扎根：人类责任宣言绪论》，徐卫翔译，生活·读书·新知三联书店 2003 年版，第 11 页。

④ 《邓小平文选》第 2 卷，人民出版社 1994 年版，第 151 页。

才能使自己也达到完美。"① 作为社会人的本性在于人自身的责任，缺失了这种责任人格的人是不健全的。人的善观念是由人的本性和他的品质所决定。"让你的行为和活动限定于有益社会的行为，因为这符合你的本性。"② 因此，在某种意义上讲，如果一个人能对他的品质担负起责任，他也会在这种意义对自己的善观念担负起责任。相应地，如果一个人对自己的善观念不负有责任，那么就无人对他所作的恶负有责任。

随着全球化的推演，人的责任对象不仅局限于旧时的邻里、朋友及本国公民了，而是被扩展到了遥远的"他者"身上。为了避免世界风险社会的爆发，我们的责任对象已不分年龄、性别、种族、身份之间的差别了，因为风险分配对每个人都是公平的。"当我们说人对自己负责时，我们并不是指他仅仅对自己的个性负责，而是对所有的人负责。"③ 韦伯认为，随着诸神的隐退及世界的"祛魅化"，人成为自己命运的主宰，人的责任就与社会命运连在一起了，自我的存在与他人的存在相互关联着。"那个直接从我思中找到自己的人，也发现所有别的人，并且发现他们是自己存在的条件。"④ 别人的承认是对自己的肯定，没有另一个人的介入，我将无法获得自己的真实情况。我的存在同时揭示了别人的存在，别人的存在也揭示了我的存在，我的自由、思想与意志也预示着他人的同样的东西。因而，人与人互为责任主体，相互负责与尊重才是真正的伦理之径。

马克思指出："如果我们选择了最能为人类福利而劳动的职业，那么，重担就不能把我们压倒，因为这是为大家而献身；那时我们感到的就不是可怜的、有限的、自私的乐趣，我们的幸福将属于千千万万人。"⑤ 孔子也有"仁者爱人"之说。均表达了他们的责任观。"我要人人都安分守己，因此我的行动是代表全人类承担责任。"⑥ 为人类谋福利，是每个人公民高尚道德情操的表现。

第二，培养公民和谐责任意识。面对风险社会，公民伦理责任人格的

---

① 《马克思恩格斯全集》第40卷，人民出版社1982年版，第7页。

② ［古罗马］奥勒留：《沉思录》，何怀宏译，中央编译出版社2008年版，第139页。

③ ［法］萨特：《存在主义是一种人道主义》，周煦良等译，上海译文出版社2008年版，第5页。

④ 同上书，第17页。

⑤ 《马克思恩格斯全集》第40卷，人民出版社1982年版，第7页。

⑥ ［法］萨特：《存在主义是一种人道主义》，周煦良等译，上海译文出版社2008年版，第6页。

培养，就是要人们节制那些过度的可能会导致风险的“欲望”，对自然、他人与社会承担起自己的一份责任。因为“对节制的美学天性的天然快感、对节制美的享受被忽略了，或者遭到了否定，因为人们想要一种反幸福论的道德。”① 到今天为止，人们竟然不相信节制会带来快乐，把一切美好的东西都毁灭掉了。现代化的发展，科技的进步、社会的进步、经济的发展、人们生活水平的提高、人类福祉的增进的同时，人们也面临着前所未有的价值困境，自然与社会的和谐遭到了破坏，人类与地球的生命受到了来自各种风险的威胁。从一定意义上讲，风险社会出现的困境与人们的责任意识淡漠、各方推脱责任或逃避责任有着不可分割的瓜葛。人作为自己的意志自由和行为选择的主体，为自己的行为负责是不证自明的，人们在选择行为时，也就选择了责任。“敢于和善于负责是人之为人的条件。”② 具备“人的条件”的责任人格在意识到自己的存在的同时，也会清醒地意识到与他人同在、与自然同在，因而能够自觉地承担起为自然、他人和社会的和谐责任。理想的伦理秩序不是将他人与自然视为“他者”，而是一视同仁地施与“关爱”。正如列维纳斯所指出的，所谓伦理秩序、圣洁秩序、怜悯秩序、爱与善的秩序，就是责任主体不考虑他在大众中的位置，甚至不考虑我们是否拥有共同人类的品性，我们都应当关心自己做出的行为。③“关心”自己、他人和自然，是现代人作为责任主体的必然，是一种无条件的责任形式。

第三，培养公民的理性责任精神。公民能力包含着责任精神并以之为前提，因为只有公民具有了责任精神，公民能力才能够得到合理而有效的发挥。能否将公民能力与公民责任精神相统一，决定了公民理性精神的状况。今天，对消费主义的不懈追求正表现了公民的非理性行为，责任感被淹没于其中了。“课以责任，因此也就预设了人具有采取理性行动的能力，而课以责任的目的则在于使他们的行动比他们在不具责任的情况下更具有理性。”④ 具有责任人格的公民可以理性地参与权利分配与责任分担

---

① ［德］尼采：《权力意志：重估一切价值的尝试》，张念东等译，中央编译出版社 2005 年版，第 9 页。

② 田秀云等：《当代社会责任伦理》，人民出版社 2008 年版，第 29 页。

③ 参见［英］齐格蒙特·鲍曼：《后现代性及其缺憾》，郇建业等译，学林出版社 2002 年版，第 56—57 页。

④ ［英］冯·哈耶克：《自由秩序原理》（上），邓正来译，生活·读书·新知三联书店 1997 年版，第 89 页。

的过程，能够理性地参与到对风险的治理与防范的活动中去，能够在“需要”与“风险”之间选择一个平衡点，并对国家的政治与经济活动产生心理认同与理性共鸣。一旦公民的责任态度内化为责任人格，就将上升为理性的责任意识自觉，则构成稳定的伦理责任意识，积极实现道德行为并形成自己的责任习惯。同样，只有在使责任感升华为具有高度责任意识的理性精神，人的责任担当才能习惯化，良好的伦理责任人格也才能形成。具有这种理性精神的公民，能够认识到自己作为社会主人翁其自身所担当的社会角色，会主动实践自己应有的权利与义务，实践管理国家与社会的职能，进一步培育出国家责任意识和社会责任意识，从而真正完成对风险社会的跨越。

当代中国的现代化不仅是政治经济的现代化，更是人格培养的伦理化，这是提升中国软实力的根基所在。民族传统文化中的“仁、义、理、智、信”是不可丢弃的，不仅如此，还要加上一条：责，就是要有责任感。这些道德规范不仅不会阻碍现代化的进行，反而会使现代化的进程更加顺利更加有效。失去了这些伦理规则的现代化是不健康的现代化，是病态的现代化，是徒具精神空白的物质现代化。那不是我们想要的。因此，我们不能偏离了正确的航向，工业资本主义现代性所进行的“有组织的不负责任”的实践，所制造的严重后果风险就是我们要学习的最好的反面教材。我们的现代文明需要造就具有文明素养的人，有责任意识的人。在现代化的推进中，每个人都需要提高自身的道德素质，弘扬社会主义核心价值体系，践行社会主义荣辱观，真正成为一位能担负重任的现代文明人。

二　责任政府建设与风险治理

现代化所引致的风险在公共领域与私人领域广泛分配，公共利益与私人利益都将受到极大的威胁，这就将国家治理方面的伦理责任提上日程。提升政府的责任意识，建立健全政府责任机制，增强政府有效治理风险的能力，成为跨越风险社会的主要依托。

1. 建设责任政府，有效地治理风险。责任政府是现代民主政治的基本理念，是对政府公共管理实行民主控制的制度安排。“责任政府主要是指政府必须对其公共政策和行为承担政治责任、法律责任、工作责任和道德责任。”① 在我国，政府的责任通过多方面得以体现，比如，政府向产

① 范文：《中外行政体制理论比较》，国家行政学院出版社 2009 年版，第 144 页。

生它的人民代表大会负责，即向主权所有人负责。政府机关及其工作人员要对公民、社会及执政党担负政治责任和伦理责任，所制定的公共政策及执行行为要符合社会主义制度，并遵守良好的社会道德风尚。无论是霍布斯意义上的政府还是洛克意义上的政府，都有保障人权、维护公共安全与私人安全的义务，这是政府的职责。在民主政治体制下，政府并非超然于社会和各种权力之上，享受种种特权的神物，而是在法律框架内权利义务的主体之一。在社会主义现代化建设中，推进责任政府建设，按政府的责任与权力对称的原则，提高政府的伦理责任意识，进一步健全与完善问责机制，无论对发展社会主义民主政治，还是有效治理来自各方面的各种类型的风险、保障公共安全与私人安全都具有重要的现实意义。

中国早就有“内圣外王”的权力之道。在这种政治治理中，权力之位应由有德者掌握，因为道德高尚和有责任感的人掌控权力，必然能够自觉地履行社会责任。儒家认为，人皆可以为尧舜，就看你是否愿意修身养性培养责任人格了，格物致知、“修身、齐家、治国、平天下”皆每位仁人志士可为之。修身就是培养道德情操和责任人格，力求达致圣人之境界。有德性、有责任境界的君子当积极承担社会责任，从“齐家”开始，经营好家庭外，积极参与政治，以便承担更为重要的社会责任。在儒家看来，有伦理责任的人为国家履行自己的社会责任，受到了他们的德性与境界的双重保障。在韦伯看来，“信念伦理”是使信念之火不灭的伦理，“责任伦理”是针对后果所负责任的伦理，这两种伦理不是对立的，“而是互为补充的，惟有将两者结合在一起，才构成一个真正的人——一个能够担当‘政治使命’的人。”① 由此观之，责任感是行使权力的必然前提。

在现代民主社会中，我们需要德治与法治相结合，使政府权力受到诸多权力的抗衡，受到各方面强有力的监督与制衡，以便政府能够更好地考虑人民的安全与利益，有效地行使公共管理和风险治理的职责。政府需要具备“责任重于泰山”、“责任高于一切”、“责任第一”的责任观。不仅如此，政府要为公民提高责任意识提供有益的环境，让公民从良心上认识到“承担责任者荣、逃避责任者耻”的道德情操，以激励和强制责任的履行，使政府责任与公民责任在“责任第一”的理念下达到统一。当政

① ［德］马克斯·韦伯：《学术与政治》，冯克利译，生活·读书·新知三联书店 2005 年版，第 116 页。

府机关的行为出现不当管理与治理，从而使人民的权利受到侵害时，应当像其他组织一样承担相应的法律责任；当政府应当行使风险治理的权能而不行使或怠于行使时，应当承担相应的不作为的责任。

政府在治理风险中的责任不仅有事后风险解决的责任，还有事前风险防范的责任。很多情况下，政府的决策没有考虑到可能会遇到的风险，或考虑的风险程度不足，致使人民生命及财产受到了威胁。为了抵御某些风险的到来，政府还需要事前兴办相应的公共事业，比如环境保护、维护生态平衡，以促进公共利益。政府在审核企业及科学专家申报的建设项目时，需要从预期风险上重点考察，虽然执行项目的企业或专家有相关方面的责任，但政府作为宏观调控者，理应承担起具有远见的责任。政府在经济建设及各项建设事业当中，其决策与行为更要强调风险意识，因为事前防范要比事后治理风险的成本小得多。

2. 建立健全责任制度，将风险治理纳入有效的规范之中。马克思在批判资本主义制度时早就说过，要把制度框架的那种被动适应转变成主动适应并控制社会的结构形式。我们应当打破在制度框架的被动适应与主动征服之间的不协调格局，与时俱进，确立时代与形势需要的管理制度。保障公民的健康与安全的措施能够在国家层面得以实施，这是风险社会给我们的教训。国家的行政、政治、工业管理与研究不可忽视什么是“合理性与安全性”的制度标准，建立负责任的组织与制度是防范与治理风险的高昂呼声。

从功能与作用上看，制度性与规范性的东西就像一个专家系统，同时又如一个民主论坛。我们要关注的并非是否在全社会控制激进的思想，而是主要考虑如何用改革和改良的方式对环境与认知等方面的风险进行有效的控制与防范。现代社会中，各种风险的大量产生归咎于不合理的政治与经济制度，这些制度与规范未能发挥应有的作用，其不合时宜的导向在持续导致着风险的形成，并使得社会进步所带来的副作用和负面效应在现代社会中还将继续扩大和不断翻新。我们需要提倡更为民主化的制度，对现代化的社会进行充分的自省和反思，并在有效的范围内进行对话，充分吸收不同的意见，会在应对现代社会进步进程中所产生的副作用和抑制新的风险方面有更好的疗效。

事实上，我国缺乏一整套有关发展伦理的管理制度，有关这方面的研究也停留在个体研究层面。由此看来，制度上的漏洞是导致风险的主要因素之一。“在社会领域内，正义的观念和原则必须化为现实力量才有意义，生命和权利必须有现实的基本制度作为保障才不会流于空谈。”① 由制度导致的恶是最大的恶，因而遏制这种“恶”的制度成为政府的职责。一个好的制度设计可以起到避免发展风险的重要作用，至少可以起到减少危险发生的概率。因而，公正、完备的发展制度和伦理责任的构建应当成为中国政府以及伦理学家们考虑的重要问题。

三 社会主义市场经济与伦理责任

经济危机和金融风暴是各类社会风险的基础与起源，它为我们正在进行的社会主义市场经济敲响了警钟：必须将经济风险置入伦理责任框架内。

在传统观念看来，经济学是研究财富的学科，似乎与伦理和责任处于紧张与游离状态，要么伦理排斥经济，要么经济排斥伦理。在中国的潜意识中，经济是与“物质活动”和“物质生产水平”等勾连在一起的。事实上，伦理与经济皆人类文明的产物。经济缺少了伦理责任，便缺少了与之共生互动的推动力，从长远看将影响着人类文明发展的品质与后劲。“经济即‘经世’，伦理即‘人理’；伦理是‘经世’的‘人理’，经济是依循‘人理’的‘经世’。经济与伦理在人的实践活动和价值追求中达到历史和现实的统一。”② 经济遵循的市场控制原理，伦理遵循的非市场控制原理，只有二者的结合，才能真正经世济民，做到效率与责任的并重与融合。

社会主义市场经济是法律经济，更是诚信经济、责任经济。社会主义市场经济依然面临各类风险的滋生，包括经济风险以及因经济风险而导致的政治风险、社会风险、生态风险等。因此，经济风险责任的担当，应当成为经济发展的前哨。

1. 扬弃资本逻辑，是社会主义市场经济的首要责任。我们看到，资本一方面确立着合乎比例的生产，平衡着人们之间的距离，规导着一定的社会秩序；而另一方面又主宰着人们的生产与生活，引发了过度的物欲追求，破坏了人与自然、人与他人、人与自身原有的平衡关系，为人类的生存与发展平添了许多风险与不安全因素。在这方面，马克思似乎早就预见

---

① 何怀宏：《公平的正义——解读罗尔斯的〈正义论〉》，山东人民出版社 2002 年版，第 57 页。

② 樊浩：《伦理精神的价值生态》，中国社会科学出版社 2001 年版，第 237 页。

到了资本主义经济发展的严重后果，并强烈地批判了资本逻辑的破坏力。他断言："物质生产力的发展——同时又是工人阶级力量的发展——到一定时候就会扬弃资本本身。"① 这种现存的资本关系注定是要不断地被扬弃的，或者说是会成为对于不断前进的人类的发展来说过于狭隘的、正在消灭的前提。

扬弃资本逻辑便是社会主义市场经济合乎伦理性发展的必由之路。历史唯物主义认为，由资本逻辑所主导的资本主义生产关系被预示着现代形式被扬弃之点，从而预示着未来的先兆和变易的运动。当代风险的显现见证了资本逻辑本身的限度，这个限度"在资本发展到一定阶段时，会使人们认识到资本本身就是这种趋势的最大限制，因而驱使人们利用资本本身来消灭资本。"② 这种"否定之否定"的方式是对一切异化的扬弃，是人向自身、向社会的一种完全的、自觉的复归。在这里，发展社会主义市场经济的责任就是要扬弃资本逻辑，这是历史发展赋予中国的特定使命。社会发展具有阶段性，在这个发展过程中，每一阶段对于前一阶段来说都是一种否定，但又不是单纯的否定或完全抛弃，而是否定中包含着肯定，从而使发展过程体现出对旧质既有抛弃又有保存的性质，体现为社会发展的质的飞跃，这种飞跃在现代的资本关系上表现为其本身的扬弃，是资本逻辑自相矛盾和自相取消的要求。正如马克思所指出的："资本本身又是一种直接的东西，而它的发展就在于，作为这种统一——这种统一表现为特定的关系，因而表现为简单的关系——它自己确立自己并扬弃自己。"③

社会主义市场经济扬弃资本的要旨在于，变革资本主义生产关系，变革无限度地追求资本增值和无节制的追求利润最大化的逻辑，走科学发展之路。货币、商品、市场与资本只能作为发展的手段，只有在有助于人的发展、自由与幸福的时候才具有真正的意义。资本的增长必须要与伦理责任相结合，才能助长经济的长效发展。失去了伦理责任的保障，资本的增长只是短暂的，接着呈现的就是经济跌入低谷的风险。因此，在利用资本活跃市场时尽可能地将其副作用或风险减小到最低限度，培养社会资本运用的责任意识，践行"以人为本"的价值观，注重精神与道德的追求，摒弃"GDP 崇拜"的单向度经济发展模式。唯其如此，社会主义市场经

---

① 《马克思恩格斯全集》第 46 卷（下），人民出版社 1979 年版，第 38 页。

② 《马克思恩格斯全集》第 46 卷（上），人民出版社 1979 年版，第 393—394 页。

③ 同上书，第 296 页。

济才可超越资本主义经济的发展模式，避免与化解一次又一次周期性发生的经济危机，为人类历史的发展做出应有的贡献。

2. 维护生产与消费稳态发展的伦理精神，倡导“适度”的伦理责任。过度消费、不稳定发展必然蕴藏着各类潜在的风险，以一种责任感的眼光对待，就要求确立“适度”的伦理精神和责任担当。

中国市场经济为“社会主义市场经济”，生产的目的无疑在于最大限度地满足最广大人民群众的物质与文化生活的需要，是为了满足社会消费的需要。因而，社会主义市场经济不能把消费当作交换价值实现的手段，它应当成为直接的与根本的生产目的。然而，我们发现，“市场经济的一般规律在社会主义的市场经济中同样得到体现，生产与消费之间同样存在相互促进的作用。”① 在市场经济中，消费对生产的刺激作用远超胜于在自然经济状态中的程度。正是生产与消费的这种互动的作用，才出现了今天的“超前消费”意识，滋长了消费主义问题。

处在社会主义初级阶段的中国，受西方文化影响很大，不断地追求生产增长、以刺激消费，助长消费主义的经济增长模式比较流行。这是一种“非稳态经济”发展模式。在消费领域已经形成了一种文化态势，进而形成经济的畸形发展。过度的生产与过度的消费都会造成浪费，它无疑成为经济风险中的一种类型。社会主义市场经济应当站在伦理责任的高度，适度生产、适度消费，才能真正符合人民群众的愿望。中国传统伦理中有“中道”一词，它与流行的“节制”一道，都符合“适度”的内涵。“无节制、放荡、对享乐的过度沉溺首先会摧垮对于更高的事物的感受能力；意志和理智会被过度行为弄得疲惫不堪；然后感觉也会变得迟钝，最后甚至享受的功能也会丧失。”② 浪费与禁欲是“过度”和“不及”，我们要提倡的伦理精神是“适度”。它不仅是一种伦理精神，更是每个人都要履行的责任。资本主义的消费主义、纵欲主义、享乐主义等腐化现象在诸多领域侵蚀我们的社会，履行“适度”的伦理责任，并将其提升为法律责任，才能真正成为一种规范，约束着人们的“过度”行为，各类经济风险和社会风险也才会在此框架下得到化解。

概言之，欲使社会主义市场经济走可持续发展之路，消解消费主义、

---

① 樊浩：《伦理精神的价值生态》，中国社会科学出版社2001年版，第290页。

② ［德］包尔生：《伦理学体系》，何怀宏等译，中国社会科学出版社1988年版，第414页。

经济主义、享乐主义、物质主义是必需的。这是我们的责任，是由社会主义的本质所决定的。

3. 培育诚信美德，建构社会主义市场经济的信用责任。信用责任表征着信任的意义，无诚信的市场经济必然滋生众多风险。

《韦伯斯特第三新国际词典》中这样定义信任："在信念或信心方面所加的责任或义务，即作为某种关系的一个条件。"① 它无疑表明了信任与信用责任或义务之间的紧密联系。显然，信用责任是所有社会关系的一方面。信任在各种经济关系和政治关系中，体现为一种责任，表征着信用的责任。这个责任对于稳定经济关系、减少经济交易复杂性、消除交易中的不确定性与易变性、加强交易各方的合作等是必需的。如果这种责任遭到了破坏，市场经济就会滑向混乱和崩溃的边缘，因而，它作为一种规范与标准，诉诸维护社会主义市场经济秩序的责任。

社会主义市场经济是信用经济，诚信原则贯穿于市场行为的始终，对经济的健康发展至关重要。经济学家们倾向于把最大效用作为理想目标，也经常成为消费者的最高福祉，岂不知，经济福祉的重要性比其他目标低多了。信任是一种社会品德。诺贝尔奖得主、经济学家阿罗（Kenneth Arrow）指出："没有任何东西比信任更具有重大的实用价值。信任是社会关系的重要润滑剂。"② 在这里，我们可以说信任是社会主义市场经济正常运行的润滑剂。失去了它，经济活动中会产生无穷的摩擦而阻碍着前行的路。每一个市场主体都承担起信用责任，那么就会省去诸多的麻烦，就无须用更多的时间去揣测他人的可信任度。信任本身也是一种商品，具有商品所具有的经济价值和使用价值，它对提高经济系统的效率、产生出更多的值得依赖的安全产品是必需的。信用责任是科技的进步无法取代的。倘若市场经济活动中处处是欺骗，包括生产出来的产品均含严重风险隐患，人民便没有基本的安全感，它不仅会使商业机构付出沉重的代价，而且会联动地使社会各个系统失去依赖，包括人与人之间、人与组织之间和人与政府之间的信赖。近年来，频繁发生的食品安全问题，应引起高度的重视。因而，承担信用责任，使社会主义市场经济领域成为高信任度的发展领域，不仅是每个市场主体的责任，也是每个非经济主体的责任，更

① 转引自［美］巴伯《信任》，牟斌等译，福建人民出版社1989年版，第9页。

② 转引自［美］福山《信任：社会美德与创造经济繁荣》，彭志华译，海南出版社2001年版，第151页。

是政府对人民承担的重要责任。

4. 强化公平理念，追求社会主义市场经济的公平责任。中国传统文化指出，人们“不患寡而患不均”，由此，不公正的市场经济，终将给社会带来难以估量的损失，制约此种风险，责任的担当是不可或缺的。

经济公平的伦理责任包含着经济的生态公平和经济的人文公平。在当代社会，生态公平离不开经济的发展与进步，而经济的发展与进步则必须放到人与自然的大框架中去考量。生态公平的责任必然要贯彻到企业及其经济活动中去，企业在市场经济中追求利益的同时要维护生态平衡和生态公平，这是企业的社会责任的重要内容。作为市场经济的主体，企业必须同政府的经济决策、经济管理与经济布局相联系，同时将人与自然的关系、人与人的关系、人与社会的关系关联起来，形成一体化和系统化的思考，将现实利益与长远利益结合起来，才能实现经济的生态公平与经济的人文公平的平衡。经济公平是生态公平与人文公平的整合，既体现了生态公平的要求，又表达着人文公平的要求。换言之，在发展经济时，既考虑到了资源的有效利用而不是透支与浪费，又考虑到了人与人之间的公平而不是贫富差距拉大，还考虑到了子孙后代等未来人的生存与发展公平问题即代际发展公平问题。社会主义市场经济公平责任要求我们在发展经济时，要充分考虑到经济发展的有机系统，是由当代人和后代人共同组成的系统，如果破坏了这个系统，就意味着经济发展遭遇了极大的风险。

无论是公民伦理责任，还是政府伦理责任，抑或作为风险基础的经济风险责任担当，以斩断经济风险与其他诱发风险的链条，无不表明责任担当的终极目的，在于人民的幸福生活。

四　民生幸福：伦理责任的旨归

当代中国的发展取得可喜的成绩，人民生活得到了极大的改善。但是，各种利益主体之间的角逐日显激烈。中国社会的结构正在发生着急剧的变化，一部分人已经先富起来，但离“共同富裕”还有较长的路要走。“贫穷不是社会主义”，贫富差距拉大更不是社会主义。这正是中国在现代化进程中所际遇的重大风险，它威胁着社会的稳定与良好秩序，也威胁着人民幸福生活的实现。在这里，我们应当看到，资本僭越了其本身的边界，抢占了本应属于共同富裕、社会稳定与和谐的宝座。因此，我们有责任将资本请回到属于自己的“手段”的位置，将“目的”位置让给人们的生活本身。

构建幸福社会并不意味着片面提高国民生产总值，提高国民生产总值只是其中的一方面内容或者手段，而真正的目的应当是提高国民幸福总值。国民生产总值将孩子的健康、教育质量、生活的意义排斥在其本身内涵之外，追求着资本的增值而忽略了人的本性。进一步讲，国民生产总值排斥了公正、和谐、尊严等人类幸福指标。国民生产总值的核心地位颠倒了手段与目的的关系，导致了官员不正确的“政绩观”，也指引了人们的“物质主义”和“消费主义”，从而引发了社会发展的极端失衡。找回政治、经济、文化、社会、生态全面发展之间的平衡，转换发展范式，使之成为实现人们物质上、精神上、文化上不断满足的基础，将“以人为本”的国民幸福总值纳入中国梦的核心境域，成为改善民生的幸福社会的建设方向。

新时期，我们提出了实现中华民族的伟大复兴的宏伟蓝图，这是中国共产党对中国未来幸福社会走向的科学设计。它不仅是一个梦想，更是责任的旨归，是为实现民生幸福而承担的历史使命。中国梦是“民族振兴之梦”、“国家富强之梦”、“人民幸福之梦”，而此三者本质上是一个蓝图，它们都指向同一个目标，那就是“民生幸福”。因为无论从“宏大叙事”还是从“个体存在”出发，最终都会归结到人民生活的幸福上来。“中国梦归根结底是人民的梦，必须紧紧依靠人民来实现，必须不断为人民造福。”① 中国特色社会主义现代化建设，就是奔向“幸福”的民生建设，彰显出我们党和政府正在做一项伟大的事业，它必将为人类幸福的获取做出巨大的贡献。由此可见，中国梦是中国政府的向“善”追求，其目的便是民生幸福。换言之，民生幸福是中国梦所追求的“至善”境界，是人民的重托、党和政府的责任宗旨。

从价值视角看，民生幸福的追求，不论是“民”的自然属性的符合，还是社会属性的符合，其目标都是指向“善”的，都是要排除一切“恶”的现象与结果。也就是说，民生是政治的伦理性追求，是责任朝向德性的努力。这种责任追求有三个维度，即生存、生计、生活。第一个维度是最底层的维度，是人民得以存在的基础与前提，舍此底线，一切追求皆成为妄谈。生活维度是民生的最高维度，它便是“幸福”，是人民存在的最高

---

① 习近平：《中国人共同享有人生出彩机会》，每经网：http：//www.nbd.com.cn，2013－03－17。

境界，无论从物质方面还是精神方面都得到了应有的满足，物质文明与精神文明均得到了合理的发展，并达到了一种和谐的统一，人们处于一种愉悦与谐和的生活状态。第二个维度“生计”，则是生存与生活的中项，是由生存过渡到幸福生活的发展进程。第三个维度表达着三种民生境况。改善民生、民生建设便是要从第二维度，甚至从第一维度发展到第三维度，达到民生幸福，才可称为“至善”。在此意义上看，避免与化解各类社会风险，加强国家治理体系与治理能力现代化建设，正体现着政治集团或政府对民众生存与生活的关切，表征着政府“心系人民”的执政理念，它成为政治活动的核心，而民生幸福则表达着风险责任的“至善”追求。

民生幸福是国家政治生活的最高价值追求。党的十八大指出：“提高人民物质文化生活水平，是改革开放和社会主义现代化建设的根本目的。”[①] 改善民生，使人民过上幸福生活，便是中国梦的至善追求，是中国梦的最高价值选择。国家建设的任务就是为了人民生活幸福，而人民生活幸福正体现了国家的长治久安、富强文明的状态。因而中国梦所强调的国家富强，便已经内含着人民幸福之义。正如十八届三中全会所指出的那样：“面对新形势新任务，全面建成小康社会，进而建成富强民主文明和谐的社会主义现代化国家、实现中华民族伟大复兴的中国梦，必须在新的历史起点上全面深化改革，不断增强中国特色社会主义道路自信、理论自信、制度自信。”而全面深化改革，就是要“坚持社会主义市场经济改革方向，以促进社会公平正义、增进人民福祉为出发点和落脚点”。[②]

民生幸福是衡量党的工作是非得失的最高责任标准。正如十八大报告所指出的：“以人为本、执政为民是检验党一切执政活动的最高标准”，因此，“任何时候都要把人民利益放在第一位，始终与人民心连心、同呼吸、共命运”。[③] 我们必须要“紧紧围绕更好保障和改善民生、促进社会公平正义深化社会体制改革，改革收入分配制度，促进共同富裕，推进社会领域制度创新，推进基本公共服务均等化，加快形成科学有效的社会治

① 《十八大报告》，新华网：http：//www. xj. xinhuanet. com/2012 – 11/19/c_ 113722546_ 7. htm。

② 《中共中央关于全面深化改革若干重大问题的决定》，凤凰网：http：//finance. ifeng. com/a/20131115/11093995_ 0. shtml

③ 《十八大报告》，新华网：http：//www. xj. xinhuanet. com/2012 – 11/19/c_ 113722546_ 7. htm。

理体制，确保社会既充满活力又和谐有序。”① 从根本上说，党的一切执政活动的最高责任标准，便在于寻求民生幸福的实现，或者说，民生幸福的追求，体现了党和政府的光荣而伟大的历史使命。

① 《中共中央关于全面深化改革若干重大问题的决定》，凤凰网：http：//finance. ifeng. com/a/20131115/11093995_ 0. shtml。

参 考 文 献

中文参考文献：

1. 《马克思恩格斯选集》第1—4卷，人民出版社1995年版。
2. 《马克思恩格斯全集》第1—50卷，人民出版社1956—2000年版。
3. 《德意志意识形态》（节选本），人民出版社2003年版。
4. 《毛泽东选集》第3、4卷，人民出版社1991年版。
5. 《邓小平文选》第2卷，人民出版社1994年版。
6. 袁贵仁：《价值观的理论与实践》，北京师范大学出版社2006年版。
7. 杨耕：《为马克思辩护》，北京师范大学出版社2004年版。
8. 范文：《中外行政体制理论比较》，国家行政学院出版社2009年版。
9. 张军：《价值与存在》，中国社会科学出版社2004年版。
10. 袁吉富等：《社会发展的代价》，北京大学出版社2004年版。
11. 王忠武：《科学发展观与中国现代化》，社会科学文献出版社2008年版。
12. 丰子义：《发展的反思与探索》，中国人民大学出版社2006年版。
13. 邱耕田：《低代价发展论》，人民出版社2006年版。
14. 卢风：《应用伦理学——现代生活方式的哲学反思》，中央编译出版社2004年版。
15. 唐凯麟：《伦理大思路：当代中国道德和伦理学发展的理论审视》，湖南人民出版社2001年版。
16. 甘绍平：《应用伦理学前沿问题研究》，江西人民出版社2002年版。
17. 张岱年：《真与善的探索》，山东齐鲁书社1988年版。
18. 刘福森：《西方文明的危机与发展伦理学：发展的合理性研究》，江西教育出版社2005年版。
19. 刘岩：《风险社会理论新探》，中国社会科学出版社2008年版。
20. 刘森林：《重思发展：马克思发展理论的当代价值》，人民出版社

2003 年版。

21. 谢军:《责任论》, 上海人民出版社 2007 年版。
22. ［德］乌尔里希·贝克:《世界风险社会》, 吴英姿等译, 南京大学出版社 2004 年版。
23. ［德］乌尔里希·贝克:《风险社会》, 何傅闻译, 译林出版社 2003 年版。
24. ［英］芭芭拉·亚当、［德］乌尔里希·贝克、［英］约斯特·房·龙:《风险社会及其超越: 社会理论的关键议题》, 赵延东等译, 北京大学出版社 2005 年版。
25. ［德］贝克、［英］吉登斯、［英］拉什:《自反性现代化: 现代社会秩序中的政治、传统与美学》, 赵文书译, 商务印书馆, 2001 年版。
26. ［英］安东尼·吉登斯:《现代性与自我认同》, 赵旭东等译, 生活·读书·新知三联书店 1998 年版。
27. ［英］安东尼·吉登斯:《现代性的后果》, 田禾译, 译林出版社 2000 年版。
28. ［英］安东尼·吉登斯:《失控的世界》, 周红云译, 江西人民出版社 2001 年版。
29. ［德］尤尔根·哈贝马斯:《作为"意识形态"的技术与科学》, 李黎等译, 学林出版社 2002 年版。
30. ［英］齐格蒙特·鲍曼:《后现代伦理学》, 张成岗译, 江苏人民出版社 2003 年版。
31. ［英］齐格蒙特·鲍曼:《生活在碎片之中: 论后现代的道德》, 郁建兴等译, 学林出版社 2002 年版。
32. ［英］齐格蒙特·鲍曼:《后现代性及其缺憾》, 郇建业等译, 学林出版社 2002 年版。
33. ［加］泰勒:《现代性之隐忧》, 程炼译, 中央编译出版社 2001 年版。
34. ［法］吉尔·利波维茨基:《责任的落寞: 新民主时期的无痛伦理观》, 倪复生等译, 中国人民大学出版社 2007 年版。
35. ［德］马克斯·霍克海默、西奥多·阿道尔诺:《启蒙辩证法——哲学断片》, 渠敬东等译, 上海世纪出版社集团 2006 年版。
36. ［德］乌尔里希·贝克、约翰内斯·威尔姆斯:《自由与资本主义》, 路国林译, 浙江人民出版社 2001 年版。

37. ［德］卡尔·雅斯贝斯：《时代的精神状况》，王德峰译，上海译文出版社 2008 年版。
38. ［德］黑格尔：《法哲学原理》，范阳等译，商务印书馆 1982 年版。
39. ［德］黑格尔：《精神现象学》，贺麟等译，商务印书馆 2009 年版。
40. ［法］西蒙娜·薇依：《扎根：人类责任宣言绪论》，徐卫翔译，生活·读书·新知三联书店 2003 年版。
41. ［英］亚当·斯密：《道德情操论》，谢宗林译，中央编译出版社 2008 年版。
42. ［英］亚当·斯密：《国富论》，唐日松译，华夏出版社 2005 年版。
43. ［德］文德尔班：《哲学史教程》，罗达仁译，商务印书馆 1997 年版。
44. ［德］汉斯·约纳斯：《技术、医学与伦理学：责任原理的实践》，张荣译，上海译文出版社 2008 年版。
45. ［德］康德：《实践理性批判》，邓晓芒译，人民出版社 2003 年版。
46. ［德］康德：《道德形而上学基础》，孙少伟译，九州出版社 2007 年版。
47. ［德］康德：《法的形而上学原理——权利的科学》，沈叔平译，商务印书馆 2009 年版。
48. ［德］海德格尔：《人，诗意地安居》，郜元宝译，广西师范大学出版社 2000 年版。
49. ［德］海德格尔：《存在与时间》，陈嘉映等译，生活·读书·新知三联书店 2006 年版。
50. ［法］阿尔贝特·施韦泽：《对生命的敬畏——阿尔贝特·施韦泽自述》，陈泽环译，上海人民出版社 2007 年版。
51. ［法］阿尔贝特·施韦泽：《敬畏生命——五十年来的基本论述》，陈泽环译，上海社会科学出版社 2003 年版。
52. ［美］巴恩斯：《冷却的太阳：一种存在主义伦理学》，万俊人等译，中央编译出版社 1999 年版。
53. ［古希腊］亚里士多德：《尼各马可伦理学》，廖申白译注，商务印书馆 2003 年版。
54. ［古罗马］奥勒留：《沉思录》，何怀宏译，中央编译出版社 2008 年版。
55. ［美］弗朗西斯·福山：《历史的终结及最后之人》，黄胜强等译，中国社会科学出版社2003年版。

56. ［英］休谟：《道德原则研究》，曾晓平译，商务印书馆2001年版。
57. ［美］约翰·罗尔斯：《正义论》，何怀宏等译，中国社会科学出版社1988年版。
58. ［美］大卫·格里芬编：《后现代精神》，王成兵译，中央编译出版社1998年版。
59. ［德］奥伊肯：《生活的意义与价值》，万以译，上海译文出版社2005年版。
60. ［美］大卫·格里芬编：《后现代科学——科学魅力的再现》，马季方译，中央编译出版社1995年版。

英文参考文献：

1. Clifford Sharp, *The Origin and Evolution of Human Values*, DP Press Ltd. , 2002.
2. J. R. Lucas, *Responsibility*, New York: Oxford University Press Incl. , 1993.
3. William Schweiker, *Responsibility and Christian Ethics*, Cambridge University Press, 1999.
4. Luhmann. N. , *Risk: A Sociological Theory*, Berlin: de Gruyter, 1993.
5. Anthony Giddens, *Risk and Responsibility*, The Modern Law Review, January , 1999.
6. Hans Jonas, *The Imperative of Responsibility: In Search of an Ethics for the Technological Age*, The University of Chicago Press, 1984.
7. Bradley E. Starr, *The Structure of Max Weber's Ethic of Responsibility*, The Journal of Religious Ethics, Vol. 27, No. 3, Blackwell Publishing, 1999.
8. Huntington, Samuel, *The Clash of Civilization*, in Toreign Affair, 1993.
9. Robert Nozick, *Philosophical Explanation*, Cambridge, MA: Harvard University Press, 1981.
10. Sidney Hook, ed. , *Determinism and Freedom in the Age of Modern Science*, New York: Collier - Macmillan, 1958.

后　记

本书是在我的博士论文基础上修订而成的。这是我多年努力的一个成果与见证，同时也是对未来人生之路的鞭策与激励。这是一个句点，又是一个新的起点！

本书凝结了众多的汗水、关切与惦念。我心里十分清楚，如果说本书能将一个问号拉直的话，那对拉直做出贡献的主体并非我一人，有许许多多的力量给予了我极大的关爱和指导，感激不尽！

论文的写就首先应归功于导师唐伟教授。研究期间，导师为我付出了莫大的心血和汗水，在研究方法、课题选定、结构的安排、大纲的制定直到最终的定稿等，都凝聚着他老人家高屋建瓴的学术智慧。良师益友之情，没齿不忘！感谢给予我关怀、给我启迪的韩震教授、曹卫东教授、杨耕教授、李春秋教授、廖申白教授、李景林教授、晏辉教授、程光泉教授、沈湘平教授、吴向东教授、王成兵教授、刘孝廷教授、吴玉军教授、李晓东教授、叶颖教授、王葎教授、聂智琪教授……是他们的授课与讲座一次又一次启发着学子，让我领会到做人与做学问的统一精神，是他们让我感到北京师范大学哲学社会学学院大家庭的温馨。

感谢冯培教授为本书的修订所做的指导。感谢范文教授、张军教授，他们从论文的选题到论文答辩都给予了我具有深刻启迪性的指导，为我指点迷津，常常让我看到柳暗花明之村。感谢王建铨教授对我的学业和工作给予的极大关怀和帮助。感谢所有给予支持和帮助的师友、同学。

感谢北京第二外国语学院为本书出版给予的资助。感谢中国社会科学出版社王曦博士为本书出版做出的贡献。

最后，谨以此书献给含辛茹苦的父母和给我增添欢乐的家人。在我学习生涯中，是他们献出了无微不至的关怀和无尽的爱，才使我得以顺利实现夙愿，为我的生活增添了无穷的魅力。也正因如此，才让我真正领会到内涵极为丰富的“未来责任”的意蕴！

李 谧

2014 年 12 月于北京芍药居